高等学校大数据类专业核心课程教材

U0184991

大数据导论

主编 陈晓红 任剑 梁伟

中国教育出版传媒集团

高等教育出版社·北京

内容简介

　　大数据带来了信息科学与技术发展的深刻变革,并对经济社会建设的方方面面产生了巨大影响,大数据作为继云计算、物联网之后信息技术行业又一颠覆性技术,备受人们关注,世界各国纷纷把大数据上升为国家战略加以重点推进。大数据的应用渗透到各行各业,数据驱动决策,信息社会的智能化程度得到了极大提高。本书致力于探求大数据在经济社会建设过程中所发挥的巨大作用,系统解读大数据对国家治理、经济文化、生产制造、社会民生等领域产生的深刻影响,培养读者的大数据思维,以及大数据处理、分析、应用能力。

　　本书详细阐述了培养复合型大数据专业人才所需要的大数据相关知识及技术。全书分为四篇,包括基础理论篇、处理技术篇、分析技术篇、发展焦点篇,共十四章内容。具体分别为大数据时代、大数据概述、大数据采集与清洗、大数据存储与管理、大数据共享与开放、大数据计算框架、大数据约简技术、大数据融合技术、大数据挖掘技术、大数据可视化分析、大数据安全、大数据交易、大数据治理、大数据与新兴技术。本书全面系统地讲解了大数据的基础理论、处理与分析技术、应用以及发展焦点,突出大数据处理与分析技术和经济社会建设深度融合。本书在内容阐述上力求简明扼要、深入浅出、通俗易懂,每章设有本章小结和习题,相关章节提供算法设计、应用案例,做到理论学习和实践训练相结合,便于教师教学和学生自学。

　　本书可作为高等学校经济管理类、计算机类大数据相关专业本科生、研究生(包括MBA)教材,也可作为政府公务员、企业管理者、技术开发人员以及社会学习者的参考书籍。

图书在版编目(CIP)数据

　　大数据导论/陈晓红,任剑,梁伟主编. --北京:
高等教育出版社,2023.12
　　ISBN 978-7-04-061381-0

　　Ⅰ.①大… Ⅱ.①陈… ②任… ③梁… Ⅲ.①数据处
理 Ⅳ.①TP274

中国国家版本馆CIP数据核字(2023)第218875号

大数据导论
Dashuju Daolun

| 策划编辑 | 张　欣 | 责任编辑 | 张　欣 | 封面设计 | 王　鹏 | 版式设计 | 杨　树 |
| 责任绘图 | 易斯翔 | 责任校对 | 刘丽娴 | 责任印制 | 耿　轩 | | |

出版发行	高等教育出版社	网　　址	http://www.hep.edu.cn
社　　址	北京市西城区德外大街4号		http://www.hep.com.cn
邮政编码	100120	网上订购	http://www.hepmall.com.cn
印　　刷	山东韵杰文化科技有限公司		http://www.hepmall.com
开　　本	787mm×1092mm　1/16		http://www.hepmall.cn
印　　张	17.5		
字　　数	330千字	版　　次	2023年12月第1版
购书热线	010-58581118	印　　次	2023年12月第1次印刷
咨询电话	400-810-0598	定　　价	49.80元

前言

　　2021 年 10 月 18 日,中共中央政治局就推动我国数字经济健康发展进行第三十四次集体学习。中共中央总书记习近平在主持学习时强调,近年来,互联网、大数据、云计算、人工智能、区块链等技术加速创新,日益融入经济社会发展各领域全过程,数字经济发展速度之快、辐射范围之广、影响程度之深前所未有,正在成为重组全球要素资源、重塑全球经济结构、改变全球竞争格局的关键力量。《中华人民共和国国民经济和社会发展第十四个五年规划和 2035 年远景目标纲要》提出:"加快建设数字经济、数字社会、数字政府,以数字化转型整体驱动生产方式、生活方式和治理方式变革"。数据智能是加快数字中国建设的有效手段,是人工智能发展的新方向,通过大规模数据挖掘、机器学习和深度学习等智能分析技术,从多源异质大数据中提取有价值的信息或知识,其应用已从商业拓展到智慧城市、智能制造、智慧交通与物流、智慧资源能源与环境、智慧医疗与卫生健康、数字媒体等场景,已成为推动我国数字经济与智慧社会发展的重要驱动力之一。

　　数据要素是现代产业体系的核心要素之一,是数字经济新引擎的原动力,也是全球数字竞争的角力前沿。在信息技术高速发展的时代背景下,数据量急剧增大、数据类型愈加复杂、数据处理速度不断提高,大数据时代已全面到来。大数据技术是面向多元异构海量数据进行存储、计算、处理的新一代信息技术之一,是数据智能的关键核心技术,以提升效率、赋能业务、加强安全、促进流通为目标,快速有效支撑着数据要素发展。伴随着信息技术和数据应用的发展,大数据技术的内涵和外延不断演进。本书从多个方面对大数据技术进行详细介绍,包括大数据技术背景、大数据技术框架、大数据安全治理、大数据技术实践等,旨在立足世界科技前沿,面向经济社会重大需求,为政府、高校、科研院所、企业培养大数据应用型人才,鼓励读者在本书的基础上积极探索与实践大数据技术。

　　本书系统梳理国内外大数据理论、技术和产业发展现状,对目前大数据技术的主流架构与核心机理进行全面阐释,详细说明大数据技术在数字经济与智慧社会领域的应用状况,重点介绍在网络征信、生态环境、公共卫生、智慧城市领域的应用案例,进而探讨大数据安全、交易、治理与融合等发展焦点问题。本书在内容阐述上力求简明扼要、深入浅出、通俗易懂,内容安排上注重基础理论与前沿技术相结合、技术原理与实际应用相支撑。

在章节内容设计方面,将其分为四篇。其中,第一篇为基础理论篇,介绍大数据的发展背景、基本知识,帮助读者快速入门大数据。第二篇为处理技术篇,介绍大数据采集、清洗、存储、管理、共享、计算框架等相关技术,帮助读者高效处理、有效管理与充分利用大数据。第三篇为分析技术篇,介绍大数据约简、融合、挖掘、可视化分析等相关技术,帮助读者深入理解和系统分析大数据。第四篇为发展焦点篇,介绍大数据安全、交易、治理与新兴技术等问题,帮助读者全面了解和准确把握大数据发展趋势。

近年来,湖南工商大学在中国工程院陈晓红院士引领下,成功组建了国家自然科学基金委基础科学中心(中部地区首个)、信息智能与智慧社会全国重点实验室(培育基地)、湘江实验室、湖南省移动电子商务 2011 协同创新中心、移动商务智能湖南省重点实验室、新零售虚拟现实技术湖南省重点实验室、统计学习与智能计算湖南省重点实验室、生态环境大数据与智能决策技术湖南省工程研究中心、工业互联网与数字孪生技术湖南省工程研究中心、湖南省大数据技术与管理国际科技创新合作基地、长沙人工智能社会实验室等重要平台。陈晓红院士团队率先在 2020—2021 年全国"两会"提交了聚焦数字经济标准化、数字化转型发展、数据市场建设等提案,受到央视新闻、人民网、学习强国、香港文汇报等多家媒体采访。全国政协提案"高标准推进数据要素市场建设,提升数字经济全球话语权",被中央部委采纳。2021 年 5 月,《瞭望》新闻周刊的专访"拼抢数字经济全球话语权"点击量逾 160 万,并被中国工程院《院士通讯》2021 年第 7期全文转载。2022 年 2 月,发表在《管理世界》上的论文《数字经济理论体系与研究展望》荣膺该刊年度优秀论文,并被学习强国平台全文转载。2022 年,《加强我国跨境数据流动监管的建议》被中央采纳,助推国家数据局的组建。本书正是基于上述条件撰写而成的。

本书的具体撰写分工如下:陈晓红院士制订了本书的大纲,统筹组织本书撰写工作;任剑教授、梁伟博士对全书进行统稿校稿;杨艺、毛星亮、熊婷、易国栋、陈杰等博士以及杭志、朱灿、陈欢等老师参与了本书的编写。本书的出版得到了国家基础科学中心、湘江实验室等科研平台以及湖南省学位与研究生教学改革研究项目(2021JGYB189)、湖南省研究生优质课程立项项目《决策理论与方法》等的支持。在本书撰写过程中,参考了诸多学者的研究成果,使得本书能够比较全面地反映大数据技术及应用的最新研究进展。在此,对上述参与人员和学者们表示衷心的感谢和诚挚的祝福!同时,特别感谢高等教育出版社的相关编辑及其同仁们,为保证本书的高质量出版,他们付出了辛勤的劳动。

近年来,大数据技术及应用快速发展,书中难免有不当和疏漏之处,敬请各位读者不吝赐教。

作者

2023 年 9 月

目录

第三篇　分析技术篇

第四篇　发展焦点篇

第一篇　基础理论篇

第一章　大数据时代

本章主要知识结构图：

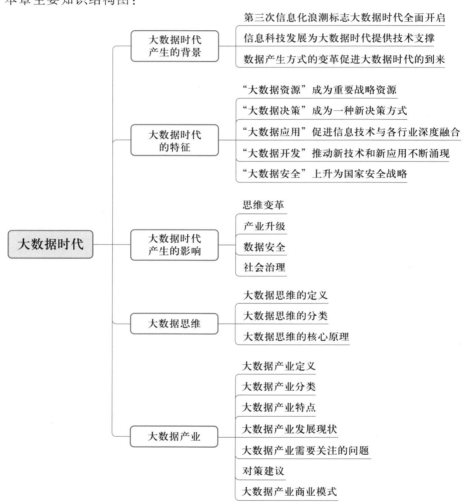

最早提出"大数据"时代到来的是全球知名咨询公司麦肯锡，其创始人麦肯锡称："数据已经渗透到当今每个行业和业务职能领域，成为重要的生产因素。人们对于海量数据的挖掘和运用，预示着新一波生产率增长和消费者盈余浪潮的到来"。"大数据"在物理学、生物学、环境生态学等领域以及军事、金融、通信等行业存在已有时日。起初，这个概念是指在进行实验时需要处理的数据量太大，超出了电脑在处理数据时所运行的内存量,因此工程师们必须改进处理数据的工具,这催生了新的处理技术,例如谷歌的 MapReduce 平台和开源 Hadoop 平台,这些新技术的出现使得电脑的数据处理量和处理速度大大增加。

近年来,随着互联网与新一代信息技术的不断发展,越来越多的数据在互联网终端产生并被记录,存储设备和云计算技术的发展极大降低了数据存储成本及数据处理成本,使海量互联网数据得以保存并被用于数据分析,且对此类海量数据的分析、利用被证明可以带来巨大的经济效益。正如《纽约时报》2012 年 2 月的一篇专栏文章所称,"大数据时代已经降临,在商业、经济及其他领域中,决策将日益基于数据和分析,而并非基于经验和直觉"。

第一节 大数据时代产生的背景

在大数据时代,世界范围的计算机联网使越来越多的领域以数据流通取代产品流通,将生产演变成服务,将工业劳动演变成信息劳动。计算机技术促进了自然科学和人文社会科学各个领域的发展,全面融入了经济社会中。同时,数据的产生、存储和处理方式发生了革命性的变化,加快了人们工作和生活的数字化进程。在不同领域采集到的数据达到了前所未有的体量,从纷繁芜杂的数据中提取有价值的知识成为价值创造的源泉。

一、第三次信息化浪潮标志大数据时代全面开启

大数据时代的开启,推动了信息技术的加速发展,深刻影响着经济生产以及社会生活的方方面面。根据 IBM 公司前首席执行官郭士纳的观点,IT 领域基本每隔 15 年都会迎来一次重大的技术变革(见表 1-1)。

表 1-1 信息技术变革

信息化浪潮	发生时间	标志	解决的问题	企业界代表
第一次	1980 年前后	个人计算机	信息处理	Intel、AMD、IBM、Apple、Microsoft、联想等
第二次	1995 年前后	互联网	信息传输	Yahoo、Google、阿里巴巴、百度、腾讯等
第三次	2010 年前后	大数据	信息挖掘	Amazon、Google、IBM、VMWare、Cloudera 等

1980 年前后,个人微型计算机开始进入大众视野,随着制造技术的完善,计算机销售价格也随之大幅降低,计算机开始进入企业和千家万户,这大大提高了社会生产力,同时丰富了家庭的生活方式,人类因此迎来第一次信息化浪潮。Intel、AMD、IBM、

Apple、Microsoft、联想等企业成为第一次信息化浪潮的"弄潮儿"。

1995年,人类开始全面进入互联网时代。互联网实现了世界信息资源的联通共享,人类正式进入"地球村"时代,并迎来第二次信息化浪潮。这次浪潮的"弄潮儿"是Yahoo、Google、阿里巴巴、百度、腾讯等互联网公司。

2010年前后,云计算、大数据、物联网、人工智能逐步进入大众的视野,以此打开了第三次信息化浪潮的帷幕。大数据掀起了新的信息化浪潮。这次浪潮的"弄潮儿"是Amazon、Google、IBM、VMWare、Cloudera等信息技术及服务企业。

第三次信息化浪潮的涌动,代表着大数据时代全面开启。人类社会信息科技的发展为大数据时代的到来提供了技术支撑,而数据产生方式的变革是促进大数据时代到来至关重要的因素[①]。

二、信息科技发展为大数据时代提供技术支撑

大数据时代,信息技术需要解决信息储存、传输和处理三大核心问题,人类社会在信息科技领域的不断进步,为大数据时代的到来提供技术支撑。

(一)存储设备容量不断增加

数据被存储在磁盘、光盘、闪存等各种存储介质中,随着科技的进步,存储设备的制造技术不断升级,容量也在不断增加,但是价格却在不断降低。

早期的存储设备容量小、价格高、体积大。例如,1953年,第一台磁鼓作为内存储器被应用于IBM701,利用鼓筒表面涂覆的磁性材料只能存储10 KB左右数据。鼓筒旋转速度很高,因此存取速度快。它采用饱和磁记录,从固定式磁头发展到浮动式磁头,从采用磁胶发展到采用电镀的连续磁介质。

今天容量为1 TB的硬盘,大小只有2.5英寸,读写速度最高可以达到1 000 MB/s,不仅提供了大容量存储空间,同时大大减少了数据存储成本。另有专家学者研究利用人工合成的脱氧核糖核酸(DNA)作为存储介质,解决大数据时代的存储难题。DNA存储技术作为数字存储媒介的显著优点之一是容量大,1克DNA能够存储大约215 PB数据;用DNA存储数据保存时间可能长达数千年;与硬盘、磁带等存储介质不同的是,DNA不需要经常维护;就读取方式而言,DNA存储不涉及兼容问题。

(二)数据处理能力大幅提升

在大数据时代,数据是大量的、不规则的、快速的、有价值的,因此数据处理能力需

---

① 维克托·迈尔·舍恩伯格,周涛.大数据时代——生活、工作与思维的大变革[J].人力资源管理,2013(03):174.

要不断提升。由于中央处理器（Central Processing Unit,CPU）通用性好,硬件框架成熟,对开发人员十分友好,CPU 在大数据处理方面得到了广泛应用并发挥了重大作用。然而,当数据对运算能力的需求越来越大时,开发人员发现 CPU 执行的效率并不高。这是因为 CPU 为了满足通用性,芯片有很大一部分都用于复杂的控制流和 Cache 缓存,留给运算单元的并不多。

2009 年,斯坦福大学的学者第一次利用图形处理器（Graphics Processing Unit,GPU）实现了在较短时间内训练深度神经网络的研究,整个世界都为之震惊,也直接引发了延续到现在的 GPU 通用计算的浪潮。GPU 原本的作用是图像渲染,图像渲染算法又因为像素与像素之间相对独立,导致 GPU 要提供大量并行运算单元,同时对很多像素进行并行处理,而这个架构正好能用在大数据的相关深度学习算法上。

GPU 运行深度学习算法比 CPU 快很多,但高昂的价格以及超大的功耗给大规模部署带来了诸多问题。于是,有学者研究完全为深度学习设计的专用芯片（ASIC）。因此近几年,TPU、DPU、NPU、BPU 等专用芯片不断涌现。张量处理器（Tensor Processing Unit,TPU）是谷歌专门为加速深层神经网络运算能力而研发的一款芯片。深度学习处理器（Deep-Learning Processing Unit,DPU）最早由国内深鉴科技提出,基于 Xilinx（赛灵思）可重构特性的可编辑门阵列（Field Programmable Gate Array,FPGA）芯片,设计专用的深度学习处理单元,且抽象出定制化的指令集和编译器,从而实现快速的开发与产品迭代。神经网络处理器（Neural network Processing Unit,NPU）采用"数据驱动并行计算"的架构,特别擅长处理视频、图像类的海量多媒体数据。NPU 处理器专门为物联网人工智能而设计,用于加速神经网络的运算,解决传统芯片在神经网络运算时效率低下的问题。大脑处理器（Brain Processing Unit,BPU）是由地平线科技有限公司提出的嵌入式人工智能处理器架构:第一代是高斯架构,第二代是伯努利架构,第三代是贝叶斯架构,目前地平线已经设计出了新一代纳什架构,在效能上再次迎来了飞跃。

（三）网络带宽不断增加

20 世纪 80 年代以来,信息在光纤中的传输速度已经增加了大约 1 000 万倍。即使是在 20 世纪末期信息技术飞速发展的前提下,这样的发展速度也是惊人的。1977 年,世界上第一条光纤通信系统在美国芝加哥市投入使用,数据传输速率为 45 Mb/s（b/s又称 bps）。此后,人类社会的信息传输速度不断被刷新。进入 21 世纪,世界各国纷纷加大宽带网络建设力度,不断扩大网络覆盖范围和提高传输速度。截至 2022 年 12 月,我国移动电话基站总数达 1 083 万个,累计建成并开通 5G 基站总数为 231 万个。移动电话用户规模稳中有增,5G 用户规模快速扩大。移动电话用户总数达 16.83 亿户,其中 5G 移动电话用户达 5.61 亿户。固定宽带接入用户稳步增长,千兆用户数稳步提升。

中国移动等三家基础电信企业的固定互联网宽带接入用户总数达 5.9 亿户,比上年末净增 5 386 万户。其中,1 000 Mbps 及以上接入速率的固定互联网宽带接入用户达 9 175 万户,全年净增 5 716 万户①。

三、数据产生方式的变革促进大数据时代的到来

数据产生方式的变革,是促进大数据时代来临的重要因素。总体而言,人类社会的数据产生方式大致经历了三个阶段:运营式系统阶段、用户原创内容阶段、感知式系统阶段。

(一)运营式系统阶段

数据库的出现,使得数据管理的复杂度大幅度降低。数据库大多作为数据管理子系统被运营系统使用,例如大型零售超市的销售系统、银行或股市的交易记录系统、医院的医疗系统、企业的客户管理信息系统等,都是建立在数据库基础之上的,数据库中保存了大量结构化的关键信息以满足各种业务需求。人类社会数据量第一次大的飞跃正是从运营式系统广泛使用数据库开始。这个阶段的最主要特点是数据的产生往往伴随着一定的运营活动,例如超市每售出一件商品,就会在数据库中产生一条相应的销售记录,这种数据的产生方式是被动的,只有当实际业务发生时,才会产生新的数据并存入数据库。

(二)用户原创内容阶段

互联网的诞生促使人类社会数据量出现第二次大的飞跃,不需要借助于磁盘、磁带等物理存储介质,就可以进行数据的传输;网页的出现进一步加速了网络内容的产生,从而促使人类社会数据量出现"井喷式"增加。但真正的数据爆发产生于 Web 2.0 时代,Web 2.0 时代的最重要标志就是用户原创内容。Web 1.0 时代主要以门户网站为代表,强调内容的组织与提供,大量网络用户本身并不参与内容的产生。而在 Web 2.0 时代强调自服务,大量网络用户本身就是内容的生产者,以博客、微博和微信为代表的新型社交网络快速发展,使得用户产生数据的意愿更加强烈。尤其是移动互联网和智能手机终端等新型移动设备的出现,这些易携带、全天候接入网络的智能设备,使得用户在网上发表自己的意见更为便捷,这个阶段的数据产生方式是主动的,数据量开始急剧增加。

(三)感知式系统阶段

物联网的快速发展是人类社会数据量的第三次跃升的原因。物联网中包含大量传

---

① 2022 通信业统计公报.工业和信息化部网站,2023-02-02.

感器,例如温度传感器、湿度传感器、压力传感器、位移传感器、光电传感器等,此外,视频监控摄像头也是物联网的重要组成部分。这些物联网设备广泛地布置于社会的各个角落,对整个社会的运转进行监控。特别是"元宇宙"概念的提出,每个人都可以是数据生产终端,通过可穿戴设备能穿越空间进行交互,将自身的虚拟人投影到远端场景,每个人的行为都会产生对应的数据信息。这种数据的产生方式是自动的,能够在短时间内生成密集、大量的数据,使得人类社会迅速步入"大数据时代"。

第二节　大数据时代的特征

一、"大数据资源"成为重要战略资源

大数据时代,"资源"的含义已经发生极大的变化。它已不再仅代表煤炭、石油、天然气等一些看得见、摸得着的实体,还代表无实体的数据、信息等。"大数据"已经成为不可或缺的战略资源,党的十八届五中全会明确将大数据上升为国家战略。在大数据时代,数据是生产要素,每天都有海量数据产生,这些庞大的数据资源,为人们依靠数据了解世界、了解市场、了解生活提供了可能。大数据已向各行各业渗透、扩散和应用,为经济发展提供了新的资源和动力,丰富了传统经济增长要素参数。大数据由于自身特性以及巨大发展潜力,可通过供给侧结构性改革开拓新的增长点[①]。很多专家学者认为,在大数据时代,对大数据的掌握程度可以转化为经济价值的来源,这撼动了从商业科技到政务、医疗、教育、经济、人文以及社会的各个领域。例如,2006 年,微软以 1.1亿元美元购买了大数据公司 Farecast;两年后,谷歌公司以 7 亿美元购买了给 Farecast公司提供数据的 ITA Software 公司。

二、"大数据决策"成为一种新决策方式

大数据作为一种重要的信息资产,可为人们提供全面、精准、实时的商业洞察和决策指导。随着大数据技术的发展,人们传统的决策模式与思维方式正在发生变革,基于大数据的决策方式正逐渐成为决策应用与研究领域的主旋律,大数据决策时代已经到来。随着大数据应用越来越多地服务于人们的日常生活,基于大数据的决策方式形成了其固有特性和潜在的趋势。在固有特性方面,大数据的实时产生及动态变化决定了大数据决策的动态性;大数据的多方位感知意味着通过多源数据的整合可以实现更加全面的决策;大

---

① 陈庆修.大数据已成为战略资源[J].紫光阁,2018(03):71.

数据潜在的不确定性也使得决策问题的求解过程呈现不确定性特征。在潜在趋势方面，相关分析或将代替因果分析，成为获取大数据隐含知识更有效的手段；用户的兴趣偏好在大数据时代将更受关注，更多的商业决策向满足个性化需求转变①。

三、"大数据应用"促进信息技术与各行业深度融合

当前，我们正在进入以数据的深度挖掘和融合应用为主要特征的智能化阶段。在"人—机—物"三元融合的大背景下，以"万物均能互联、一切皆可编程"为目标，数字化、网络化和智能化呈融合发展新态势。在我国《"十四五"数字经济发展规划》中，明确提出"协同推进数字产业化和产业数字化""促进数字技术向经济社会和产业发展各领域广泛深入渗透，推进数字技术、应用场景和商业模式融合创新，形成以技术发展促进全要素生产率提升、以领域应用带动技术进步的发展格局"。不断积累的大数据加速推进信息技术与各行业的深度融合，开拓行业发展的新方向。大数据所触及的每个角落，都会发生巨大且深刻的变化。

四、"大数据开发"推动新技术和新应用不断涌现

大数据的应用场景需求，是大数据新技术开发的源泉。在各种应用需求的强烈驱动下，各种突破性的大数据技术将被不断提出并得到广泛应用，数据的能量也将不断得到释放。例如大数据技术在数字政府建设中，助力科学决策、精准治理、协同治理和危机应对。新冠疫情期间，长三角地区依托数据共享交换平台，实现了"健康码"的数据汇聚共享和互通互认，助力分区分级和复工复产。杭州的"城市大脑"汇聚了全市70余个部门和企业的数据，上线智能交通、便捷泊车、舒心就医、30秒入住、应急防汛等48个应用场景，建成148个数字驾驶舱，合理配置公共资源，作出科学决策，提高城市治理效能。在大数据时代，以大数据为代表的新一代信息技术主导权竞争日益激烈，我国拥有技术能力的企业在创造了大量的数据应用新场景和新服务的同时，将更加注重基础平台、数据存储、数据分析等产业链关键环节的自主研发。

五、"大数据安全"上升为国家安全战略

科学技术是一把双刃剑，大数据所引发的安全问题与其带来的价值同样引人注目②。数据显示，2020年全球数据泄露超出过去15年的总和，其中，政务、医疗及生物

---

① 于洪,何德牛,王国胤,等.大数据智能决策[J].自动化学报,2020,46(05):878-896.
② 冯登国,张敏,李昊.大数据安全与隐私保护[J].计算机学报,2014,37(01):246-258.

识别信息等高价值特殊敏感数据泄露风险加剧,基因安全事件、经济情报泄露事件、技术泄露事件、个人信息泄露事件等,在数字经济时代呈现多发态势,一旦这些数据被不法分子利用,除了经济受损,整个社会秩序也会受到巨大影响,进而对国家安全造成巨大威胁。2021年6月10日,第十三届全国人民代表大会常务委员会第二十九次会议通过《中华人民共和国数据安全法》(以下简称《数据安全法》),于2021年9月1日实施。《数据安全法》是我国第一部有关数据安全的专门法律,也是国家安全领域的一部重要法律。数据安全已经与政治安全、军事安全、经济安全、文化安全等共同成为国家安全的重要组成部分。

第三节　大数据时代产生的影响

一、思维变革

(一)数据"说话"成为时代核心

大数据时代,数据属于基础资源,大数据具有多元化和复杂性特点。让数据"说话"能够深化人们对于大数据思维的认知。实际上,在哲学领域,可以通过归纳演绎法寻找事物之间的规律。在大数据时代之前,通常使用随机采样的方式分析数据。而在大数据时代,数据的全面准确分析更加重要。数据的数量、处理效率、知识挖掘等方面,都在不断进步与发展。如何从数据的海洋当中寻找到有价值的规律、让数据"说话"成为大数据时代的核心工作。

(二)因果关系向相关关系转化

大数据时代的来临使我们更加关注事物之间的相关关系。相关关系可以帮助我们理解现有现象的深刻内涵并预测未来事件发生的可能性。在多数情况下,我们不必知道事物相互影响的深刻原因,只需知道某事物会对另一事物产生影响且能够可视化其影响程度,就可以指导日常生活中的大部分决策。

(三)精确思维向容错思维转化

在大数据时代,数据分析、挖掘及处理能力不断提高[1]。对于普通数据而言,最基本的要求就是降低错误率以保证数据的质量。在大数据时代,我们对大数据的收集要求是尽量获取全部数据,不可避免会纳入错误数据。为了发掘大数据背后隐藏的指导性细节,我们需要摒弃传统精确数据思维,发扬大数据容错思维。

---

[1]　黄津孚.以智能互联思维认识和规划当代科技与产业变革[J].经济与管理研究,2017,38(11):80-89.

（四）永久记忆向适时遗忘转化

大数据技术在人类对记忆的认识方面产生了颠覆性的变革。过去,我们不断努力,希望记忆可以更长久一些,尽力地延长记忆时间。大数据时代的到来,可以将记忆永久保存。通过大量记忆下来的信息,提取有效的信息,整理分析出有效的结果,才是我们最需要的。因此,在大数据时代,如何将有效信息提取并记忆,将大量的、无效的或者过时的信息剔除,是我们应当考虑的一大问题。

二、产业升级

（一）大数据时代促进传统产业变革

在大数据时代,传统产业充分结合大数据、人工智能等先进信息技术,通过结构性调整和突破性技术的应用改造,提高生产效率、改善经营绩效,让生产重心向产品附加值高的产业领域或价值链环节转移。尤其是以数字化、网络化、智能化为重点的技术升级,不断强化先进基础工艺、核心元器件、产业技术基础设施等作用的发挥,颠覆传统的生产经营方式[1]。例如,2013 年 4 月,德国在汉诺威工业博览会上正式推出由德国工程院、弗劳恩霍夫协会以及西门子、博世等企业联合发起的"工业 4.0";美国的 IBM 公司和 GE 公司先后提出"智慧地球"和"工业互联网"计划等[2]。这些都反映出传统产业积极拥抱大数据,追求产业转型升级。

（二）大数据时代促进新兴产业崛起

在大数据时代,相关技术的成果转化、商业化及产业化推动一批新兴智能产业的发展[3],如大数据、人工智能、云计算、区块链、自媒体、虚拟现实、元宇宙、物联网、新材料、新能源等一批新兴产业不断崛起,产业结构中技术密集型和知识密集型产业的比重持续提高。新兴产业加强关键核心技术攻关,培育出新模式、新业态,壮大新动能,不断实现高质量发展。以数字化转型整体驱动生产方式、生活方式和治理方式变革,以大数据助力新兴产业发展,加速推进数字中国建设。

三、数据安全

（一）隐私保护

大数据时代,应用场景丰富,数据安全更关注数据全生命周期的隐私保护。传统信

---

① 杜传忠,金华旺,金文翰.新一轮产业革命背景下突破性技术创新与中国产业转型升级[J].科技进步与对策,2019,36(24):63-69.

② 李晓华."互联网+"改造传统产业的理论基础[J].经济纵横,2016(03):57-63.

③ 胡俊,杜传忠.人工智能推动产业转型升级的机制、路径及对策[J].经济纵横,2020(03):94-101.

息安全主要关注个人计算机、智能终端、网络服务器等用户或系统的安全防护。大数据环境下,数据存储或运行在云平台或数据中心内,数据拥有者无法直接掌控数据的安全性,无法保证数据不被滥用或损坏。

（二）技术滥用引发数据安全威胁

大数据时代,人工智能技术不断发展,但技术是把双刃剑,在给我们带来便利的同时,也会给数据安全带来隐患。例如智能化网络攻击软件能自我学习,模仿系统中用户的行为,AI技术更能被用来左右和控制公众的认知和判断,给数据的安全性带来极大的挑战。技术的缺陷,也可能使人工智能系统出现安全隐患,如机器人、无人智能系统的设计与生产不当会导致运行异常等。

（三）非法使用敏感信息,造成隐私侵犯

隐私问题在大数据时代值得高度关注,比如云计算中的隐私保护问题、知识抽取中的隐私问题、个性化定制中的个人隐私曝光问题等。政府的敏感信息被滥用,将成为影响社会稳定的安全隐患。企业敏感信息被滥用,将导致利益冲突,进一步产生商业纠纷。个人隐私、敏感信息以及各种行为的细节记录被滥用,将危及人身安全。

（四）利用区块链技术确保数据安全

区块链是按照时间顺序将数据区块以顺序相连的方式组合成的一种链式数据结构,该结构利用密码学技术保证分布式账本的不可篡改和不可伪造。具体来说,区块链技术利用块链式数据结构来验证与存储数据;利用分布式节点共识算法来生成和更新数据;利用密码学的方式保证数据传输和访问的安全;利用由自动化脚本代码组成的智能合约来编程和操作数据。在区块链上达成一致的各方,能够完成交易并确保数据不可篡改。

四、社会治理

大数据时代的来临,一方面使得传统的国家治理手段无法高效应对日益复杂的经济社会环境。另一方面,大数据智能技术的迅猛发展又促进了治理能力的提升以及治理模式的创新。例如,在医疗卫生、公共安全、公共交通、舆论传播等领域进行数字化管理,利用医疗大数据定位致病源、传播途径和预测下一次可疑疾病暴发点;布局新基建以采集公共大数据,识别犯罪行为与追踪在逃不法分子的轨迹,能更好保障公共安全;掌握交通大数据能为公民出行带来便利,为其进行最优路径推荐,减少交通事故;对公开社交平台产生的数据流,采用文本挖掘与情绪分析预测潜在冲突事件。

同时,大数据为社会治理带来新的发展机遇。社会治理突破传统模式是时代进步的必然。首先,在政府的层级、部门之间加强数据流通,能够给政务信息不对称困境提供可靠解决途径。政府内部产生的各类政策文件、专家报告、会议记录、行政监管的数据公开共享和政府号召下各行各业各类数据的流通利用,对数字化社会治理十分重要。政府作为社会治理的主导者,有责任变革传统社会治理范式,引领多方主体协同治理。政府可推动社会治理大数据可用不可见,融合居民的群体智慧与科技组织的新型技术方法,来预测未来的问题并提供可能的解决路径。其次,在大数据时代,政府能够探测更有代表性的社会议题,并持续关注大众对议题的舆论导向,使社会治理更有针对性、更亲民。在此基础上,建立社会治理数据案例库,积累符合中国国情的社会治理模板,为未来的社会治理提供现实依据。

第四节   大数据思维

大数据的引入和广泛使用,以及科技的迅猛发展,促使人们的思维方式从旧框架中解放出来,以新的角度看待世界。这种认知思维方式的改变也带来了决策方式的变革①。大数据思维是运用大数据方式去思考和解决问题。大数据思维涵盖了两大理念:一是重视大数据的价值;二是用全数据样本和大数据预测的方式思考和解决问题。

一、大数据思维的定义

随着大数据的快速发展,人们在城市管理、教育、传媒、金融、零售、影视、地质勘测等多个领域对大数据思维进行了初步研究。广义上的大数据思维是指主动使用真实公开且有效的海量数据去解决实际生产生活中相关问题的思维意识。狭义上的大数据思维是指利用大数据,获取经济、民生等方面需求的变化趋势,分析多元化、个性化特征,以适时调整政府管理目标、原则、方式与手段,从而改善行政各方的关系和效率。

二、大数据思维的分类

如今,大数据的广泛应用已经对社会的运行和治理产生了重大影响,使社会运行和治理由事前防范、事后处理变成实时在线治理。大数据在各个行业中得到了成功的应

---

① 顾肃.大数据与认知、思维和决策方式的变革[J].厦门大学学报(哲学社会科学版),2021(02):34-43.

用,这些成功的案例,让人们愈发重视用大数据的方法和意识来处理问题,这就是大数据思维。总体来说,大数据思维主要分为全局大局思维、开放包容思维、优质服务思维、学习趋势思维、成本控制思维和创造性思维(见图1-1)[①]。

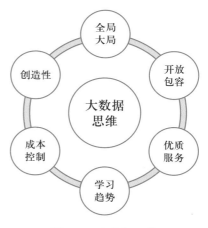

图 1-1 大数据思维

(一)全局大局思维

大数据是针对所有样本数据进行研究,而不是对数据进行抽样处理;关注样本中反映的主流规律,而不是个别现象。因此在研究相关问题时,需要用全局大局的思维去寻找解决问题的思路,将这种大数据思维与实际问题紧密结合,找到最佳方案。

(二)开放包容思维

在数据交换的基础上进行合作,打破传统封闭与垄断的思维,运用开放、共享与合作的包容思维去进行资源的分享。大数据关注数据的因果联系,更关注数据的相关性,从而进行高频度的数据采集。从概率的角度看待问题,扩大思维的开放性和包容性。

(三)优质服务思维

互联网运用免费的服务获得了大量客户的数据,从经济学角度来看,所有的免费都是不可持续的。这要求大数据分析者能够挖掘数据内在的信息,改变价值的生成基础和价值链条的新价值,通过更优质的服务和更好的变现能力实现可持续发展。

(四)学习趋势思维

通过研究数据相关性,使人们更容易提前发现事物的规律,预测事物发展的趋势,大数据就是通过成功的预测趋势而引起广泛关注的。

(五)成本控制思维

在原来的社会治理模式中,一般采用增量来配置社会资源,机构和人员逐步扩大,成本逐渐增加。大数据让社会资源的存量能够得到高效使用,避免忙闲不均,促使社会治理由劳动密集型向技术密集型转变。

(六)创造性思维

创造性思维是通过对数据的重组、扩展和再利用,突破原有的架构,开拓新领域、确立新决策,发现隐藏在表面之下的数据价值,数据也创造性地成为可重复使用的具有"再生性"的重要资源。

---

① 陈学伟,郑迎.大数据思维的特性[N].学习时报,2015-01-19(007).

三、大数据思维的核心原理

（一）数据核心原理

大数据时代，计算模式发生了变化，从"流程"核心转变为"数据"核心。利用 Hadoop 体系进行分布式数据处理，已经成为范式。非结构化数据及分析需求，也将改变信息系统的升级方式：从简单增量到架构变化。大数据驱动下，云计算得到快速发展，在存储和计算上都体现了以数据为核心的理念。云计算为大数据提供了有力的工具和途径，大数据为云计算提供了用武之地。

科技进步越来越多地由数据来推动，海量数据给数据分析既带来了机遇，也带来了新的挑战。为了应对大数据带来的挑战，我们需要运用数据核心原理思考问题，解决问题。以数据为核心，反映了当下信息产业的变革，数据成了人工智能的基础，也成了智能化的基础。从某种意义而言，数据比流程更重要。

（二）数据价值原理

大数据时代面临着功能价值向数据价值的转变。大数据真正有趣的是数据的在线化，这恰恰是互联网的特点。非互联网产品的价值，体现在其功能，而今天的互联网产品的价值体现在数据。大数据并不在"大"，而在于"有用"，价值含量、挖掘成本比数量更为重要。基于大数据，我们可以知道每一个客户的消费倾向。他们想要什么，喜欢什么，每个人的需求有哪些区别，哪些倾向又可以被集合到一起来进行分类。大数据既有数据规模上的增加，更有从量变到质变的过程。

从功能是价值转变为数据是价值，证明数据和大数据的价值在不断扩大，数据为"王"的时代已然来临。数据被解释后产生信息，信息常识化成为知识，因此，对大数据进行解释和深层次的挖掘，能够产生很多有价值的知识，帮助我们更好地决策。

（三）全样本原理

长期以来，由于记录、储存和分析数据的工具有限，准确分析大量数据成为一种挑战。为了让数据分析变得简单，人们把数据量缩减到最小，选择使用抽样调查的方法。而在大数据时代，人们开始利用所有的数据，而不再仅仅依靠小部分数据。全数据样本调查相比传统的抽样调查而言，更具真实性和可靠性，足够多的数据可让人们透过现象看本质，洞察事物的内在规律。所采集的数据量越大，越能真实地反映事物的真实性。

（四）关注效率原理

大数据概念的产生，标志着人类在寻求量化和认识世界的道路上前进了一大步，过去不可计量、存储、分析和共享的知识都能够被数据化了。大数据提高了生产和销售的效率,其原因是大数据能够让我们了解市场的需求、用户的消费偏好。大数据分析让企业的决策更加科学,进而帮助企业提高了生产效率与经营效益。在快速变化的市场环境中,及时有效预测、决策、创新、定制、生产、上市成为企业行动的准则。换言之,速度与效率就是价值,而这一切离不开大数据思维。

（五）关注相关性原理

大数据背景下,由关注因果关系转变为关注相关性,也就是说,只需要知道是什么,而不需要知道为什么。传统的因果关系是说,我们面对一个问题时,一定要找到原因,从而推导出结果。而在大数据时代,我们没有必要找到原因,不需要用科学的手段证明两个事件之间存在必然联系。我们只需要知道,当发现某种相关迹象时,应该如何展开行动。

（六）预测原理

大数据的核心功能之一就是预测。大数据不是要教机器像人一样思考,相反,它是将智能算法运用到海量数据上,从而预测事情发生的可能性。正因为在大数据规律面前,每个人的行为都与他人一样,没有本质差别,所以商家会比消费者更了解消费者的行为,从而进行精准营销。

此外,随着系统获取的数据量越来越大,通过记录可以找到最好的预测模型,从而有效改进系统。互联网、移动互联网和云计算保证了大数据实时预测的可能性,也为企业和用户提供了实时预测的信息,帮助企业和用户快速决策,有效抢占先机。

（七）信息找人原理

互联网和大数据的发展,是一个从人找信息,到信息找人的过程。广播模式是信息找人,用户听收音机、看电视,信息被直接推给用户。但这种模式存在"不知道用户是谁"的缺陷。后来互联网反其道而行,利用搜索引擎技术,让我们知道如何找到所需要的信息。

从人找信息到信息找人,是信息时代一个转变,也是大数据时代的要求。智能机器已不是冷冰冰的,而是具有一定的智能。在大数据时代,企业与机器懂用户,你需要什么信息,它们能提前知道,并能主动提供。

（八）机器懂人原理

由人懂机器转变为机器更懂人。让机器懂人,是让机器具有学习功能。人工智能研究已转变为机器学习研究。大数据分析要求机器更智能,具有分析能力。机器学习主要研究如何使用计算机模拟和实现人类获取知识的过程,创新和重构已有知识,从而提升自身处理问题的能力,机器学习的最终目的是从数据中获取知识。

大数据技术的一个核心目标是:从体量巨大、结构繁多的数据中挖掘出隐蔽在背后的规律,从而使数据发挥最大化的价值。大数据技术由计算机代替人去挖掘信息,获取知识,强调从各种各样的数据(包括结构化、半结构化和非结构化数据)中快速获取有价值信息。大数据技术中,半监督学习、集成学习、概率模型等技术尤为重要。

（九）商务智能

大数据改变了商务模式,让商务更智能,让商务智能获得了新的定义。传统企业进入互联网,在掌握了大数据技术应用途径之后,会有一种豁然开朗的感觉。

人脑思维与机器思维有很大差别,但机器思维在速度上是取胜的,而且智能软件在很多领域已经能够代替人脑思维的工作。云计算已经能够处理大量的数据。人们需要的所有信息都可得到显现。每个人的互联网行为都可被成功记录,这些数据经过云计算与大数据技术处理能产生深层次信息,可为企业决策和营销、定制产品等提供支持。

（十）定制产品原理

由企业生产产品转变为由客户定制产品。下一波的改革是大规模定制,为大量客户定制产品和服务,成本低又兼具个性化。在厂家可以负担得起大规模定制的高成本的前提下,要真正做到个性化产品和服务,就必须对客户需求有很好的了解,这需要依靠大数据技术。

在大数据规律面前,每个人的行为都跟他人一样,没有本质变化。商家更了解消费者的行为。大数据时代让企业找到了定制产品、订单生产、用户销售的新模式。用户足不出户、购买商品已成为趋势,物流的便捷服务,让用户体验到实时购物的快感。个人消费不是减少了,反而是增加了。为什么企业要互联网化、大数据化,也有这个原因。

企业产品直接销售给用户,省去了中间商流通环节,使产品的价格能以出厂价销售,让消费者获得了好处,网上产品便宜成为用户的普遍看法,形成了"网购市场"。要让用户成为产品的粉丝,就必须了解用户需求,定制产品成为用户的心愿,也成为企业发展的新方向。

第五节　大数据产业

2019 年起,我国大数据产业持续快速增长,与社会各领域融合发展的成熟度和创新能力不断提高,成为驱动数字经济快速发展的先导力量。2022 年,数字经济发展热潮兴起,数字中国建设走向深入,数字化转型需求大量释放,我国大数据产业迎来新的发展机遇期,各区域更加重视大数据发展与地区经济结构转型升级的紧密结合,各企业更深入挖掘基于大数据融合应用的新业务市场,各级政府更积极探索数据驱动的政府服务模式创新,以工业大数据发展为引领的大数据与实体经济融合更加深化,推动我国大数据产业发展迈向更高水平。

一、大数据产业定义

大数据产业是以数据生成、采集、存储、加工、分析、服务为主的战略性新兴产业,一般分为核心业态、关联业态和衍生业态。核心业态包括从大数据采集到服务、数据交易、数据安全以及相关平台运营建设等围绕数据全生命周期的大数据关键技术与业务;关联业态是以软件、电子信息制造业为代表,包括智能终端、集成电路、软件和服务外包等大数据产业所需的软硬件制造业务;衍生业态包括工业、农业、金融等各行业的大数据融合应用。

二、大数据产业分类

目前对于大数据产业的分类并没有统一规定,依据不同角度可以总结为以下几种[①]:

(1)二分法。根据目前大数据使用的情况,分为大数据产业和大数据衍生产业。大数据产业主要指自身生产数据或者进行数据存储、分析、应用类的产业。大数据衍生产业主要指从事大数据产业所需要的基础设施和技术支持类产业。

(2)三分法。根据数据的营销模式,将大数据产业分为三类:第一,应用大数据进行用户信息行为分析,实现企业自身产品和广告推荐的产业;第二,通过对大数据进行整合,为用户提供从硬件、软件到整体解决方案的产业;第三,出售数据产品和为用户提供具有针对性解决方案的服务产业。

(3)五分法。根据产业的价值模式,分为大数据内生型价值模式、外生型价值模式、寄生型价值模式、产品型价值模式和云计算服务型价值模式。

三、大数据产业特点

(一)产业数据资产化

在大数据时代,数据渗透到各个行业,逐渐成为企业的资产,成为大数据产业创新的核心驱动力。自身生产数据的互联网企业具有得天独厚的优势,利用丰厚的数据资

①　迪莉娅.我国大数据产业发展研究[J].科技进步与对策,2014,31(04):56-60.

产,挖掘数据的潜在价值,洞察用户的信息行为,利用数据实现精准化和个性化的生产、营销和获利模式。

（二）产业技术的高创新性

创新是大数据产业发展的基石。在现代社会,每天都会产生海量的数据,如何有效地获取数据、存储数据、整合数据和服务用户,需要大数据产业技术不断革新。具体来讲,这些技术包括对大数据的去冗降噪技术、大数据存储技术、非结构化和半结构化数据的高效处理技术、适合不同行业的大数据挖掘分析工具等。我们需要不断优化和创新这些技术,为用户提供高效、高质量、个性化的服务。

（三）产业决策智能化

大数据产业在推动企业决策智能化发展中起领头羊的作用。相关研究报告显示,过去企业对数据管理的关注只体现在存储和传输方面,而企业利用的数据不到其获取数据的 5%,在数据量每年约 60% 增长的情况下,企业平均只获取其中 25% 至 30% 的数据,作为企业战略资源的数据还远未得到充分挖掘。随着大数据产业的发展,分布式计算的大数据推动生产组织向去中心化、扁平化方向演化,促进劳动与资本一体化,并且在决策过程中极大地克服人类的有限理性,推动决策朝着智能化、科学化的方向发展。

（四）产业服务个性化

Monetate 公司的调查报告显示,相比未利用数据分析的企业,投入并分析数据的企业增长率为 49%,并且可实现在线销售额 19% 的增长率。因而,基于数据的分析,能够为大数据产业提供个性化服务。这些企业可以通过对数据充分挖掘,了解用户的兴趣和偏好,针对个体的需求,开展个性化定制与云推荐业务,提升产品服务质量,满足用户更高级别的需求,以获得更高的经济收益。

四、大数据产业发展现状

（一）从应用突破到底层自研,大数据技术步入创新突围期

2020 年,受新冠疫情影响,疫情联防联控、产业监测、资源调配、行程跟踪等新兴领域广泛应用了大数据技术、产品和解决方案。百度等利用大数据平台优势打造"疫情地图",实现疫情数据实时更新,以及潜在疫情动态监测。电商平台发挥"大数据＋供应链"优势,通过智能调度进行生产链的柔性配置,最大限度地满足医疗防护物资需求。随着大数据应用主体不断增加、应用需求大量激发,国外先进、通用的技术路线已经无法适应庞大、多元、复杂的融合需求,与业务特点相匹配的个性化、定制化大数据解决方

案日益受到青睐①。

近年来,以大数据为代表的新一代信息技术主导权竞争日益激烈,我国拥有技术能力的企业在大量创造数据应用新服务和新场景的同时,更加注重基础平台、数据存储、数据分析等产业链关键环节的自主研发,并在混合计算、基于 AI 的边缘计算、大规模数据处理等领域实现率先突破,在数据库、大数据平台等领域逐步推进自主能力建设。

(二)从实践探索到理念变革,工业大数据应用创新走向纵深

2020 年,在政策和市场的共同作用下,工业企业日渐重视大数据在制造全过程、全产业链、产品全生命周期的应用创新。在政策层面,工业和信息化部先后发布《工业数据分类分级指南(试行)》《关于推动工业互联网加快发展的通知》《关于工业大数据发展的指导意见》《"十四五"大数据产业发展规划》等多份政策文件,利用多种技术方法,引导各方协同发掘工业数据的应用价值。例如,在企业实践层面,中策橡胶借助阿里云 ET 工业大脑,对橡胶密封数据分析优化,促使密炼时长减少 10%、密炼温度降低 10 ℃。富士康基于 BEACON 工业互联网平台,实时采集精密刀具的状态数据,实现刀具自诊断自优化,使刀具寿命延长 15%,坏刀预测准确率达 93%,产品优良率提升超过 90%。

2021 年到 2022 年,大数据在工业领域的应用实现从产品级、设备级向产业链级深入拓展,通过工业知识、业务、流程的数据化、算法化、模型化,为整个制造体系装上智能系统,形成动态感知、敏捷分析、全局优化、智能决策的强大能力。这一过程,也是工业企业树立数据管理意识、加快构建数据管理能力的过程。工业企业更加重视数据战略与未来发展战略的统筹规划,设立专职数据管理机构,围绕数据治理、数据架构、数据标准、数据质量、数据安全、数据应用、数据生存周期等循序建设,筑牢工业数据创新应用根基。

(三)从单一技术主体成长到多主体融入,大数据企业创新创业势能趋强

2020 年,大数据领域企业整体呈现多元差异化发展态势。龙头企业持续深化大数据布局和应用创新,阿里云分布式数据库市场份额位居全球云数据库第三位以及中国市场第一位;百度地图时空大数据为成都等地的国土空间规划提供了重要支撑。浪潮、中科曙光、美林数据等基础技术型企业向医疗、电力、能源等领域进一步下沉专业化服务,浪潮集团"基于健康医疗大数据的医养健康创新应用"、中科曙光"面向智慧电力的大数据智能分析平台"等均入选工信部 2020 年大数据产业发展试点示范项目。字节跳

---

① 赛迪智库大数据产业形势分析课题组.2021 年中国大数据产业发展趋势[N]. 中国计算机报,2021-03-15 (013).

动等行业融合型企业加快大数据技术能力建设,深耕传媒、交通等传统领域新型数字业务,加速行业数字化革新。大数据独角兽企业增长势头强劲,2020年《互联网周刊》评选的大数据独角兽企业已达50家,实现连续三年增长。

2022年,在海量数据供给、活跃创新生态和巨大市场需求的多重推动下,以龙头企业为引领、专业化服务企业和融合性应用企业联动、独角兽企业兴起的大数据行业竞争格局进一步明晰,大数据企业创新创业势能将持续增强。

（四）从统筹发展到特色聚焦,大数据与区域经济协同发展向"深"而行

2020年,以贵州、上海等8个国家大数据综合试验区为引领,京津冀、长三角、珠三角和中西部地区为支撑的大数据区域集聚发展示范效应进一步凸显。赛迪智库编写的《中国大数据区域发展水平评估白皮书（2020）》显示,8个国家大数据综合试验区在全国大数据发展总指数中总体占比达39%,在政策机制、数据资源体系建设、主体培育、产业集聚等方面积累了丰富的实践经验。

2021年到2022年,受益于国家重大区域战略、数字经济创新发展、服务贸易扩大试点等政策叠加效应,京津冀、长三角、珠三角、中西部等地区大数据与区域经济协同发展、融合发展日益深化,持续引领全国的大数据发展。6个数字经济创新发展试验区、28个服务贸易扩大试点省市（区域）围绕数据要素进行价值释放,在新基建、数字政府、新型智慧城市、大数据与实体经济融合、数字货币、数字贸易、区域一体化等方面继续推动特色发展。

（五）从资源观到资产观,数据要素价值创造成为新蓝海

2020年,随着网络的全面普及,计算无处不在,要素广泛连接,数据日益成为现代经济社会全要素生产率提升的新动力源,数据资源的掌握,成为衡量各个主体软实力和竞争力水平的重要标志。2020年4月,中共中央、国务院发布《关于构建更加完善的要素市场化配置体制机制的意见》,明确提出"加快培育数据要素市场",进一步强化了数据作为生产要素的重要性。在政策引领下,企业、高校等各类主体围绕数据资源定价和交易等方面增强了研究和探索力度。

2022年,随着数据要素可参与分配的政策红利效应释放,政府、企业、社会组织纷纷参与数据要素市场建设,积极探索数据资产有效运营和价值转化的可行途径。电信、金融等数据治理模式较成熟的行业产业,加速数据运营和服务创新。交通、旅游、医疗、制造业等拥有大量数据资源的行业产业,深入探索基于大数据的业务变革。政府、民生等领域更加重视大数据平台建设,推动大数据应用成果融入决策、服务于民。数据要素市场机制建设成为地方改革的重点,为数据在各行业、各业态、各模式中的融通应用和价值释放铺平道路。

五、大数据产业需要关注的问题

（一）技术产品供给能力不足成为制约产业发展的关键因素

当前，数据资源呈现爆炸式的增长，规模体量日渐庞大、类型显著增多、需求趋于复杂，现行的大数据技术产品在存储、算力、管理等方面的能力已无法满足应用的需求。同时，我国在多样化数据采集、多模态数据管理、强关联数据集成、数据建模分析、数据共享流通及安全治理等大数据技术方面与国外差距较大，一些关键产品的对外依存度较高，这意味着在推进数据大规模应用发展的同时，还需要进一步发展大数据技术的基础研究。

（二）数据中心区域布局有待统筹和优化调整

当前，我国数据中心结构性过剩问题突出。据统计，北京、上海、广州、深圳等一线城市的数据中心利用率已经处于饱和状态，但西部地区许多省份的数据中心利用率在 15%～30%，提升空间巨大。同时，在推动算力资源"西向转移"的过程中，由于长期受到托管地区较远、网络稳定性缺乏保障、数据安全面临威胁等因素的影响，"东数西算"的理想分流效果尚未实现，算力资源的合理调度和有效应用亟待整体统筹。

（三）大数据融合应用创新亟待进一步深化

当前，大数据应用的广度和深度仍然不足。可视化、统计分析等基础描述性的应用多，基于数据的指导性、决策性的应用少。预测性维护、质量分析、能源管控等管理服务应用多，基于数字孪生的制造执行类应用少。企业内单环节、单部门应用多，跨系统、跨产业链的综合性应用少。由于很多行业企业缺乏大数据技术应用经验，数据服务商对行业的业务、流程、组织等认知不足，无法提供满足实际需求的定制化产品和解决方案，难以支持高层次、高水平应用。

六、对策建议

（一）研究制定新时期大数据产业发展的顶层规划

"十四五"时期，大数据产业对现代经济社会的高质量发展的赋能作用更加凸显，打造大数据产业核心优势、支撑构建以数据为关键要素的新发展模式，已成为各方共识。因此，要从全国统筹发展的角度，对大数据产业发展进行前瞻性部署，明确数据资源管理、数据技术产品协同攻关、数据融合应用、大数据企业主体培育、区域集聚发展、产业生态建设等重点任务和实施路径，创新发展手段，落实任务责任主体和关键举措，充分引导产业供给能力提升,释放产业价值,赋能经济社会发展①。

（二）强化大数据核心技术创新突破

推动大数据技术要"固根基、扬优势、补短板、强弱项"。一是优势领域做大做强,提升现有大数据应用分析等技术优势,实现从被动跟随到技术引领的转变。二是加强前沿领域技术融合,进一步加强前瞻布局,推动数字孪生、人机协同、边缘计算、区块链等与大数据方法技术的有效融合,抢抓新兴技术发展先导权。三是补齐关键技术短板,构建产学研协同的创新生态布局,加强大数据计算框架、分布式数据库、计算引擎等底层技术攻关。

（三）进一步加强工业大数据应用发展指导

分行业梳理工业大数据应用路径、方法模式和发展重点,编制工业大数据应用指南,引导企业的工业大数据应用方向。制定科学有效的工业大数据应用水平评估标准,对我国各地及企业工业大数据应用现状、应用水平进行监测、分析和评估,引导地方、企业依据评估标准和结果,逐步提升应用水平。加快推进工业企业DCMM(数据管理能力成熟度评估)贯标,推动构建以企业为主体的工业数据分类分级管理体系,促进工业数据应用价值有效释放。

（四）破解数据流通机制壁垒

进一步加强国家数据共享交换平台、全国一体化在线政务服务平台等综合性政务数据交换体系建设,引入联邦学习、隐私计算、数据标签等技术,促进政务数据的跨域共享开放,并探索数据中介、数据代理、数据加工等多样化数据流通服务模式,支撑数据资源汇聚、数据资产管理、数据价值流转、数据产品交易等更多平台服务能力建设。继续推进数据的权属、流通、交易、保护等方面的标准和规则制定,建立数据流通交易负面清单,营造可信数据交换空间,保障数据流通的合规性和安全性。

七、大数据产业商业模式

大数据产业层次划分难以明确统一的原因在于各层次之间的企业业务经营存在交叉覆盖。从实践看,以互联网企业为代表的诸多科技企业在大数据产业上的布局已跨越了多个层次,提供硬件设备、技术软件与应用方案等多类产品与服务。在这里,简要对大数据产业的主要商业模式进行分析。

一是提供数据或技术工具。这类模式以数据资源本身或数据库、各类大数据开发

---

① 赛迪智库大数据形势分析课题组.大数据:产业链关键技术步入创新突围期[J].网络安全和信息化,2021(4):4-6.

平台、大数据软硬件结合一体机等技术产品,为客户解决大数据业务链条中某个环节的对应问题。按照资源的不同分类收费,既可以买断数据资源或技术产品,也可以按需、按月、按年、按量等方式获得付费服务,方便"零活"。二是提供独立的数据服务。这类模式主要指为数据资源拥有者或使用者提供数据分析、挖掘、可视化等第三方数据服务,如情报挖掘、舆情分析、精准营销、个性化推荐、可视化工具等,以付费工具或产品的形式向客户提供。三是提供整体化的解决方案。这类模式主要是为缺乏技术能力但需要引入大数据系统支持企业或组织业务升级转型的用户,定制化构建和部署一整套完整的大数据应用系统,并负责运营、维护、升级等。

本 章 小 结

本章介绍了大数据时代的概念,以及信息技术的发展史,并指出信息科技的进步为大数据时代提供了技术支撑,数据产生方式的变化促成了大数据时代的到来。大数据时代对思维变革、产业升级、数据安全和社会治理都产生了较大的影响,大数据在各行各业得到了日益广泛的应用,深刻地改变着我们的社会生产和日常生活。大数据时代的开启,为社会发展带来了新的机遇,并开始进行思维转变,逐渐形成大数据思维。本章最后详细介绍了大数据思维和大数据产业。大数据时代的到来是一个不可阻挡的大趋势。在研究如何有效利用大数据为我们的生活提供便利的同时,也应注意到其中的隐患。如何合理地利用大数据将是后续章节不断探讨的重点。

复习思考题

1. 试述信息技术发展史上的三次信息化浪潮及其具体内容。

2. 试述大数据时代的"数据爆炸"的特性。

3. 大数据时代的特征有哪些?

4. 大数据可以与哪些领域结合? 试写出你的想法?

5. 请解释什么是大数据思维?

6. 关于大数据思维的特征,除了书中提到的特征,你认为还有哪些特征?

7. 请举几个利用大数据思维解决实际生活中的问题的案例。

8. 大数据产业有哪些特点?

9. 大数据产业发展现状如何？　有哪些问题值得关注？

10. 大数据产业如何才能更好发展？

即测即评

第二章　大数据概述

本章主要知识结构图：

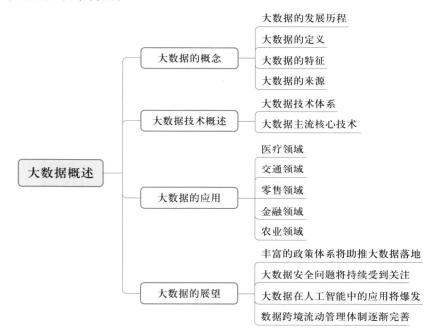

数据显示，2022 年，在新基建政策的加持之下，国内大数据产业规模达 1.57 万亿元。大数据作为继云计算、物联网之后 IT 行业又一颠覆性的技术，备受人们关注。能否紧紧抓住大数据发展机遇，快速形成核心技术和应用，参与新一轮的全球化竞争，将直接决定未来世界范围内各国科技力量博弈的格局。

第一节　大数据的概念

一、大数据的发展历程

（一）发展阶段

大数据的发展历程总体可分为 3 个阶段：萌芽阶段、成熟阶段和大规模应用阶段（见表 2-1）。

表 2-1　大数据的发展

阶段	时间	内容
第一阶段：萌芽期	20 世纪 90 年代至 21 世纪初	随着数据挖掘理论和数据库技术的逐渐成熟，一批商业智能工具和知识管理技术得到了应用
第二阶段：成熟期	21 世纪前 10 年	Web2.0 应用迅猛发展，非结构化数据大量产生，传统处理方法难以应对，带动了大数据技术的快速突破，大数据解决方案逐渐走向成熟，形成了并行计算与分布式系统两大核心技术
第三阶段：大规模应用期	2010 年至今	大数据的应用渗透到各行各业，数据驱动决策，信息社会的智能化程度得到了极大提高

（二）国内代表企业

伴随着大数据的发展历程，我国出现了很多具有代表性的企业，例如百度、阿里巴巴、腾讯等。

百度公司是建立在数据基础上的。百度公司有两种类型的大数据：用户搜索表征信息的需求数据、爬虫获取的公共 Web 数据。为获取数据，百度公司对网页数据进行爬取，并对这些网页内容进行组织和解析，通过语义分析精准理解用户的搜索需求，进而从海量数据中找出结果。百度公司的搜索引擎，本质上是一个数据采集、组织、分析和挖掘的过程。搜索技术在大数据时代面临的数据挑战是：更多的暗网数据、更多的Web 化但是非结构化的数据，以及更多的 Web 化、结构化但是封闭的数据。

阿里巴巴公司拥有交易数据和信用数据。这两种数据更容易挖掘出其商业价值。此外，阿里巴巴公司还通过投资等方式获取了微博、高德等部分社交数据和移动数据。

腾讯公司拥有用户关系数据以及基于此所产生的社交数据。这些数据可以用来分析人们的生活和行为，并挖掘出相关政治、社会、文化、商业、健康等领域的信息，甚至预测未来。

（三）国外代表企业

在美国，除了行业知名的谷歌、脸谱等公司外，还出现了很多大数据类型的公司，它们专门经营数据产品，比如：

Metamarkets：该公司分析支付、签到和一些与互联网相关的问题，从而为客户提供良好的数据分析支持。

Tableau：该公司集中于对海量数据进行可视化分析。它搭建了一个免费工具软件，即使没有编程知识背景的用户都能绘制出数据专用图表。这个软件的作用是分析数据，并根据分析结果提供有价值的建议。

ParAccel:该公司为美国执法机构提供数据分析,比如,对 15 000 个有犯罪前科的人进行跟踪,通过分析他们的行为数据,为执法机构提供参考性较高的犯罪预测。

QlikTech:该公司旗下的 Qlikview 是应用在商业智能领域的自主服务工具,通常应用于科学研究和艺术等领域。为了帮助开发人员分析数据,QlikTech 提供了对原始数据进行可视化处理等功能的工具。

DataSift:该公司主要从社交媒体上收集数据并分析,帮助一些品牌公司及时掌握突发新闻的舆论方向,并且制定有针对性的营销方案。该公司还与一些网络公司达成数据分析业务合作协议。

当今社会是一个高速发展的社会。随着科学技术的进步和信息的流动,人们之间的交流越来越密切,生活越来越方便,生产越来越高效。每天,全球上传超过 30 亿张图片,每分钟分享视频总时长达到 500 小时。然而,即使是人们每天创造的全部信息——包括语音通话、电子邮件和各种通信,加上上传的所有图片、视频与音乐,其信息量也无法匹及人们每天创造出的关于自身的数字信息量。随着大数据的发展,数据共享联盟逐渐壮大,并成为产业的核心一环。大数据的共享技术越来越发达,用户隐私问题也接踵而至,数据逐渐被资源化,大数据已经成了国家、企业和社会的重要战略资源,成为新的战略制高点。

二、大数据的定义

大数据是指难以存储、处理和挖掘的形式多样、非结构化特征明显的海量数据集合。为了全面系统地认识大数据,可从以下四个层面来理解:

第一个层面是数据属性。大数据快速扩展背后的首要原因是被创建、共享和利用的广泛程度。数据—信息—知识—智慧层次结构提供了认识大数据的一种观点,根据这种观点,信息以数据的形式出现,这种数据的结构是有价值的,并且与特定的目标相关。从这个角度来看,信息成为一种知识资产,可以为企业创造价值。

第二个层面是技术需求。大数据要求处理速度快,而一般信息技术与系统无法满足这样的计算和存储要求;大数据时代的通信网络需要支持更大和更快的数据传输。与大数据相关的另一项技术要求是能够在较小的设备上存储更多的数据。摩尔定律指出,数据生成量每两年增长一倍,因此对数据的存储提出了更高的要求。

第三个层面是方法门槛。大量的数据需要通过比传统统计方法更复杂的技术手段来处理,值得注意的是,大数据开发已经将决策方法从静态过程转变为动态过程。事实上,基于数据的许多事件之间的关系分析已经取代了对传统逻辑联系的追求。有理由相信,将大数据应用于政府、公司、科研机构和大学的结果可能会改变决策规则和科学方法。了解大数据方法应用的优势和劣势,是公共和私营机构在执行战略决策过程中必须认真面对的事情。显然,对大数据应用程序所带来的未来可能性领域的洞察,应该得到仔细验证,以最大限度地认识到它们的高度复杂性。

第四个层面是社会影响。大数据的应用和管理正在影响经济社会的许多领域。大数据应用程序对不同科学领域和行业组织的不同需求,表现出一致的适应性。这方面的一个例子是将相关性分析应用于谷歌搜索日志,产生了适用于从流行病学到经济学等一系列领域的见解。另一方面,大数据的快速发展也令人担忧,因为私人信息的安全保护亟须重视。因此有必要建立保护私人信息的匿名算法,防止任何可能的数据泄露。此外,应适当和公正地监管信息的可获取性,以避免市场垄断行为。同时,大数据也对公司产生了深刻的影响,迫使企业根据新信息的可用性重新考虑组织结构和所有业务流程。

三、大数据的特征

(一)基础特征

随着互联网的不断发展和智能硬件的快速更新,现代社会产生的数据量呈爆炸式增长态势,大数据的特征也逐渐丰富起来。学界最初普遍认可"3V"特征,即数据量巨大(Volume)、数据类型繁多(Variety)、处理速度快(Velocity)。随着数据挖掘与处理技术的成熟,大数据的价值逐渐显现出来,大数据特征在上述基础上增加了价值密度低(Value)和真实性(Veracity),即为现在常见的"5V"特征。2020年,全球数据量达到了约77 ZB①,其中中国数据量增速迅猛。预计2025年中国数据量将增至48.6 ZB,占全球数据量的27.8%。数据量的增长带来了巨大的商业价值,在政策、金融、工业、零售、医疗等方面产生重大影响。信息已经成为继物质、能源之后又一重要资源,在国民经济活动中的地位日益突出,数据的重要作用也普遍得到了国际组织以及世界各国政府的肯定,全球已经进入大数据时代。

当前我国正处于数字经济快速发展阶段。根据国家统计局数据显示,2021年,计算机、通信和其他电子设备制造业增加值同比增长15.7%,两年复合增长率明显高于全部工业的复合增长率。产业数字化加速发展。网络零售市场保持平稳增长,2021年上半年实物商品网上零售额两年平均增长16.5%,占社会消费品零售总额的比重达到了23.7%,7月全国快递业务量已接近2018年全年水平。跨境电商仍保持高位增长,已成

---

① 字节(B)是二进制数据的单位:1 KB = 1 024 B;1 MB = 1 024 KB;1 GB = 1 024 MB;1 TB = 1 024 GB;1 PB = 1 024 TB ;1 EB = 1 024 PB;1 ZB = 1 024 EB.

为外贸的重要力量。农村电商提质升级,为乡村振兴注入活力。数字基础设施加速普及,固定宽带普及率已达到发达国家水平。

随着计算机技术的发展和互联网的普及,现代社会产生的数据量巨大,远远超过传统数据集合。电子设备的广泛使用,物联网、云计算和云存储等技术的发展与革新,使得海量出行数据可以得到精准记录。移动互联网的核心网络结点从传统的网页转变为数据制造者,数据产品包括短信、微博、照片、录像等。此外,自动化传感器、自动记录设施以及生产监测、环境监测、交通监测、安防监测等领域的设备也产生了海量记录数据。

在大数据时代,由于网络用户产生的数据飞速增长,普遍意义上的大数据所需的存储空间已经达到 PB 数量级。由于数据的实时变化快,实际应用场景的时效性非常重要,对海量数据进行处理和分析需要在短时间内完成,现阶段仍需在数据处理速度上进行优化探索。

和传统的数据挖掘技术相比,大数据处理技术最大的区别是对处理速度要求更高。在商业领域,企业运营、管理和决策智能化的每一个环节都要求时效性,商业数据语境里,如果不能在秒级时间范围内给出分析结果,则判定数据失去价值。快速处理大数据有批处理和流处理两种方式:批处理可以在特定时间内处理大量数据;而流处理则是在产生连续数据流时立即进行处理。

价值密度低是指大量数据中存在明显的噪声效应,难以对数据进行有效提取和使用。在大数据时代,亟待解决的难题之一是如何更迅速地提取数据。

数据的规模并不是为决策提供帮助的决定性因素,更为重要的是数据的真实性和质量。从真实的数据中获得真知和思路,才是制定科学决策的坚实基础。大数据的一项重要挑战是高质量数据的获取。由于某些数据的一些固有属性,例如,情感、天气以及经济形势,数据清理方法常难以消除其不可预测性。尽管这些数据蕴含着大量的宝贵信息,但在数据清理时难以处理这种不确定性。因此,通过融合鲁棒优化和模糊逻辑等先进数学方法来处理数据,或者结合多个可靠性较高的数据来源创建更准确、更有用的信息,并对其进行充分利用是非常必要的。

（二）其他特征

大数据时代,利用互联网、物联网等技术进行数据资源的搜集,并进行数据储存、使用价值提炼、智能化解决和展现,基本可以从一切数据中得到有使用价值的专业知识。大数据的其他特征反映在以下层面:

1. 社会认知

从社会发展角度来看大数据,越来越多的行业以数据商品流通替代传统商品流通,将生产制造转变成服务提供,将工业生产劳动者转变成信息服务劳动者。数据商品通过计算机网络进行拷贝和分派,不需要额外花费,其使用价值提升不是通过手工制作而是通过专业知识来完成。

2. 丰富性

伴随着大数据技术的快速兴起与普及,不仅推动了社会科学和人文学科各行各业的发展,而且全方位融入经济社会发展与日常生活。各行业收集的数据量史无前例。更为重要的是,数据的产生、储存和处理方法发生了颠覆性的转变,日常的工作和生活基本完成智能化。

3. 公开性

大数据展现了从信息公布到数据技术性演变的多维度画面。越来越多的数据对外开放,并被交叉融合应用。尽管在这个过程中会考虑到对客户隐私的保护,但对外开放的、公共性的网络空间仍是趋势。

4. 动态性

人们依靠计算机,通过互联网技术进入大数据时代,集中体现了大数据在某种程度上是基于互联网技术的实时动态数据。因为数据能够实时产生,所以数据的采集具有动态性。同时,数据的存储、处理、分析、决策技术可以随时随地升级,也具有动态性。

四、大数据的来源

(一)来自互联网世界的数据

大数据时代,需要更加全面的数据来提高预测的准确度,因此需要更多便捷、自动的数据生产与分析工具。大数据是计算机和互联网结合的产物,计算机实现了数据的数字化,互联网实现了数据的网络化。随着移动互联网、物联网、可穿戴联网设备的普及,新的数据正在以指数级的速度产生,目前世界上90%的数据产生于互联网出现以后。

大数据来源于人类生活,特别是互联网的发展为数据的存储、传输与应用创造了基础和环境。社交网络服务依据"六度分割"理论而建立,以认识朋友的朋友为基础,扩展用户的人脉。基于Web 2.0建立的社交网络,用户既是网络信息的使用者,也是网络信息的制作者。社交网站记录用户之间的互动;搜索引擎记录人们的搜索行为和搜索结果;电子商务网站记录用户的购物偏好;微博网站记录用户即时产生的想法和意见;图片视频分享网站记录用户的视觉观察;百科全书网站记录用户对抽象概念的理解;幻灯片分享网站记录用户的各种正式和非正式的演讲发言;机构知识库和开放获取期刊记录了学术研究成果等。根据这些记录获取各网站所需要的信息。归纳起来,来自互联网的数据可以划分为以下三种类型。

1. 非结构化数据

（1）视频。视频是大数据的主要来源之一,电影、电视节目可以产生大量的视频数据,各种室内外的视频摄像头昼夜不停地产生巨量的视频数据。视频数据是随时间变化的图像流,含有更为丰富的其他媒体所无法表达的信息和内容。以视频的形式传递信息,能够直观、生动、真实、高效地表达现实世界,所含信息内容非常丰富。与静态图像、文本等类型的数据相比,视频数据所包含的数据量巨大。视频数据的体量比文本数据的体量约大七个数量级,而且视频数据对存储空间和传输信道的要求很高,即使是一个短视频,也比一般字符型数据所需的存储空间大。通常在管理视频数据时都要对视频数据进行压缩编码,但压缩后的视频数据量依然很大。

（2）图片与照片。图片与照片也是大数据的主要来源之一。互联网用户每天上传约 30 亿张图片。如果拍摄者保存拍摄时的原始文件,平均每张照片大小为 1 MB,则这些照片的总数据量就是 2.79 PB。如果单台服务器磁盘容量为 10 TB,则存储这些照片每天需要 286 台服务器,而且这些上传的照片仅仅是人们拍摄到的照片的很小一部分。此外,许多遥感系统一天 24 小时不停地拍摄并产生大量照片。

（3）音频。音频是多媒体中的重要媒介[1],作为一种信息的载体,其可以分为三种类型:语音、音乐和其他声音。不同的音频类型会有不同的内在特征,这些内在特征可分为三个层次:最底层的物理样本级、中间层的声学特征级和最高层的语义级。物理样本级包含的特征有采样频率、时间刻度、样本、格式、编码等。声学特征级包含的特征有音调、音高、旋律、节奏等感知特征,以及能量、过零率、LPC 系数及音频的结构化表示等声学特征。语义级包括音乐叙事、音频对象描述、语音识别文本等。

传统的声音处理方法是通过麦克风等设备将声音的振动转化成模拟电流,并进行放大和处理,然后录制到磁带或传至音箱等设备发声。该方法失真度较高,且噪声消除困难,不易被编辑和修改。声卡的出现解决了模拟方法中存在的问题,它使用数字化方法来处理声音。数字化的声音数据就是音频数据。

（4）日志。网络设备、系统及服务程序运作时,将产生一个叫 log 的事件记录,这就是日志。日志中记录了日期、时间、用户及动作等相关操作的描述。Windows 操作系统设计有各种日志文件,如应用程序日志、安全日志、系统日志、Scheduler 服务日志、FTP 日志、WWW 日志、DNS 服务器日志等,根据系统开启的服务而定。当人们在系统上做一些操作时,这些操作的相关内容会被相应日志文件记录保存,此类记录对系统安全工作人员非常有用。比如,有人对系统进行了 IPC 探测,系统的安全日志就会迅速记

---

[1] 程凯,李应,黄樟钦.音频数据的一种空间特征模型[J].计算机应用,2004(1):143–146.

下探测者探测时所用的 IP、时间、用户名等；用 FTP 探测后，就会在 FTP 日志中记下 IP、时间、探测所用的用户名等。

实现网络安全日志数据的价值，取决于两个因素：第一，必须正确设置系统和设备以便记录所需数据；第二，必须有合适的工具、人员和可用的资源来分析收集到的数据。网站日志记录了用户对网站的访问，电信日志记录了用户拨打和接听电话的信息，假设有 5 亿用户，每个用户每天呼入 10 次，每条日志占用 400 B，并且需要保存 5 年，则数据总量为 $5×10^8×10×365×400×5$ B = 3.65 PB。

（5）网页。网页是构成网站的基本单元，文字和图片是构成一个网页的两个基本元素。网页实际上是包含有超文本标记语言 HTML 标签命令组成的纯文本文件，网页可以存放在现实世界任何一个地方的计算机中，是万维网中的一"页"。网页可以通过网页浏览器来阅读。

2. 结构化数据

结构化数据也被称作行数据，是一种由二维表结构来表达和实现的数据，这种数据严格地遵循数据格式与长度规范，大部分通过关系型数据库进行存储和管理。数据以行为单位，一行数据表示一个实体的信息，每一行数据的属性是相同的，如 MySQL 数据库中的数据、CSV 文件等。

3. 半结构化数据

半结构化数据就是处于结构化数据（如关系型数据库、面向对象数据库中的数据）和非结构化数据（如声音、图像文件等）之间的一种数据形式。半结构化数据并不符合关系型数据库或其他数据表的形式关联起来的数据模型结构，但包含相关标记，用来分隔语义元素以及对记录和字段进行分层。因此，它也被称为自描述的结构。属于同一类实体的半结构化数据可以有不同的属性，即使它们被组合在一起。这些属性的顺序并不重要。这类数据的结构和内容混在一起，没有明显的区分，包括日志文件、XML 文档、JSON 文档、Email 等。

（二）来自物理世界的数据

物理世界的数据主要是指科学数据，如实验数据、观测数据、传感数据等。天文学和基因学是最早提出大数据概念的学科，这两个学科从诞生之日起，就依赖基于海量数据的分析方法。例如，寻找希格斯粒子（又称为上帝粒子）采用的大型强子对撞机实验。这是一个典型的基于大数据的科学实验，最少要在 1 万亿个事例中才可能找出一个希格斯粒子。从中可以看出，科学实验的大数据处理是整个实验的一个预定步骤，这是一个有规律的设计，用来发现对实验有价值的信息。

随着科研人员获取数据方法的变化，科研活动产生的数据量激增，科学研究已成为数据密集型活动。大型强子对撞机每秒生成数据量约为 1 PB;正在建设的下一代巨型射电望远镜阵列每天生成的数据大约在 1 EB;波音发动机上的传感器每小时产生 20 TB 左右的数据。科研数据具有规模大、类型多样、分析处理复杂等特征,是大数据的典型代表。大数据所带来的新型科学研究方法反映了未来科学的研究方式。数据密集型科学研究成为普遍趋势。

第二节 大数据技术概述

一、大数据技术体系

在信息系统的生命周期里,大数据从数据源开始,经过分析、挖掘到最终获得价值,一般有 6 个层次,包括数据收集层、数据存储层、资源管理与服务协调层、计算引擎层、数据分析层和数据可视化层。

(一)数据收集层

由直接跟数据源对接的模块构成的数据收集层,其主要作用就是实时收集数据源中的数据。由于数据源具有分布式、异构性、多样化等特点,通常将数据收集到一个中央化的存储系统中,收集系统通常需要具备可扩展性、可靠性、安全性、低延迟等特点,从而可以深度挖掘和全面获取后端数据进行关联分析[①]。

(二)数据存储层

大数据时代,对数据存储层的可扩展性、容错性及存储模型等有较高要求。存储层主要负责海量结构化与非结构化数据的数据存储层,传统的关系型数据库和文件系统由于存储容量、可扩展性及容错性等限制,很难适应大数据应用场景。

(三)资源管理与服务协调层

数据管理与服务协调层是为了解决资源利用率低、运维成本高和数据共享困难等问题,在集群中引入的资源统一管理。

(四)计算引擎层

计算引擎层指针对不同应用场景,单独构建一个计算引擎,每种计算引擎只专注于解决某一类问题,进而形成多样化的计算引擎。按照对时间性能的要求,可将计算引擎分为三类:① 批处理。批处理对时间要求最低,一般处理时间为分钟到小时级别,甚至

---

① 孙路明,张少敏,姬涛,李翠平,陈红.人工智能赋能的数据管理技术研究[J].软件学报,2020,31(3):600-619.

日级别,它追求的是高吞吐率,即单位时间内处理的数据量尽可能大,典型的应用有搜索引擎、构建索引、批量数据分析等;② 交互式处理。交互式处理对时间要求比较高,一般要求处理时间为秒级别,这类系统需要跟人进行交互,因此会提供类 SQL 的语言便于用户使用,典型的应用有数据查询、参数化报表生成等;③ 实时处理。实时处理对时间要求最高,一般处理延迟在秒级以内,典型的应用有广告系统、舆情监测等。

（五）数据分析层

数据分析层直接与应用程序对接,并提供便于使用的数据处理工具,例如应用程序 API、类 SQL 查询语言、数据挖掘 SDK 等。典型的使用模式是多种工具混合使用,如首先使用批处理框架对原始海量数据进行分析,产生较小规模的数据集,再使用交互式处理工具对该数据集进行快速查询,获取最终结果。

（六）数据可视化层

数据可视化层则是运用计算机图形学和图像处理技术,将数据转换为图形或图像显示出来,并进行交互处理的理论、方法和技术集合。

二、大数据主流核心技术

简单来说,从大数据的生命周期来看,大数据采集技术、大数据预处理技术、大数据存储技术、大数据分析技术,共同组成了大数据的核心技术。

（一）大数据采集技术

大数据采集技术,即用来快速且准确地采集各种非结构化数据、结构化数据以及半结构化数据的智能技术。

通过系统日志采集大数据。常见的用于系统日志采集的工具有 Hadoop Chukwa、Cloudera Flume、Facebook Scribe 和 LinkedIn Kafka 等。这些工具是分布式架构,满足每秒数百 MB 的日志数据采集和传输需求。

通过网络采集大数据。指通过网络爬虫或者网站公开 API 等方式从网站上获取大量数据的方式,将网站上非结构化的数据抽取出来,采用结构化的方法储存在本地,支持图片、音频、视频、文字等多种形式的素材采集。网络爬虫的工具主要分为 3 类:分布式网络爬虫工具（Nutch）、Java 网络爬虫工具（Crawler4j、WebMagic、WebCollector）、非Java 网络爬虫工具（Scrapy）。

通过感知设备采集大数据。通过传感器、摄像头和其他智能终端自动采集信号、图片或录像来获取数据。大数据智能感知系统需要实现对结构化、半结构化、非结构化的海量数据的智能化识别、定位、跟踪、接入、传输、信号转换、监控、初步处理和管理等。

通过其他方法采集数据。采集生产数据、业务数据或学术研究数据,如有更高的数据保密要求,可以与企业或者研究机构合作,使用特定系统接口等方法采集数据。

（二）大数据预处理技术

大数据预处理,是指在进行数据分析之前,先对采集到的原始数据开展清洗、填补、平滑、合并、规格化、一致性检验等操作,旨在提高数据质量,为后期分析工作奠定基础。数据预处理主要包括四个部分:数据清理、数据集成、数据转换和数据规约。

（1）数据清理指利用清洗工具,对有遗漏数据（缺少感兴趣的属性）、噪声数据（数据中存在着错误或偏离期望值的数据）、不一致数据进行处理。

（2）数据集成指将不同数据源中的数据,合并存放到统一数据库的存储方法。它着重解决三个问题:模式匹配、数据冗余、数据值冲突检测与处理。

（3）数据转换指对所抽取出来的数据中存在的不一致进行处理的过程。它同时包含了数据清洗的工作,即根据业务规则对异常数据进行清洗,以保证后续分析结果准确。

（4）数据规约指在最大限度保持数据原貌的基础上,最大限度精减数据量,以得到较小数据集的操作,包括特征规约、样本规约和特征值规约。

（三）大数据存储技术

大数据存储,指用存储器,以数据库的形式,存储采集到的数据的过程。大数据存储技术主要有三种类型:

第一种是采用大规模并行处理（Massively Parallel Processing,MPP）架构的新型数据库集群。重点面向行业大数据,采用 Shared Nothing 架构,通过列存储、粗粒度索引等多项大数据处理技术,再结合 MPP 架构高效的分布式计算模式,完成对分析类应用的支撑,运行环境多为低成本服务器,具有高性能和高可扩展性的特点,在企业分析类应用领域获得极其广泛的应用。这类 MPP 产品可以有效支撑 PB 级别的结构化数据分析,这是传统数据库技术无法胜任的。对于企业新一代的数据仓库和结构化数据分析,目前最佳选择是 MPP 数据库。

第二种是基于 Hadoop 的技术扩展和封装。围绕 Hadoop 衍生出相关的大数据技术,应对传统关系型数据库较难处理的数据和场景,例如针对非结构化数据的存储和计算等,充分利用 Hadoop 开源的优势,伴随相关技术的不断进步,其应用场景也将逐步扩大。目前,最典型的应用场景就是通过扩展和封装 Hadoop 来实现对互联网大数据存储、分析的支撑。这里面有几十种 NoSQL 技术,也在进一步地细分。对于非结构、半结构化数据处理,复杂的 ETL 流程,复杂的数据挖掘和计算模型,Hadoop 更擅长。

第三种是大数据一体机。这是一种专为大数据分析处理而设计的软硬件结合的产品,由一组集成的服务器、存储设备、操作系统、数据库管理系统以及为数据查询、处理、分析用途而特别预先安装及优化的软件组成。高性能大数据一体机具有良好的稳定性和纵向扩展性。

（四）大数据分析技术

数据分析与挖掘的主要目的是把隐藏在杂乱无章的数据中的信息集中起来,进行萃取、提炼,以找出潜在有用的信息和所研究对象的内在规律的过程,可从可视化分析、数据挖掘算法、预测性分析、语义引擎和数据质量管理五大方面进行分析。

（1）可视化分析。数据可视化主要是借助图形化手段,清晰有效地传达与沟通信息。主要应用于海量数据关联分析。由于所涉及的信息比较分散、数据结构有可能不统一,借助功能强大的可视化数据分析平台,可辅助人工操作将数据进行关联分析,并做出完整的分析图表,简单明了、清晰直观,更易于接受。

（2）数据挖掘算法。数据挖掘算法是大数据分析的理论核心,是根据数据创建数据挖掘模型的一组试探法和计算。为了创建该模型,算法将首先分析用户提供的数据,针对特定类型的模式和趋势进行查找;并使用分析结果定义用于创建挖掘模型的最佳参数,将这些参数应用于整个数据集,以便提取可行模式和详细统计信息。数据挖掘的算法多种多样,不同的算法基于不同的数据类型和格式会呈现出数据所具备的不同特点。各类统计方法都能深入数据内部,挖掘出数据的价值。

（3）预测性分析。大数据分析重要的应用领域之一就是预测性分析。预测性分析结合了多种高级分析功能,包括统计分析、预测建模、数据挖掘、文本分析、实体分析、优化、实时评分、机器学习等,从而对未来或其他不确定的事件进行预测。从纷繁的数据中挖掘出其特点,可以帮助人们了解数据状况以及确定下一步的行动方案,从依靠猜测进行决策转变为依靠预测进行决策。它可帮助用户分析结构化和非结构化数据中的趋势、模式和关系,运用这些指标来洞察预测将来事件,并采取相应的措施。

（4）语义引擎。语义引擎是把已有的数据加上语义,可以将其想象成在现有结构化或者非结构化数据库上的一个语义叠加层。这是语义技术最直接的应用,可以将人们从烦琐的搜索条目中解放出来,让用户更快、更准确、更全面地获得所需信息,提高用户的互联网体验。

（5）数据质量管理。数据质量管理是指对数据从计划、获取、存储、共享、维护、应用、消亡等生命周期的每个阶段里可能引发的各类数据质量问题,进行识别、度量、监控、预警的一系列管理活动,并通过改善和提高组织的管理水平,使得数据质量获得进一步提高。

第三节 大数据的应用

一、医疗领域

在大数据时代下,医疗实践产生了大量的数据。同时,医疗数据的应用极大地促进了医疗实践的发展,例如在疫情监测、医疗决策、疾病预测等方面。随着大数据平台、云计算以及 5G 移动网络的发展,医疗数据大发展与数字化医疗是大势所趋(医疗大数据的应用流程见图 2-1)。

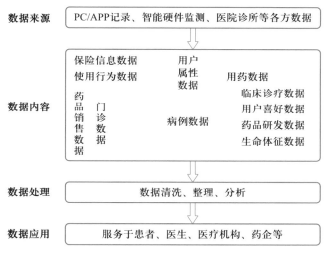

图 2-1 医疗大数据的应用流程

（一）医疗数据库

基于大数据技术建立医疗数据库,实时共享医疗信息和医疗数据。通过数据分析、数据挖掘等服务为国家卫生管理部门提供决策依据,帮助医疗产业实现数字化、网络化、智能化。

（二）大数据在临床辅助决策中的应用

传统的医疗诊断中,医生诊断疾病主要根据患者的症状以及个人的经验知识。由于个人认知的局限性与现实环境的复杂性,会对诊断的准确性产生了一定程度的影响。将大数据技术应用到临床诊断中,对患者的 CT 影像数据、历史疾病数据进行分析,并获得相应的疾病机理与治疗方案,能够提高诊断的效率与准确性。

（三）大数据在健康监测中的应用

将居民的健康数据存储到数据库中,包括历史患病数据、身体素质数据。通过大数据分析技术,为居民提供更具个性化的保健方案与治疗方案。同时,通过智能穿戴设备实时监测居民的身体情况,分析居民的健康影响因素,为居民提供个性化、全方位的服务。

（四）大数据在医疗科研领域中的应用

在医疗科研工作中,运用机器学习、云计算等技术分析、筛选海量数据,在数据层面,为医疗实践提供强有力的支持。例如在药品研发工作中,利用大数据技术可以从收集数据、处理数据、分析数据三个层面对药品成分、药品实验等数据进行高效利用,并对比不同的生产公司,进行关联分析,针对不同的疾病、病人进行评估,研究其中的影响机理。

二、交通领域

2021 年 11 月,《人民日报》刊发了题为"以可持续交通助力可持续发展"的专栏文章,着重强调交通在可持续发展中的重要地位,并提出"实现交通运输可持续发展,无论是对行业自身还是经济社会的高质量发展,都意义重大"。大数据被广泛应用于城市智能交通系统、交通信息服务系统、城市交通规划等领域,对提高城市交通规划技术水平发挥了积极作用。交通大数据应用如图 2-2 所示。

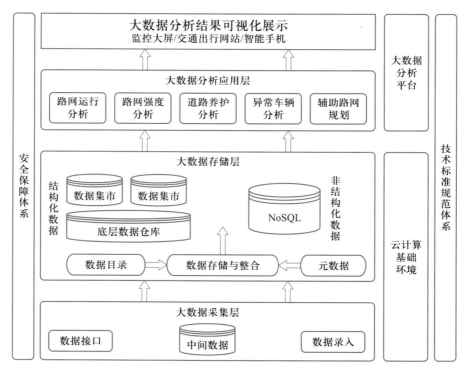

图 2-2　交通大数据应用可视化

（一）科学分配运力

利用安装在车辆、公路、车站以及停车场上的智能设备，实时监测并采集车流、路况、天气等方面的数据，并传输给大数据交通服务平台。该平台利用云计算、机器学习等技术对数据进行分析与处理，得到对交通管理部门、车主以及停车场有用的交通信息，进而优化交通资源配置，提高出行效率，缓解交通拥堵。

（二）交通管理系统

实时分析大数据交通服务平台中的路况、车流、天气等方面的数据，得到实时的路况信息。交通管理部门可以根据获得的信息进行交通管制，制定合理的交通疏导方案，缓解交通拥堵。

（三）车辆控制安全

根据车祸情况数据，从驾驶员、车辆等层面进行分析，从而更好地规范驾驶员操作习惯，改进车辆的设计，增强车辆的安全防护措施，减少车祸中的人员伤亡与车辆损失。

三、零售领域

在大数据时代下，零售业本身就是一个大数据产业。在宏观层面上，成千上万家商店通过数十亿笔交易向客户销售商品。微观层面上，个人消费者已经成为行走的数据生成器，例如用信用卡购物、使用会员卡、发送短信或搜索网页时，都会留下数据痕迹。因此，通过大数据技术对以上数据进行分析、处理，能够有效降低零售成本，提高销售收入。零售业大数据应用流程如图 2-3 所示。

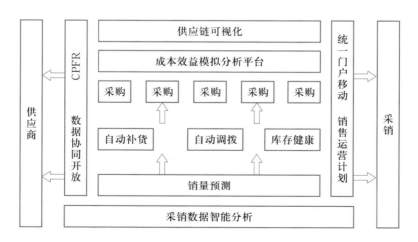

图 2-3　零售业大数据应用流程图

（一）实时管理交付

作为零售商,开展业务和获利的关键要素是尽快收到货物订单,并确保货物能迅速交付给商店或客户。大数据技术让零售商能够实时管理交付和物流,这是零售供应链管理的关键。零售商可了解交通和天气的最新信息,以及正在运输的货物所在的位置。同时,客户将清楚地知道确切的交货时间。

（二）缩短供货时间

零售商业务的另一个重要组成部分是拣选和包装物品。利用大数据技术,改进供货流程,优化拣选时间。同时,通过大数据平台获取信息,如仓库布局、产品库存、订单信息和过去的拣货时间,并将这些信息输入分析程序以提高效率。还可根据程序中定义的规则,通过大数据计算和模拟选项,以确定最佳拣选流程。

（三）个性化服务

消费者比以往任何时候都期待获得个性化的购物体验和客户服务。零售商可以通过数据对供应链进行细分,更好地迎合不同的目标市场,提高转化率。通过记录数据,分析零售商在不同渠道(例如,网络、移动和社交)与购物者的互动,从而使其向购物者提供个性化服务。客户细分与客户的爱好、价值观、地理位置、年龄段、价格意识或其他因素有关。这种细分可以增加整体收入和利润。因为零售商更有可能将潜在客户发展为购买者,并将其巩固为回头客。

（四）供货商管理

零售商可能与供应链中的多家公司合作,可能会有直运供应商、物流供应商、包装供应商和其他供应商,它们需要组织、管理和审查。同时,提高盈利能力和可靠性也是一项挑战。大数据技术可以提供分析解决方案。例如将供应商的实际绩效与其关键绩效指标(KPI)进行比较:查看供应商在按时交货、客户满意度和货物破损等方面的状况;将供应商管理系统、财务管理系统以及客户关系管理系统进行集成,以便在关键绩效指标(KPI)低于预定水平时及时自动生成报告和预警。这种跟踪、分析和审查将帮助供应商提高客户服务和业务盈利能力。

四、金融领域

大数据时代背景下,金融业与云计算、大数据、人工智能等新一代信息技术相结合是大势所趋。提取信息与获取知识的能力极大地促进了金融业的发展,而这种能力,取决于大数据技术的应用水平。随着互联网金融、移动支付等新型金融业态的涌现,利用数据资产提高金融业核心竞争力,有助于金融业实现数字化、网络化、智能化发展。金融大数据的应用如图2-4所示。

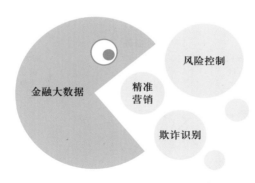

图 2-4 金融大数据的应用

（一）精准营销

高端财富人群是所有银行财富管理的重点发展人群。高端财富人群的消费品覆盖名表、游艇、豪车、别墅、股票等消费场景。银行通过分析银行卡的刷卡消费记录，识别出这些高端财富人群，并为其提供更具个性化与针对性的资产管理服务，吸收其成为VIP 客户，增加存款和理财产品销售。

（二）风险控制

信贷风险一直是金融机构需要努力化解的一个重要问题。通过大数据分析技术，一方面，可以促进企业间的信息流通，能够有效地增加企业拥有的数据量、增强其数据处理能力。另一方面，可以通过云计算与数据挖掘等方法，对企业的供产销等相关信息进行分析，精准评估企业的风险，更有效地开展贷款业务。

（三）欺诈识别

银行可以利用大数据平台，实时监测银行卡持卡人的交易信息、交易行为，对异常交易行为进行智能识别，并结合智能算法进行欺诈分析与识别，对交易行为进行判定。

五、农业领域

近年来，气候变化为农业生产带来了巨大的挑战。为了应对挑战，一方面，农业需要结合大数据、地理遥感 GIS 等信息技术，更为精准地进行生产作业；另一方面，农业生产要精准对接市场需求，优化农业资源配置。智慧农业大数据平台的构成如图 2-5所示。

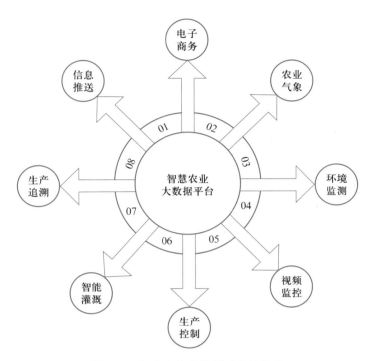

图 2-5 智慧农业大数据平台的构成

（一）实时监测与远程监控

通过传感设备实时采集农业环境的空气温度、二氧化碳、光照、土壤水分等数据；并通过智慧农业大数据平台对数据进行分析处理。生产者可利用分析结果及时采取防控措施；生产者可远程控制生产现场的灌溉、通风等设备设施，实现精准作业，减少人工成本的投入。

（二）标准化农业生产流程

利用大数据平台，提升无线传感系统的传输效率，控制温室大棚温度，检测土壤盐碱度与营养成分，监测作物生产环境，实施智能节水灌溉、视频监控系统实时监测、天气预警系统监测气象环境，打造农业生产示范园区。

（三）农产品产量预测

产量预测是一个非常重要的农业问题。以前，农民在计算特定地区的作物产量时，是根据经验来预测产量的。在大数据时代下，通过农业大数据挖掘技术，并综合过去与现在的历史数据进行分析，实现农产品产量的精准预测。

第四节　大数据的展望

一、丰富的政策体系将助推大数据落地

从中央到地方,更加丰富的配套政策与实施细则将促进大数据加快落地,更多地方政府积极推进大数据发展,并在大数据行政、商业、民生领域打造大数据应用的典范。近年来,国家发布一系列文件,明确提出实施国家大数据战略,建设网络强国、数字中国;并出台一系列政策,加速推进全国战略布局,加快大数据产业的发展。

二、大数据安全问题将持续受到关注

大数据技术在为我们的日常生活带来便利的同时,也对网络安全技术以及现有的法律体系提出了挑战。未来大数据法律体系与监管制度将更加完善,大数据相关产业将迎来进一步增长,同时,相关的网络安全与信息服务产业也将持续发展。因此,数据安全与网络犯罪是未来亟须重点关注的问题。

三、大数据在人工智能中的应用将爆发

人工智能将成为大数据生态中的重要组成部分,相关方面的应用将呈现爆发态势,并将在医疗健康、网络电商、公共交通、金融、教育、餐饮等细分领域取得突破。大数据为人工智能技术的发展提供了强有力的数据支撑,机器学习训练素材丰富程度大幅提升。

四、数据跨境流动管理体制逐渐完善

在全球化的今天,数据需要在更广的范围实现开放、流动、融合,才能产生更高的价值和效用。国际金融、网络社交、跨境电商、资源分享等方面,国际存在大量的数据交换,这些数据也分布在不同的国家或地区。中国将积极开展跨境数据流动管理的政策法规建设,促进数据资源有序流动与规范利用,进而推动全球跨境数据流动相关国际规则的完善。

本　章　小　结

我国大数据领域发展态势良好,市场化程度较高,一些互联网公司在移动支付、网络征信、电子商务、社交网络等应用领域取得国际先进甚至领先的重要进展。然而,我

们也必须清醒地认识到我国在大数据方面仍存在短板,主要在于大数据治理体系尚待构建、核心技术薄弱、融合应用有待深化。建议大力发展行业大数据应用,推动产业升级转型;建立全面的大数据治理体系,实现数据开放共享,打破信息孤岛;构建自主可控的大数据产业生态,积极推动国际合作,并筹划布局跨国数据共享机制。

复习思考题

1. 简述驱动大数据技术发展的关键因素。

2. 大数据对当今世界产生了哪些重要影响?

3. 阐释什么是大数据?

4. 大数据有哪些特征?

5. 大数据和云计算的联系和区别是什么?

6. 请阐述结构化数据和非结构化数据的区别与联系。

7. 大数据主要包括哪些主流核心技术?

8. 如何利用大数据技术推动产业数字化与数字产业化?

9. 设想未来大数据技术可能会有哪些新的应用场景?

10. 简述大数据的未来发展趋势。

即测即评

第二篇　处理技术篇

第三章　大数据采集与清洗

本章主要知识结构图：

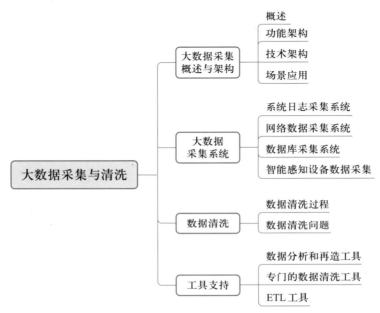

利用计算技术对大数据进行挖掘分析,发现蕴含的知识,研究其中的规律与发展趋势,是挖掘大数据的深层价值和实现行为可计算的主要途径。随着社会媒体的涌现,持续增长的用户数据在规模和复杂性上都呈指数式的攀升趋势,导致传统的挖掘和计算方法在性能和效用上遇到了瓶颈。

现如今,数据挖掘技术已成为从大数据中获取有效信息的重要工具。

数据挖掘的前提是拥有高质量数据,在此之前需要进行数据采集和数据清洗。数据采集是指从特定数据生产环境获得原始数据的过程,数据采集完成后,数据集可能存在一些无意义的数据,将增加数据存储空间并影响后续的数据分析,因此,必须对数据进行预处理,也就是数据清洗,实现数据的高效存储和挖掘①。

---

① 李学龙,龚海刚.大数据系统综述[J].中国科学:信息科学,2015,45(1):1-44.

第一节 大数据采集概述与架构

一、概述

近年来,大数据、云计算、物联网、人工智能、5G 等新一代信息技术席卷全球。世界上每时每刻都在发布着大量数据,其中包括物联网的传感器数据、社会网络信息和商品贸易信息等,与如此庞大的数据信息相对应的是工作量巨大的信息采集、储存、分析等工作。因此,人们面临一个重要挑战:如何更好地搜集这些数据,并且对其进行信息转换和储存以实现高效率的数据分析。

在大数据体系中,数据源与数据类型的关系如图 3-1 所示。

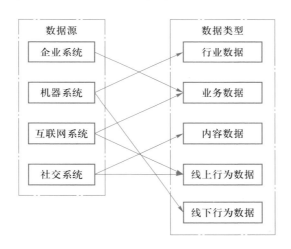

图 3-1 数据源与数据类型的关系

二、功能架构

大数据采集系统的核心功能是抽取结构化和非结构化数据,具体分为数据抽取、数据规整、数据输出和数据稽核,如图 3-2 所示。

（一）数据抽取

接口定义:根据不同数据源,定义相应的接口协议,如 FTP、HTTP、JSON 等。

数据抽取:可以用全量抽取和增量抽取方式从源系统抽取数据。

（二）数据规整

数据解析:按照接口定义的格式从用 HTTP、JSON、XML 等表示的数据源中提取数据,以便后续清洗。

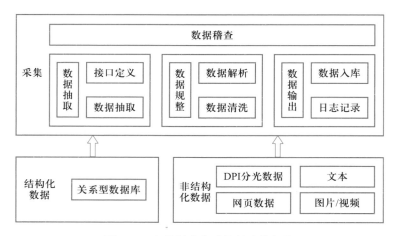

图 3-2   大数据采集系统的功能架构

数据清洗:按照数据业务规则对无效数据、异常数据进行删除或纠正等清洗操作,以减少网络带宽压力及保证数据的有效性。

(三)数据输出

数据入库:将稽核无误后的数据进行入库处理。

日志记录:将每一次对数据库中数据采取的操作进行记录,形成日志记录,主要包括操作时间、数据范围、采集的数据量、采集的错误信息等,并将日志信息输出至安全管理和核心处理系统。

(四)数据稽核

针对数据抽取、数据规整、数据输出的每个环节进行稽核,确保数据的一致性。

三、技术架构

大数据采集系统的技术架构如图 3-3 所示。

(一)数据抽取阶段

该阶段针对不同的数据类型采集数据。如 Flume 适用于分布式海量的日志采集系统;OGG 用于 Oracle 数据库数据采集;JDBC 工具适用于关系型数据库数据采集;FTP 用于文本数据采集;Nutch 用于网页数据采集等。

(二)数据规整阶段

该阶段分为数据解析和数据清洗两个步骤,数据解析是指按照接口定义的格式从 HTTP、JSON、XML 等的数据源中提取数据,数据清洗是指处理无效数据、异常数据。

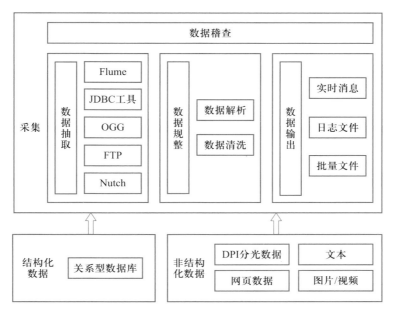

图 3-3　大数据采集系统的技术架构

（三）数据输出阶段

该阶段利用分布式消息队列将数据输出至核心处理系统；批量文件将采集的数据生成文件，批量输出至核心处理系统；日志文件将稽核日志和安全日志分别输出给数据管理系统和核心处理系统。

四、场景应用

（一）结构化数据采集

结构化数据的采集流程（见图 3-4）包括：① 数据抽取。利用 JDBC 工具/OGG，从源数据库中抽取数据。② 数据规整。对数据按规定格式进行解析，主要是字符集转换等；使用 Flume、Kafka 组件，将数据转为消息队列，并进行清洗。③ 数据输出。解析、清洗后的数据，送至大数据平台；若源数据无须清洗，则文件数据直接入库。

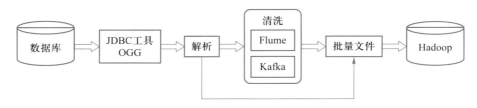

图 3-4　结构化数据的采集流程

（二）非结构化数据采集

1. DPI 数据采集

DPI 是 Deep Packet Inspection 的英文缩写,中文是"深度包检测技术"。DPI 是在传统 IP 数据包检测技术之上增加了对应用层数据的应用协议识别、数据包内容检测与深度解码。

DPI 数据采集流程包括:① 数据抽取。按标准统一 DPI 数据格式,通过 FTP 方式输出。② 数据规整。对数据按规定格式进行解析,主要是网络协议等。③ 数据输出。使用 Flume、Kafka 组件,将数据转为消息队列,并进行清洗;解析、清洗后的数据,送至大数据平台。如图 3-5 所示。

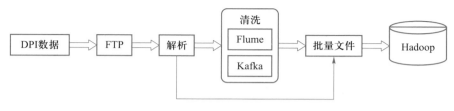

图 3-5   DPI 数据采集流程

2. 文本文件采集

非结构化文本文件入库数据流程包括:① 数据抽取。数据源端将 TXT 文本文件传至 FTP Server。② 数据规整。对文本数据按规定格式进行解析,主要是编码格式等;使用 Flume、Kafka 组件,将数据转为消息队列,并进行数据清洗。③ 数据输出。解析、清洗后的数据,送至大数据平台;若源数据无须清洗,则文件数据直接入库。如图 3-6 所示。

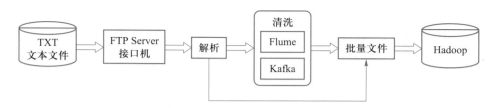

图 3-6   非结构化文本文件采集流程

3. 网页数据采集

网页数据采集数据流程包括:① 数据抽取。Nutch 根据网页配置的规则,从网页上抓取数据。② 数据规整。数据解析、清洗、入库,由 Nutch 集成,统一实现。③ 数据输出。抓取后的数据,存入大数据平台,如图 3-7 所示。

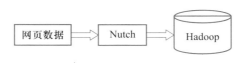

图 3-7　网页数据采集流程

第二节　大数据采集系统

由于数据产生的方式以及种类很多,现有的大数据采集系统主要有系统日志、网络数据、数据库、智能感知设备数据四类采集系统。

一、系统日志采集系统

系统日志采集系统是应用系统和分析系统之间的桥梁,能将它们之间的关联解耦,同时支持实时的在线分析系统和分布式并发的离线分析系统运行,具有高可扩展性特点,可以根据数据量来增加结点进行水平扩展。常用的开源日志采集系统为 Flume、Chukwa、Scribe、Kafka 等,见表 3-1。

表 3-1　典型的日志系统及其特征

	Flume	Chukwa	Scribe	Kafka
公司	Cloudera	Apache/Yahoo	Facebook	LinkedIn
开源时间	2009 年 7 月	2009 年 11 月	2008 年 10 月	2010 年 12 月
实现语言	Java	Java	C/C++	Scala
框架	push/push	push/push	push/push	push/pull
容错性	Agent 和 Collector、Collector 和 Store 间均有容错机制,且提供了三种级别的可靠性保证	Agent 定期记录已送给 Collector 的数据偏移量;一旦出现故障,可根据偏移量继续发送数据	Collector 和 Store 之间有容错机制,而 Agent 和 Collector 之间容错需用户自己实现	Agent 可用通过 Collector 自动识别机制获取可用 Collector,Store 自己保存已经获取数据的偏移量,一旦 Collector 出现故障,可根据偏移量继续获取数据
负载均衡	使用 ZooKeeper	无	无	使用 ZooKeeper
可扩展性	好	否	好	好
实现方式	提供了非常丰富的 Agent	通过 Agents、Adaptor、Collectors 等组件实现	Thrift client 需自己实现	用户需根据 Kafka 提供的 low-level 和 high-level API 自己实现

续表

	Flume	Chukwa	Scribe	Kafka
线程	系统提供了很多 Collector，直接可以使用		Thrift client	使用了 sendfile，zero-copy 等技术提高性能
存储方式	直接支持 HDFS	直接支持 HDFS	直接支持 HDFS	直接支持 HDFS
总体评价	非常优秀	属于 Hadoop 系列产品，直接支持 Hadoop。目前版本升级比较快，但还有待完善	设计简单，易于使用，但容错和负载均衡方面不够好，且资料较少	设计架构（push/pull）非常巧妙，适合异构集群，但产品较新，其稳定性有待验证

　　下面将重点介绍 Flume 系统。Flume 是具有高可靠性、可扩展性强等优点的海量日志采集系统，依靠其强大的可靠性机制、故障转移与恢复机制，使得该架构有较强的容错能力，同时 Flume 自带了很多组件，具有较好的功能可扩展性，支持对数据进行初步分析处理，并具有对数据接收方（如文本、HDFS、HBase 等）的内容进行编辑的能力。具体流转过程如图 3-8 所示。

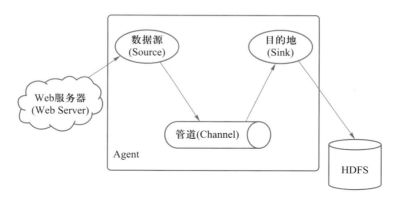

图 3-8　Flume 数据流转过程

　　Flume 通过编写用户配置文件，实现多级数据流的传输、分发工作。在配置文件中描述 Agent 实例实现过程，运行过程中会读取相关内容并实现数据采集工作。其中，Flume 的数据流由 Agent 外部的数据源（Data Source）捕获后格式化的日志数据和信息生成。Flume 数据流以这些封装后需要进行传输的数据组成的事件为基本单位，以事件（Event）的流向为核心，将事件推入管道（Channel）中直到处理完毕，目的地（Sink）则负责数据传输或储存。

　　Flume 以事务性的方式保证整个传送过程的可靠性。Sink 必须至少满足三种条件之一,才可将 Event 从 Channel 中删除:① Event 被存入 Channel;② Event 被传达到下一站 Agent;③ Event 被存入外部数据目的地。这样数据流里的 Event 无论是在一个 Agent 里还是多个 Agent 之间流转,都能保证正常运行。

二、网络数据采集系统

网络数据采集系统通过网络爬虫和一些网站平台提供的公共 API(如 Twitter、新浪微博)等途径提取网页数据,再进一步进行清洗、转换后存储为结构化的本地文件数据。

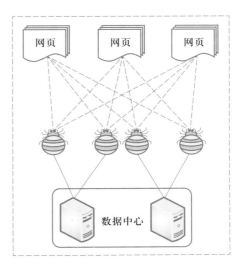

目前常用的网页数据采集系统有以下三种:

(1)分布式爬虫:Nutch。

(2)Java 单机爬虫:Crawler4j、WebMagic、WebCollector。

(3)非 Java 单机爬虫:Scrapy 等。

网络爬虫是按照一定的规则,自动地抓取 Web 信息的程序或者脚本,如图 3-9 所示。可自动采集网页中所有可访问到的内容,为搜索引擎和大数据分析提供数据来源。从功能上来讲,爬虫一般有数据采集、处理和存储三部分功能。

图 3-9　网络爬虫示意图

(一)网络爬虫工作流程

如图 3-10 所示,网络爬虫的基本工作流程如下:

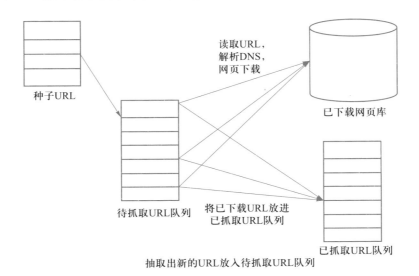

图 3-10　网络爬虫的基本工作流程

（1）首先选取一部分种子 URL。

（2）将选取的种子 URL 放入待抓取 URL 队列。

（3）从该 URL 队列中随机取出待抓取 URL，解析域名系统（Domain Name System，DNS）后得到对应的主机 IP 地址，将该链接所对应的网页信息下载储存，并将已处理的 URL 放进已抓取 URL 队列。

（4）分析已抓取 URL 队列中的 URL，分析其网页中涉及的超链接 URL，并将超链接 URL 放入待抓取 URL 队列，然后进行下一个循环。

（二）网络爬虫理论

一般来说在网络爬虫系统中，信息抓取的策略往往就决定了抓取网页的顺序。随着网站系统越来越庞杂，网页之间的链接越来越多，高效获取大量网页需要解决以下问题：通过什么方式才能使网络爬虫系统可以在较短的时间内遍历所有网页，又该如何扩展网页信息抓取的广度？

1. 网页间关系模型

在互联网中，各个网页通过超链接相互连接，绘制了一个互相关联、庞大复杂的有向图，如图 3-11 所示。如果将网页看成是图中的某一个结点，而将网页中指向其他网页的链接看成是这个结点指向其他结点的边，那么很容易将整个互联网上的网页建模成一个有向图①。

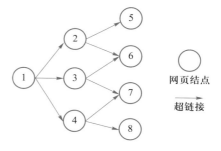

图 3-11　网页间关系模型

理论上讲，通过遍历算法遍历该图，可以访问到互联网上几乎所有的网页。

2. 网页分类

抓取到本地的网页实际上是互联网内容的一个镜像与备份，因为互联网是动态变化的，也就是说当一部分互联网上的内容发生变化后，抓取到本地的网页就过期了，所以已下载的网页分为已下载未过期网页和已下载已过期网页两类。待下载网页是指待抓取 URL 队列中的那些页面。可知网页是指还没有抓取下来，也没有在待抓取 URL 队列中，但是可以通过对已抓取页面或者待抓取 URL 对应页面进行分析，从而获取到的网页。还有一部分无法通过网络爬虫直接抓取下载的网页，称为不可知网页。网页分类如图 3-12 所示。

---

①　宋蓓. 基于数据挖掘的互联网络舆情分析研究［D］. 北京：首都师范大学，2012.

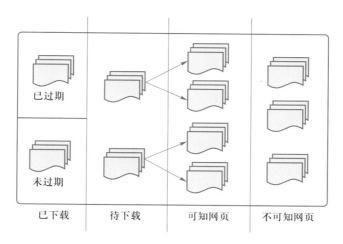

图 3-12　网页分类

（三）爬虫类型

1. 通用网络爬虫

通用网络爬虫是将互联网上的网页下载到本地,形成一个互联网内容的镜像备份。通用网络爬虫中较为常见的爬虫策略为深度优先策略和广度优先策略。

（1）深度优先策略。深度优先策略是指网络爬虫从起始页开始,依次跟踪各个链接,直到该结点深度为 0,即无法深入为止。任意结点的子结点及该子结点的后继结点的优先度会高于该结点的兄弟结点,在完成一个爬行分支后返回到上一链接结点进一步搜索其他链接,直到遍历完所有链接结束。其适用于垂直搜索或站内搜索,但对于爬取页面内容层次较深的站点来说,会出现子结点深入以后爬取内容相关度不高,而造成资源耗损、爬取效率降低的情形,因此在搜索数据量比较小的时候才使用深度优先策略。以图 3-13 为例,遍历的路径为 1→2→5→6→3→7→4→8。

（2）广度优先策略。广度优先策略按照网页内容目录层次深浅来爬行网页信息,每次都会在先爬取处于较浅目录层次的页面后,才会深入爬取下一层级页面信息。即在图 3-14 中采用广度优先策略的遍历的路径为 1→2→3→4→5→6→7→8。

该策略有利于对页面爬行深度进行有效控制,以最短路径找到解,因为每次对第 N 层的结点优先扩展后,才进入第 N+1 层爬取,避免陷入无穷深层分支时无法结束爬行的情况,且减少对中间结点的存储。但它的缺点是,需较长时间才能爬行到目录

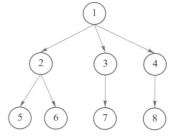

图 3-13　决策树

层次较深的页面。

2. 聚焦网络爬虫

聚焦网络爬虫,又名主题网络爬虫,是"面向特定主题需求"的一种网络爬虫程序,它在抓取网页过程中会对内容进行处理筛选,尽量保证只抓取与需求相关的网页信息。

3. 增量式网络爬虫

增量式网络爬虫,指通过重新访问网页并与本地页面进行对比后,对新产生的或内容发生变化的网页进行增量式更新的爬虫,尽可能保证所爬行的页面是最新的页面。增量式网络爬虫对网页重要性的排序,有效提高了本地页面的质量,常用的爬虫策略有前面提到的广度优先策略等。

4. 深层网络爬虫

深层网页是指只有当用户输入关键词才能获得的网页,它们隐藏在搜索表单后,不能通过静态链接获取。在爬取过程中,表单填写是核心步骤,有基于领域知识和基于网页结构分析两种表单填写方式。

三、数据库采集系统

企业一般都会使用传统的关系型数据库 MySQL 或 Oracle 等来存储业务系统数据。对于实时业务数据,通常以一行记录的形式直接写入数据库。繁杂多样的业务数据被直接写入到数据库后,利用 NoSQL 数据库中的 Redis 和 MongoDB 按需采集数据,并且通过数据库采集系统与该企业的业务后台服务器相结合,由特定的处理分析系统进行系统分析[①]。

大数据分析一般是基于历史海量数据进行多维度分析,不能直接在原始的业务数据库上直接操作,因为分析的一些复杂 SQL 查询会明显地影响业务数据库的效率,导致业务系统不可用。所以,企业通常通过数据库采集系统直接与业务后台数据库服务器结合,在业务不那么繁忙的凌晨,抽取想要的数据到分析数据库或者到 HDFS 上,最后由大数据处理系统对这些数据进行清洗、组合等数据分析。

四、智能感知设备数据采集

通过智能感知设备(如传感器、摄像头等)可以自动采集信号、图片或录像等数据,系统对多种数据结构组成的海量数据进行智能识别、定位、传输、信号转换、监控等初步处理和管理来辅助用户决策。下面主要介绍无线传感器网络。

---

① 邵峰晶. 数据挖掘原理与算法[M]. 北京:水利水电出版社,2003.

无线传感器网络(Wireless Sensor Networks,WSNs)由许多微小的无线传感器组成,这些传感器在特定的环境中工作,为特定的任务收集数据。在大多数类型的无线传感器网络中,一旦部署了传感器结点,就不再需要额外的操作。

　　在典型的无线传感器网络中,数据由传感器结点从环境中收集,在中间结点中聚合,然后传输到基站。所有这些操作都是由无线媒体中功率有限的传感器结点执行的。无线传感器网络由于其固有的特点而不同于传统网络,这些网络的特殊性带来了各种各样的挑战,如能量消耗大、有限的带宽和低存储。

　　传感器以特别的方式部署在被监控的区域上。每个传感器结点都嵌入在闪存设备中,该设备充当本地存储,以记录监控期间检测到的事件。与传输该数据单元所需的能量相比,在嵌入传感器结点的闪存中保存该数据单元的能量消耗非常低。所有传感器结点与其本地存储共享一个传感器分布式文件系统(SDFS),传感器结点都能够将文件从 SDFS 下载到其本地存储,并能将文件上传到 SDFS。分散数据提取的方法是指为每个传感器配备一个额外的存储器,使传感器在工作期间能存储感应到的元数据,这虽然降低了信息上传到 SDFS 时的通信成本,但是将增加传感器的计算负荷。

　　无线传感器网络中的数据提取过程,以挖掘参数并将参数从接收器发送到网络中的传感器结点开始,这些参数包括历史周期、时隙和最小支持数。收到参数后,每个传感器都会创建一个本地缓冲区,每个缓冲区对于数据提取的历史周期中的每个时隙都有一个限定,当存储的数据超过时限会自动删除。在每个时隙结束时,结点检查当前时隙是否有任何检测到的事件,如果检测到事件,则设置相应时隙的位值。历史周期结束后,每个传感器都会扫描其本地缓冲区。如果位数大于或等于极限值时,结点将根据数据包大小形成一条消息或一系列消息,该消息包含传感器标识和设置相应位的时隙号,然后传感器将这些信息上传到 SDFS。

第三节　数　据　清　洗

　　采集到的数据主要存在以下几类问题:① 噪声数据。指在测量一个变量时测量值相对于真实值存在偏差或错误,这种数据会影响后续分析操作的正确性与效果。噪声数据主要包括错误数据、假数据和异常数据。② 冗余数据。数据收集平台提供大量数据,其中部分数据存在重复记录,在实际预测任务中重复数据不发挥作用。③ 缺乏标记数据。在预测分析中,基于深度学习的预测模型需要大量有标记的数据来实现更好的性能,否则会出现模型欠拟合、精度低等问题。然而,在实际应用中想要收集足够的标记数据是非常困难或昂贵的。

大数据现象出现后,数据量出现了指数级增长。使用标准算法时,用户既可以通过选择或删除冗余嘈杂的特征或实例,也可以通过离散复杂的连续特征空间来实现数据压缩。此外,人们可以使用数据清洗进一步提高预测精度。通常情况下,利用自动降噪方法可以降低数据采集过程中存在的随机偏差并提高数据处理速度。数据冗余问题可以通过特征选择和数据提取来解决,例如,通过采用灰色相关分析方法分析变量之间的相关性,消除无关数据,选择变量主要特征,利用主成分分析(PCA)和内核主成分分析(KPCA)达到数据维度降低和特征提取的目的。然而,以上方法需要大量的手动操作,这对于大量耦合的非线性数据流来说是烦琐的,并且难以实现良好的效果。随着深度学习的发展,堆叠的自动编码器(Stacked Auto-Encoder,SAE)应运而生,SAE 模型是一个由多层稀疏自编码器组成的深度神经网络模型,可以更准确地实现自动选择和提取功能。SAE 是消除无价值数据的新方法,由于其去噪过程的自动化程度高且准确性好,它已逐步成为数据清洗中较常见的方法之一。

下面将对数据清洗过程和其中常见的问题进行介绍。

一、数据清洗过程

不同类型的数据需要不同的数据预处理方法,数据清洗作为数据预处理的最重要环节决定了数据质量,而数据质量往往决定了大数据处理的效率和知识管理系统的质量。数据清洗主要分为以下几个阶段:

(一)数据准备

数据清洗的设计和标准取决于原始数据的质量。在数据准备阶段,先抽取部分数据,通过人工查看该数据的元数据信息,即字段解释、字段类型、数据来源及字段之间的关系等信息,并为后续清洗工作做准备。另外,通过初步的数据分析可以发现明显的错误和不一致,因此,除了人工检查数据或数据样本之外,还应该使用分析程序进一步获取关于数据属性的元数据并检测数据质量。

(二)异常值检测

异常值是指偏离其他数据样本的样本点,也称为离群点。这些数据是随机显示在数据集中的错误数据,它们的存在往往会影响数据分析、数据建模等工作的效率及质量。有许多针对异常值的检测技术,对于小型数据集,可以通过绘制箱线图、散点图等图像利用视觉识别异常值,最常见的情况是通过不同的聚类方法来进行异常值检测。异常值会显著影响数据进行归一化操作,即它会将正常数据挤压到范围的最低部分(即非常接近零),而在标准化中,它将使得数据无法确定,所以建议在规范数据之前删除异常值。

（三）缺失值处理

缺失值是指数据采集过程中由于数据的信息获取成本高、人为填写错误或数据输入错误等因素造成样本缺失的数据值。处理缺失值的方式将确定数据集的最终形状，因此需要根据研究的背景来确定处理方式。常用的数据缺失值处理方法主要有以下三种：① 去除。若缺失的数据可忽略，则可选择使用直接删除法。② 插补。如果是存在时间序列或连续型数据，则可以根据数据的均值、众数等特殊值进行插补，当存在明显线性关系时，可采用线性回归进行插补。③ 不处理。需要视情况而定，若所进行的是贝叶斯网络、人工神经网络等可包含空值的数据挖掘，则可以忽略该缺失值。

（四）检测和删除冗余功能

冗余特征是指显示特定相关程度，用于表征两个变量之间关联的强度和方向的特征，就关联强度而言，其绝对值在 0 到 1 之间变化。当相关系数的绝对值为 1，说明两个变量之间存在极高的关联度。关联的方向表示变量之间的正相关或指示变量之间的负相关，它可以显示为空，变量之间的正相关意味着它们彼此成正比例。然而，零附近的相关性并不一定意味着 Pearson 相关性较弱，只是意味着较弱的线性关联（但是可能存在非线性关系）。负相关意味着一个变量的增加导致另一个的减少。但是，值得注意的是，相关性不等同于因果关系，即无相关性并不意味着变量是独立的，并且强的关联不证明一个变量的变化导致了另一个变量的变化。

总体来说，清洗数据可以有效提高预测准确性。不过大多数数据清洗方法彼此独立，方法之间的相关性较小，用不同方法清洗的数据，会给后续的数据挖掘分析带来重大影响。下面我们将更详细地介绍在数据清洗过程中的常见问题及解决方法。

二、数据清洗问题

提高数据质量变得越来越重要，随着智能决策的应用发展，数据质量问题不仅仅是国家和企业的问题，也与人们的日常生活息息相关。确保数据质量主要通过应用数据清洗。数据清洗的目的（也称为数据清理）是删除数据异常。数据异常可以分为三类，即列中的异构体（异质性和数据标准化，空值）、列间异常（功能依赖关系，条件依赖项）和线间异常（重复记录和类似）[①]。

数据质量问题可能来自统计机构收集数据时包含在采集、转录和编码过程中的错误。因此，在使用所有信息推断统计属性之前，必须检查其信息的一致性。为此，每个记录必须进行一组一致性规则测试。如果其中一个记录不符合一致性规则，则须确定

① 马明建，周长城．数据采集与处理技术[M]．西安：西安交通大学出版社，1998．

哪些字段需要修改,以便使新记录对这组一致性规则有效。此外,随着对数据清洗的需求不断增加,要求我们从多个数据源集成数据,因此可能造成包含着不同表示形式的数据冗余。只有不断加强对这些不同形式的冗余数据的清洗,并过滤错误的冗余数据,才能提高后续的数据分析工作的效率。

数据清洗过程中应该注意以下几点:① 检测并消除主要错误和不一致,限制手工检查,规范编程工作,增加清理过程的重用性。② 基于全面元数据与其他相关数据的转换过程同步进行。③ 用于数据清洗和其他数据转换的映射函数应该以声明式的方式指定,并可用于其他数据源和查询处理,特别是数据仓库需要进行这一步操作。

由数据质量引起的大部分问题,根据来源划分为单源和多源数据问题,聚焦于如何处理模式级和实例级问题。模式级的问题可通过模式演化、模式转换和模式集成解决。实例级问题指在模式级不可见的实际数据内容中的错误和不一致。

（一）单源数据问题

常见的单源数据模式级问题有:违背字段约束条件、字段属性依赖性冲突(见表3-2),实例级问题有单个属性值出现错误的拼写、赋值为空、噪声数据、冗余数据等问题(见表3-3)。

表3-2　模式级的单源问题示例（违反完整性约束）

	问题	脏数据	原因
Attribute	Illegal values	bdate = 30. 13. 70	Values outside of domain range
Record	Violated attribute dependencies	age = 22 , bdate = 12. 02. 70	age = current year − birth year should hold
Record type	Uniqueness violation	emp_1 = (name = " John Smith " , SSN = " 123456 ") ; emp_2 = (name = " Peter Miller " , SSN = " 123456 ")	Uniqueness for SSN (social security number) violated
source	Reference integrity violation	emp = (name = " John Smith " , deptno = 127)	Reference department (127) not defined

对于模式级和实例级的问题,可以区分不同的问题范围:属性(字段)、记录、记录类型和数据来源,示例见表3-2和表3-3。但在模式级指定的唯一性约束后,仍然可能出现数据冗余情况,例如使用不同的属性值两次输入同一实体的信息数据(参见表3-3中的示例)。

表 3-3 实例级的单源问题示例

问题		脏数据	原因
Attribute	Missing values	Phone = 9999 - 999999	Unavailable values during entry (dummy values or null)
	Misspellings	City = " Liipzig"	Usually typos, phonetic errors
	Cryptic values, abbreviations	Experience = " B", occupation = " DB Prog"	
	Embedded values	Name = " J. Smith 12. 02. 70 New York"	Multiple values entered in one attribute(e. g. in a free-from field)
	Misfielded values	City = " Germany"	
Record	Violated attribute dependencies	City = " Redmond", zip = 77777	City and zip code should correspond
Record type	Word transpositions	$name_1$ = " J. Smith", $name_2$ = " Miller P. "	Usually in a free-from fileld
	Duplicated records	emp_1 = (name = " John Smith", ⋯); emp_2 = (name = " J. Smith", ⋯)	Same employee represented twice due to some data entry errors
	Contradicting records	emp_1 = (name = " John Smith", bdate = 12. 02. 70); emp_2 = (name = " John Smith", bdate = 12. 02. 70)	The same real world entity is described by different values
source	Wrong references	emp = (name = " John Smith", bdate = 17)	Referenced department(17) is defined but wrong

提高数据采集过程中的数据质量是有效减少数据清洗成本的关键,对数据输入应用程序进行完整性约束等数据库设计,可以减少"脏数据"(dirty data)流入,从源头控制"清洗"成本。此外,在数据库设计期间发现的数据清洗规则,可以对现有模式强制执行的约束进行进一步优化。

(二) 多源数据问题

处理多源数据问题需要重新构造模式以实现模式集成,包括拆分、合并、折叠等步骤。多源数据集合过程中,单源数据中存在的问题会加剧。源代码为满足特定的需求,通常是独立开发、部署和维护的,这就导致了各个数据源以不同的数据规范和形式进行存储,数据接口各有千秋,存在很大程度的异构性。

表 3-4 示例中的两个源数据都是关系格式,但表现出模式和数据冲突。在模式级

别,存在名称冲突(同义词 Customer/Client、Cid/Cno、Sex/Gender)和结构冲突(名称和地址的不同表示)。在实例级中性别表示方式为("0"/"1"与"F"/"M"),并且可能有一个重复的记录。后一种观察结果还显示,虽然 Cid/Cno 都是特定于源的标识符,但它们的内容在不同数据源之间不具有可比性;不同的数字可以代指同一个人,而不同的人可以有相同的数字。解决这些问题需要模式集成和数据清洗。首要解决的是模式冲突问题,以允许数据清洗,特别是基于名称和地址的统一表示来检测重复,并匹配 Gender/Sex 值。

表3-4　模式和实例级的多源问题示例

Customer(source 1)

CID	Name	Street	City	Sex
11	Kristen Smith	2 Hurley PI	South Fork, MN 48503	0
24	Christian Smith	Hurley St 2	S Fork MN	1

Client(source 2)

Cno	Last Name	First Name	Gender	Address	Phone/Fax
24	Smith	Christoph	M	23 Harley St, (Chicago IL, 60633-2394)	333-222-6542 / 333-222-6599
493	Smith	Kris L.	F	2 Hurley Place, South Fork MN, 48503-5998	444-555-6666

Customers(integrated target with cleaned data)

No	LName	FName	Gender	Street	City	Phone	Fax	CID	Cno
1	Smith	Kristen L.	F	2 Hurley Place	South Fork	444-555-6666		11	493
2	Smith	Christian	M	2 Hurley Place	South Fork			24	
3	Smith	Christoph	M	23 Harley Street	Chicago	333-222-6542	333-222-6599		24

　　针对多源问题中存在的标签噪声问题,有许多相应的解决方案。其中一个解决方案是使用 ENN 方法(Edited Nearest Neighbours, ENN),通过移除那些类别标签与其 k 个近邻点的大多数标签不同的多数类样本,来对多数类样本下采样。该方法保持分析数量相对较高的观察数,并且保证误标记的观察的数量相对较低,允许检测标记示例不当。

　　尽管如此,当处理具有不平衡数据分析任务的特征空间区域时,异常值和不正确的观察值之间的区别将会变大。这时可以采用标签噪声学习分类算法。通常,在该领域的工作假设标签噪声分布模型,并在该模型下分析了学习的可行性。另一个解决方案是,设计一个标签噪声稳健的分类器,即使在没有数据去噪、没有任何建模噪声的情况下,仍会产生使学习集具有相对良好预测性能的模型。

（三）数据缺失问题

数据缺失主要分为以下三类:① 完全随机缺失（missing completely at random,MCAR）。数据的缺失是完全随机的,不依赖于其他变量,跟其他变量不相关,不影响样本的无偏性,如家庭地址缺失。② 随机缺失（missing at random,MAR）。数据的缺失不是完全随机的,依赖于其他完全变量,如财务数据缺失情况与企业的规模大小有关。③ 非随机缺失（missing not at random,MNAR）。数据的缺失与不完全变量的取值有关,如高收入人群不愿意提供家庭收入。

随机缺失值可以通过已知变量估计,而非随机缺失值还没有很好的填充办法,完全随机缺失值通常可以直接删除。在对随机缺失变量的观察中,缺失的观察是所有观察的随机子集;丢失和观察的值将具有类似的分布。虽然随机缺失意味着缺失和观察的值之间可能有系统的差异,但这些可以完全由其他观察到的变量解释。基于已有的数据采取不同的缺失值推断方法将导致不同的数据子集,且存在由于忽视部分观察到的变量而导致数据处理效率降低的问题。

常见的缺失值推断方法有最大似然和估算两种。

1. 最大似然

当数据真正具有缺失的值时,找到最大可能性估计。常用算法是最大期望算法（Expectation-Maximization algorithm,EM）,该算法是一类通过迭代进行极大似然估计（Maximum Likelihood Estimation,MLE）的优化算法。EM 算法方法是在两个步骤之间迭代的过程:期望步骤（E 步骤）和最大化步骤（M 步骤）。EM 算法的原理为,先根据假设的参数 θ,估计出样本值 z,这是 E 步骤;然后根据样本值 z 利用最大似然函数更新 θ,之后循环迭代直至收敛,这是 M 步骤。M 步骤对上面的 E 步骤中计算的完整数据记录的期望最大化。EM 算法步骤是易于编程的,可使用标准统计软件包的 EM 算法实现。

2. 估算方法

建议在使用小型数据集时使用。在此方法中,缺失值被替换为连续变量特征的平均值,对于分类/离散变量,丢失的值被替换为变量中重复的一个值。通常选择此值将保持数据集的原始形式,最大限度地减少数据补偿期间可能发生的损失。

（四）数据不平衡问题

数据不均衡问题的处理,目前主要考虑两个维度:一是从样本层面进行考虑,设计合理的采样方法,使得训练数据均衡;二是从模型和算法的层面考虑,设计或改进方法,减小不均衡的影响。从样本层面考虑,常见的采样方法包括:随机欠采样和过采样、依据信息的欠采样和基于数据生成的综合采样。随机欠采样会导致信息丢失,随机过采样会导致过拟合。依据信息的欠采样克服了随机欠采样过程中的信息丢失。基于数据生成的综合采样也是一种过采样方法。从算法层面上考虑,过采样和欠采样都是从样本的层面去克服样本的不平衡,从算法层面来克服样本不平衡的方法主要包括基于决策树剪枝的算法、集成学习和代价敏感学习(Cost-sensitive learning)等。

第四节　工 具 支 持

目前有很多类似于数据仓库的工具能支持数据转换和数据清洗任务。本节首先讨论用于数据分析和数据再造的工具,然后再介绍专门的清理工具和 ETL 工具。

一、数据分析和再造工具

数据分析工具可以分为数据剖析工具和数据挖掘工具。Migration Architect(Evoke Software)是为数不多的商业数据分析工具之一。对于每个属性,它确定以下实际元数据:数据类型、长度、基数、离散值及其百分比、最小值和最大值、缺失值和唯一性。数据挖掘工具,如 WizRule(Wiz Soft)和 Data mining suite(Information Discovery),能够推断属性及其值之间的关系,并计算出一个表示符合条件的行数的置信率。具体来说,WizRule 可检查数学公式、if-then 规则和基于拼写规则表示的拼写错误,例如,"返回值 Edinburgh 在 Customer 字段中出现了 52 次;2 个案例包含相似的值"等信息提示。同时,WizRule 还会自动将所发现规则集的偏差指出为可疑错误。

数据再造工具(也叫重组工具)利用发现的模式和规则来指定和执行表单清洗转换,也就是说,它们重组遗留数据。在完整性方面,数据实例要经历几个分析步骤,例如解析数据类型、模式和频率。这些步骤的结果是用表格表示字段内容、模式和频率,在此基础上可以选择用于标准化数据的模式。为了指定清洗转换,Integrity 提供了一种语言,其中包括一组用于列转换(例如 move、split、delete)和行转换(例如 merge、split)的操作符。完整性使用统计匹配技术识别和合并记录。自动加权因子用于计算排名匹配的分数,用户可以根据这些分数选择真实的重复项。

二、专门的数据清洗工具

专门的数据清理工具通常处理特定的域,如名称和地址数据,或者专注于消除重复数据。这些转换要么以规则库的形式提前提供,要么由用户以交互方式提供,或者可以从模式匹配工具自动派生数据转换。

（一）特殊域名清洗

域名和地址记录在许多来源中,通常具有很高的可读性。例如,找到匹配客户对于客户关系管理非常重要。许多商业工具,例如 IDCentric（First Logic）、PureIntegration（Oracle）、QuickAddress（QAS Systems）、Reunion（Pitney Bowes）和 Trillium（Trillium Software）都专注于清洗这类数据,它们拥有庞大的用于处理此类数据常见问题的规则库。例如,Trillium 的提取（解析器）和匹配器模块包含超过 200 000 条业务规则。这些工具还提供了自定义和扩展规则库的工具,这些规则库具有针对特定需要的用户定义规则的功能。

（二）重复消除

支持多种属性值匹配方法,诸如 DataCleaner 和 Merge 函数等工具,还允许集成用户指定的匹配规则。

三、ETL 工具

提取—转换—负载（ETL）工具,包括提取（extract）、转换（transform）、加载（load）过程,用于提取原始数据、传输并将其存储为 HDFS 格式,以便以后处理。将文本数据、关系数据、图片、视频和其他非结构化数据提取后,在临时中间层清洁、转换、分类和集成,并最终将它们加载到相应的数据存储系统中。在 HDFS 中,数据被划分为块,这些块的副本存储在多个云资源上,可最大限度利用数据的并行性并确保故障容差。

大部分的商业工具已经可以全面支持数据仓库的 ETL,例如 CopyManager（Information Builders）、DataStage（Informix/Ardent）、Extract（ETI）、PowerMart（Informatica）、DecisionBase（CA/Platinum）、Data Transformation Services（Microsoft）、Sagent Solution（Sagent）和 Warehouse Administrator（SAS）。它们使用建立在 DBMS 上的存储库,统一管理数据源、目标模式、映射和脚本程序所涉及的所有元数据。模式和数据通过本机文件、DBMS 网关、ODBC 和 EDA 等标准接口从操作数据源中提取。数据转换是用易于使用的图形界面定义的。为了指定单独的映射步骤,通常会提供专有规则语言和预定义转换函数的综合库。这些工具还支持重用现有的转换解决方案,例如外部 C/C++ 例程,通过提供一个接口将它们集成到内部转换库中。转换处理要么由在运行时解释指定转换的引擎执行,要么由编译代码执行。所有基于引擎的工具(如 CopyManager、DataStage、PowerMart、Warehouse Administrator)都拥有一个调度器,并支持在映射作业之间具有复杂执行依赖关系的工作流。工作流还可以调用外部工具,例如,名称/地址清理或重复消除这类专门清洗任务的工具。

ETL 工具通常没有内置的数据清理功能,但允许用户通过专有 API 指定清洗功能。通常设有数据分析功能来自动检测数据错误和不一致,不过,用户可以通过维护元数据并借助聚合函数(sum、count、min、max、median、variance、deviation 等)确定内容特征来实现这种逻辑。ETL 提供的转换库涵盖了许多数据转换和清洗需求,例如数据类型转换(例如,日期重新格式化)、字符串函数(例如,拆分、合并、替换、子字符串搜索)、算术、科学和统计函数,从自由格式属性中提取值不是完全自动的,用户必须指定用于分隔子值的分隔符。

规则语言通常包括 if-then 结构和 case 结构,这些结构有助于处理数据值中的异常,例如拼写错误、缩写、缺少或不明确的值以及超出范围的值。这些问题也可以通过使用表查找结构和连接功能来解决。对实例匹配的支持通常仅限于使用连接结构和一些简单的字符串匹配函数,如精确匹配、通配符匹配和 Soundex 算法,而且用户定义的字段匹配函数以及用于关联字段相似性的函数,可以编程并添加到内部转换库中。

本 章 小 结

丰富的数据存储是企业大数据战略发展的坚实基础。虽然大数据时代企业并不是真正为了掌握数据,而是分析数据、利用数据、挖掘价值。但是获得必要规模的数据是企业获得使用和利用大数据必须的前提。数据采集是企业获得大数据的第一步。数据库采集、系统日志采集、网络数据采集、感知设备数据采集是大数据采集的四种基本方法。采集的大数据原始数据存在噪声、冗余、缺少值、结构不一致等,需要专门的数据清洗工具或 ETL 工具等。

■ 复习思考题

1. 大数据采集系统核心功能是什么? 有哪些?

2. 简述 DPI 数据采集流程。

3. 大数据采集系统主要有哪几种类型?

4. 网络爬虫包括哪几种策略?

5. 采集到的数据主要存在哪几类问题?

6. 数据清洗过程的基本步骤是什么?

7. 数据清洗过程中应注意哪些问题?

8. 常见的数据冲突有哪些? 该如何处理?

9. 缺失数据有哪三类?

10. 什么是 ETL 工具?

即测即评

第四章

大数据存储与管理

本章主要知识结构图：

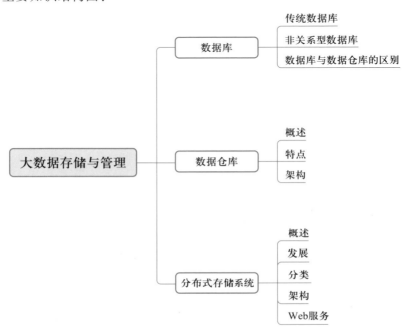

信息技术推动人类社会进入信息时代的同时，催生了众多新兴服务行业，典型的有电子商务、智慧物流以及电子金融；促进了一些产业的变化，如车联网、智慧城市、智慧交通、新能源、智能电网、高端装备制造等产业。随着社会的飞速发展，涉及不同业务的数据种类多样并且数据量呈指数级的趋势增加。预估在 2025 年，中国数据量将达到 48.6ZB，全球数据达 175ZB。未来，全世界的数据量将每 18 个月翻一番。这使得处理数据时，数据的收集、存储、检索、分析等工作已经无法依靠传统的处理方法实现。这样的数据处理难题，将会成为国家走向数字社会、网络社会和智能社会发展道路上的绊脚石。我们应该如何对这些数据进行存储、管理以及进一步分析赋能，成了当下信息技术发展的热点问题。

第一节 数 据 库

一、传统数据库

20 世纪 80 年代以来,关系模型统治了计算机行业,是存储和检索数据最主流的模型。经过一段时间后,关系数据库开始没落,因为它对刚性模式过于依赖,这使得它难以涵盖实体之间的新关系。

(一)层次型数据库

层次型数据库对数据关系进行界定时,一般通过较为形象的树形结构完成,相应的数据访问所使用的数据结构也是树形结构。众所周知,树形结构中包括父记录和子记录,其中,父记录(即上层的记录)能够包括许多子记录(即下层记录),子记录仅仅有一个和它一一对应的父记录。如上所述,这种较为简易的架构应用于存在多个复杂数据的问题时,将会出现多个重复数据(在一个数据库中,同一个数据重复出现多次),从而造成数据冗余。

在层次型数据库中,为了提高查询效率,数据的表现方式为层次结构。然而,这种表现数据的方式要求使用者熟知数据结构,如果在应用它的过程中不熟悉数据结构,就不能实现高效查询。显然,数据中的层次结构进行变化时,相应的程序应该跟着变化。这种结构存在一个缺陷,它不能方便地在工作过程中提取数据。

(二)网状型数据库

网状型数据库可有效解决层次型数据库存在的数据重复问题,网状型数据库与层次型数据库相似的点就是它们具有极为相同的数据构造,此外,网状型数据库中数据通过相互联结形成类似于网状的结构。

层次型数据库通过建立父记录与子记录展现数据间关系,目前已不适用。网状型数据库为了弥补这一缺点,基于父记录下可以拥有多个子记录的原理,使得子记录也同样能够对应多个父记录,由此使工作中数据冗余的问题不复存在。

然而,网状型数据库中由数据交织形成的网状结构反映出的复杂网状关系,造成数据结构非常难以变更,或者说,网状型和层次型数据库都过于依赖数据结构,若对数据结构不熟悉,就会造成在工作中出现难以实施数据访问的情况。

(三)关系型数据库

关系型数据库是在关系数据模型的基础上通过二元表的形式对数据进行管理。

关系型数据库可以很好地解决网状型数据库和层次型数据库对数据结构过于依赖的问题,即通过数据表的健值来进行关联,使得数据可以独立存在,有效支持数据结构更快更新,同时将作为操作对象的数据和操作方法分开,有效消除了数据库对数据结构的依赖。关系型数据库解决了对数据结构不熟悉而无法进行数据处理工作的问题。关系型数据库这一优点使其可以广泛应用于各个领域,进一步扩大了数据库的应用范围。

在关系数据库中查询数据需要事先了解存储结构和结构化语言(如 SQL)的语法。但是,大多数用户没有这种知识,这限制了对存储数据的访问。所以用户在使用过程中需要注意以下几个问题:

① 语义分析必须考虑关键字之间的相互依存关系。即使查询由简单的关键字列表组成,但每个关键字的含义与其他关键字的含义并不独立,它们共同表示用户在创建查询时所期望的概念。

② 查询时适当地考虑关键字的联合映射,如考虑员工关系(ID、姓名、地址、薪水、Super_id、Department_id)时,查询"员工北京张三"的可能解释是"居住在北京张三地址的员工"。因此,北京和张三的关键字预计将映射到一起,以绘制员工表的属性地址,而不是单独映射数据库结构。

尽管关系型数据库称得上是一种通用型数据库,但是也有它不可覆盖的领域,比如它不能做以下处理:

1. 大量数据的写入处理

在数据处理工作中的最重要的工作便是读写数据,但目前仍然没有找到如何高效进行大规模数据读写的方法。如果应用同一个数据库来实施数据的读写工作,就会出现数据库压力较大的问题。为了解决这类问题,在运营管理工作中通常采用主从复制的方式来同步数据,再通过读写分离来提升数据库的并发负载能力的设计思路。例如,当输入数据时,若想使数据规模化,会考虑将一台主数据库增加到两台,从而变成两台有联接的可以实时共享数据的二元主数据库。虽然经过此方法可以使这两台数据库分别降低一部分数据量的处理负担,但采用这种方式后,若再要进行数据的更新工作,大概率会出现问题,分开处理的两台处理器上相同的数据变更为其他的数值,导致两台服务器上出现不同的数据从而影响操作,其解决方法就是将向每个表发出的请求相应地发送给适配的主数据库。图 4-1 为两台主机问题的图示。

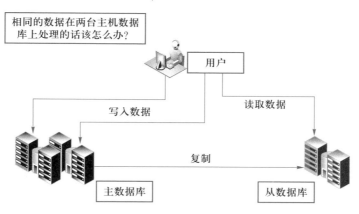

图 4-1　两台数据库主机问题

此外,还可以尝试将数据库分成若干部分,分别放在不同的数据库服务器上,如在一个数据库服务器上放一个表,在另一个数据库服务器上放另一个表。这样做能够使每台数据库服务器上的数据量降低,从而减少硬盘 I/O(输入/输出)处理,实现内存处理速度的提升。但是,若将不同的表存储在不同的服务器上,会导致表与表之间不能进行 JOIN 处理,因此在进行数据库分割的过程中应该提前考虑这类问题。分割数据库之后,若必须进行 JOIN 处理,要首先在相关程序中进行关联,但是这又是非常困难的。

图 4-2 为二元主数据库问题的解决办法,即进行数据库分割,但不能进行 JOIN 处理,如图 4-3 所示。

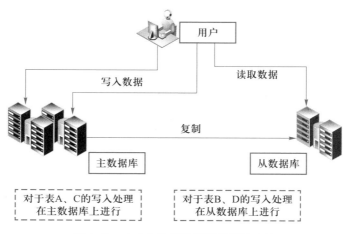

图 4-2　二元主数据库问题的解决方法

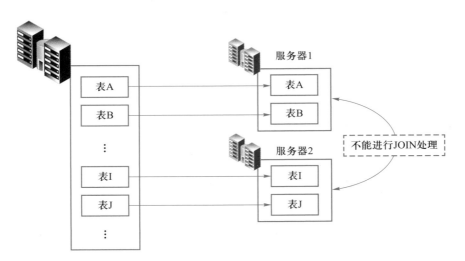

图 4-3 数据库分割

2. 为有数据更新的表做索引或表结构（schema）变更

在工作中使用关系型数据库处理数据时，为了提高查询工作效率，需要创建索引，这时如果工作要求必须加入新的字段，相应地就要改变表的结构。

在处理上述工作时，必须锁定相应的表，表被锁定以后就不能实施相关的数据变化，如数据更新、数据插入等操作。若必须开始一些耗费时间的操作，例如在创建表的索引时面对巨大的数据量，更改表的结构时表中若包含大量的数据，就应该特别关注数据库受到大量数据的影响而导致长时间不能实施更新操作的情况。表 4-1 展示的是共享锁和排他锁的区别。

表 4-1 共享锁和排他锁

名称	锁的影响范围	别名
共享锁	其他连接可以对数据进行读取但是不能修改数据	读锁
排他锁	其他连接无法对数据进行读取和修改操作	写锁

3. 字段不固定的应用

在实施数据操作时，如果出现表中的字段有变动的情况，就算采用的是关系型数据库，处理起来也相当困难。若每次都改变表的结构，这个工程量是巨大的，并且会打乱数据库中字段和所储存的数据的对应关系，形成大面积的混乱状态。

4. 对简单查询需要快速返回结果的处理

此处"简单"的意思是在查询数据的过程中不存在复杂的查询条件，并不是要用

JOIN。由于关系型数据库在读取数据时,要通过编写 SQL 语言来进行,所以在此过程中要求分析 SQL 语言,同时辅以锁定相关的表并且对其进行解锁,这些工作消耗的费用都较高。以上所说不表示在使用关系型数据库的过程中步骤复杂耗时过多,而是希望通过这样的介绍说明,并不是一定要使用关系型数据库来应对简单的数据查询工作,以使得查询速度加快。

传统的关系数据库利用二维表来储存数据。当查询工作要求多个表连接时,执行复合 SQL 查询,使得读写实时数据需要耗费大量时间。而且在任何情况下,对于多种类型的巨大数据量查询,多表查询并不强大,无法同时管理各种类型的数据集(如图像、文本、视频、音频、录音、虹膜样本等),逐渐与现实需求相背离。

二、非关系型数据库

非关系型(NoSQL)数据库是指以非关系模型替代关系模型的数据库。NoSQL 数据库使用大哈希表的键和值快速访问数据(如 RIAK,Amazon 的 Dynamo),而且利用了非关系型的数据存储结构。比如,基于图形的数据库使用边缘和节点来表示和存储数据(如 InfoGrid,Infinite 图形,Neo4j);基于列的存储将数据存储块转换为列(例如 Google 的 Bigtable,HBase,Cassandra)。NoSQL 数据库通常与更灵活的部署、高读/写性能以及缩放数据集相关联。在数据存储透视图中,许多 NoSQL 数据库是具有键值数据格式的哈希数据库。在设计方面,它们涉及高并发读取和写入数据以及大量数据存储。

NoSQL 数据库可用于查看后台的大数据集记录,还可用于管理大规模异构和非结构化信息格式的数据,还有诸如事务处理和 JOIN 等复杂处理的功能,可以应用于多个领域。NoSQL 数据库总的来说具有以下特点:

(1)易于分散数据。为了进行 JOIN 处理,关系型数据库不得不把数据存储在同一个服务器内(集中),这不利于数据的分散。相反,NoSQL 数据库原本就不支持 JOIN 处理,各个数据都是独立设计的,很容易把数据分散到多个服务器上,方便开展读写和更新工作。

(2)性价比高。关系型数据库提升性能的费用与性能曲线呈指数形式,如图 4-4 所示;而 NoSQL 数据库提升性能和增大规模如图 4-5 所示,其中增大规模指的是使用多台廉价的服务器来提高处理能力,以后只要依葫芦画瓢增加廉价服务器的数量就可以了。

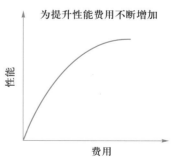

图 4-4 提升性能的费用与性能曲线

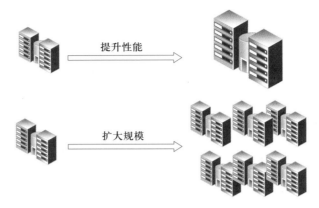

图 4-5   提升性能和扩大规模

（一）非关系型数据库的类型

NoSQL 数据库主要有四大类型：键值存储、文档型数据库、列存储数据库和图数据库，这四种数据库各具特点。常见的典型 NoSQL 数据库产品见表 4-2。

表 4-2   典型的 SQL 数据库

键值存储	文档型数据库	列存储数据库	图数据库
Tokyo Tyrant	MongoDB	Cassandra	Neo4J
Flare	CouchDB	HBase	OrientDB
Memcached	Terrastore	HyperTable	InfoGrid
Redis	ThruDB	HadoopDB	Infinite Graph

1. 键值存储

键值存储是在 NoSQL 数据库中最容易见到的，它通过 key-value 的形式来储存写入的数据，虽然键值存储对数据相关的工作速度极快，但通常仅可以经 key 的完全相对应的查询功能来取得希望得到的数据。键值存储认定了三种数据的储存方式，一种是临时性的存储数据，一种是永久性的储存，另外一种是临时性与永久性并存的方式。

2. 面向文档的数据库

面向文档的数据库包括 MongoDB 以及 CouchDB，它们与键值存储方式不同。它们不会将表的结构拘泥于一种或几种类型，但是又能够使用户在操作过程中感觉到像是为表的结构做了定义。与之相对的，关系型数据库将表的结构固定了下来，这样会使在工作中对表的结构进行更改时需要进行耗时费力的操作，并且为了满足维持表中数据

和结构的要求,通常要对程序进行较大的修改。可以看出,NoSQL 数据库更加便利并且
高效。

3. 面向行的数据库和面向列的数据库

普通的关系型数据库是以行为单位来存储数据的,擅长进行以行为单位的读写处理,
比如特定条件数据的获取。因此,关系型数据库也被称为面向行的数据库。相对的,面向
列的数据库是以列为单位来存储数据的,擅长以列为单位读写数据(见表 4-3)。

表 4-3 面向行的数据库和面向列的数据库比较

数据类型	数据存储方式	优势
面向行的数据库	以行为单位	对少量行进行读取和更新
面向列的数据库	以列为单位	对大量行少数列进行读取,对所有行的特定列进行同时更新

Cassandra、Hbase、HyperTable 属于面向列的数据库。由于近年来数据量出现爆发
性增长,这种类型的 NoSQL 数据库尤其引人注目。

面向列的数据库有一个明显的特征就是它具备高扩展性,也就是说,就算在业务的
处理过程中数据的数量不断增加,这个数据库处理数据的速度也不会降低,尤其是数据
的写入速度。由此,当工作中要求处理的数据量比较大时,就可以使用面向列的数据
库,即当需要进行数据量较大的数据更新工作时,可以把它看作批数据量处理程序的数
据存储器。

4. 图数据库

图数据库是图形数据库管理系统的缩略语,它通过节点、边和属性来表示和存储数
据。图数据库一般用于联机事务处理系统,提供在线交易处理能力。与之相对应的是
图计算引擎,使用一个图形模型来查询数据库,支持添加、删除、修改和查询等操作,可
用于联机分析处理系统,提供基于图的大数据分析能力,而且在图数据库中较常使用
Cypher 和 Gremlin 等图查询语言。

(二)NoSQL 三大基石与 ACID

如图 4-6 所示,NoSQL 三大基石是:CAP、BASE
和最终一致性。

1. CAP

数据工作中的 CAP,"C"指的是 Consistency,
即"一致性";"A"指的是 Availability,即"可用

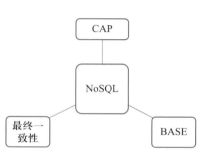

图 4-6 NoSQL 三大基石

性";"P"指的是 Tolerance of Network Partition,即"分区容忍性"①。"一致性"就是任意读入数据的操作语句,一定可以读到在这之前写入数据的操作工作所得到的结果,换句话说,分布式的环境中多个结点的数据应该是相同的,也就是全部结点在相同的时间点存在一样的数据。"可用性"指的是在短时间内取得相应的数据,也就是在操作过程中发出指令后,在明确的时间回应对应的结果,确保发出的每一条指令都有相应的回复,不管这个指令是成功完成,或是在执行指令的过程中遇到问题。"分区容忍性"指的是当网络出现分区,也就是操作系统中的某些结点和其他结点联系不上时,被分隔开的系统同样可以正常工作,即操作系统中若损坏了某些信息,依然可以正常地持续运转。

一个分布式系统,由于网络故障等问题难以实现实时通信,因此不可能同时满足一致性、可用性和分区容忍性,通常需要从三个要素中选取两个,这就是 CAP 理论。目前,相关产品根据不同需求,在 CAP 理论下出现不同设计原则,如图 4-7 所示。

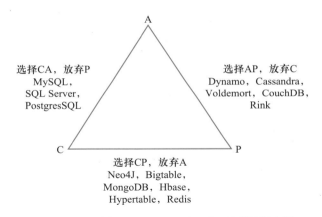

图 4-7　不同产品在 CAP 理论下的不同设计原则

在分布式环境中,分区容忍性是必须选择的,此处只介绍 CP(Consistency/Partition Tolerance)、AP(Availability/Partition Tolerance)(见图 4-8)。

(1)CP。为了保证一致性,假设数据 x 存储于结点 N1,N2 上,出现分区现象后,N1结点上的数据更新到新值 y,但由于 N1 和 N2 之间的连接通道中断,新值 y 无法同步到N2,N2 结点上的数据还是 x。这时用户访问 N2 时,N2 需要返回 Error,提示客户端面C:"系统现在发生错误",此时违背了可用性(Availability)的要求。

①　IET,2015. Gupta R,Gupta H,Mohania M. Cloud computing and big data analytics:what isnew from databases perspective? Big data analytics. Berlin,Heidelberg:Springer;2012. p. 42-61.

（2）AP。当出现分区现象后，N1 结点上的数据更新，但由于 N1 和 N2 之间的连接通道中断，数据 y 无法同步到 N2，为了保证可用性，则会自动切换至其他的结点，只要还有一个结点，就能保证可用性，只不过查到的信息可能不是最新的（不保证一致性）。

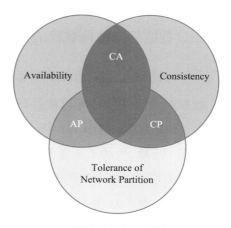

图 4-8 CAP 理论

2. BASE

BASE 的含义是基本可用（Basically Availble）、软状态（Soft-state）和最终一致性（Eventual consistency）①。

基本可用（Basically Availble），是指在一个分布式系统中的一部分发生问题变得不可用时，其他部分仍然可以正常使用。

软状态（soft-state）是与硬状态（hard-state）相对应的一种说法。数据库保存的数据是"硬状态"时，可以保证数据一致性，即保证数据一直是正确的。"软状态"是指有一段时间不同步，具有一定滞后性的状态。

3. 最终一致性

最终一致性是 BASE 的核心，一致性的类型包括强一致性和弱一致性，二者的主要区别在于高并发的数据访问操作下，后续操作是否能够获取最新数据。对于强一致性而言，当执行完一次更新操作后，后续的其他读操作就可以保证读到更新后的最新数据；反之，如果不能保证后续访问读到的都是更新后的最新数据，那么就是弱一致性。而最终一致性只不过是弱一致性的一种特例，允许后续的访问操作可以暂时读不到更新后的数据，但是经过一段时间之后，最终必须读到更新后的数据。

4. ACID

一个数据库事务具有 ACID 四性：A 原子性（Atomicity），是指事务必须是原子工作单元，对于其数据修改，要么全都执行，要么全都不执行；C 一致性（Consistency），是指事务在完成时，必须使所有的数据都保持一致状态；I 隔离性（Isolation），是指由并发事务所做的修改必须与其他并发事务所做的修改隔离；D 持久性（Durability），是指事务完成之后，对于系统的影响是永久性的，该修改即使出现致命的系统故障也将一直保持。

————————————

① Nerlikar V M. Information management and security system[J]. US,1997.

三、数据库与数据仓库的区别

（一）数据库和数据仓库的定义区别

数据库，字面意义上来理解就是可以储存数据的仓库，抽象的理解为一种逻辑概念并且通过数据库软件来发挥作用。多个二维形态的表形成了数据库，数据库中的每个表含有多个字段，也就是说这多个字段组成的表能够用二维的形态体现多维度的物与物之间的关系。现如今工作中常用的数据库一般是二维数据库，如 Sybase、DB、MS SQL Server、Oracle、MySQL 等[1]。

数据仓库是在数据库的基础上研发而来的，与数据库相比在功能上有一些优势，如数据仓库在数据挖掘、分析和协助领导者进行决策等基本功能上优于数据库。数据仓库是在数据库的基础上提升了好几个数量级，抽象来说，数据库和数据仓库之间可以说是不存在差异的，它们在进行数据储存的工作时都要求有数据库中相关软件的协助，但是后者比前者容纳的数据量要多得多。

（二）数据库与数据仓库的区别实质上是 OLTP 与 OLAP 的区别

操作型处理，又叫联机事务处理（On-Line Transaction Processing，OLTP），同时又称为面向交易的处理系统，这个系统的日常工作就是在解决具体业务时将数据库联机，以便在后续工作中查询和修改较少记录[2]。

在线分析处理，又叫作联机分析处理（On-Line Analytical Processing，OLAP），通常分析一类具有特定主题的曾经出现过的数据，并且能够在分析数据的基础上为领导者的决策提供帮助。它在研究领域发挥着越来越重要的作用，帮助数据库和数据仓库拟出各种问题的解决方案、技术和工具，主要侧重于数字数据。但是，这些解决方案不适合文本数据。因此，迫切需要新的工具和方法来处理和操作文本数据并将其汇总。文本聚合技术成为 OLAP 中为决策支持系统执行文本数据分析的关键工具。

操作型处理和分析型处理之间的比较见表 4-4。

---

[1] 鲍玉斌,孙焕良,于戈,等. 星链 ER 模型：一种数据仓库概念设计模型［J］. 小型微型计算机系统，2005(2).
[2] 崔杰,李陶深,兰红星. 基于 Hadoop 的海量数据存储平台设计与开发［C］// 2011 年第 17 届全国信息存储技术大会(IST 2011). 2011.

表 4-4　操作型处理与分析型处理的比较

操作型处理	分析型处理
细节的	综合的或提炼的
实体—关系(E-R)模型	星形模型或雪花模型
存取瞬间数据	存储历史数据,不包含最近的数据
可更新的	只读、只追加
一次操作一个单元	一次操作一个集合
性能要求高,响应时间短	性能要求宽松
面向事务	面向分析
一次操作数据量小	一次操作数据量大
支持日常操作	支持决策需求
数据量小	数据量大
客户订单、库存水平和银行账户查询等	客户收益分析、市场细分等

第二节　数据仓库

一、概述

(一)数据仓库概述

数据仓库,英文名为 Data Warehouse(DW 或 DWH)。它是一个战略意义上的集合体,工作上能够帮助一个企业全部等级的决策,以及拟定相应的解决过程方案,并且能够处理全部类型的数据[①]。设计且构建数据仓库是为了能够出具分析性报告和帮助进行相关的决策。数据仓库可以帮助正在进行业务智能化的公司修改工作流程,以使业务工作过程更加先进,并且帮助监控相关工作的时间、成本、质量和内部控制过程。

(二)数据预处理

数据预处理一般有以下 6 个步骤。

(1)检索。从传感器或数据库接收数据或间接地通过另一计算机或存储设备接收数据,存在数据丢失或损坏的可能。

(2)提取。数据以其原始形式表现可能相当凌乱。因此,必须从发送的信息中提

---

① 张维明.数据仓库原理与应用[M].北京:电子工业出版社,2002.

取相关数据。

（3）转换。每一个软件对其后面的数据库的构架与数据的存储形式都是不相同的，因而产生数据库和数据结构的更换，从而需要数据本身的转换。将数据从源操作型业务系统的格式转换为数据仓库的数据格式。

（4）质量控制。如果可能，应删除或修复不良数据，并且应修复缺失或不完整的数据。

（5）存储。如果需要存档数据，则必须通过某种介质，比如数据表或者多维数据库，但这可能是永久性或半永久性的存储，数据不会被归档，它仅仅短期存在，然后在明确的时间段使用，最后丢弃。

（6）通知。使用数据的任何操作必须生成通知进行记录，因为新数据进入数据仓库时需要进行重启，以保障数据的一致性。

二、数据仓库的特点

（一）数据仓库的数据是面向主题的

数据仓库中所包含的数据是对应着不同主题的，相对地，传统的数据库主要是为应用程序进行数据处理的，所以未必按照同一主题存储数据。主题是什么呢？主题被视作一个比较抽象的概念，是企业为了分析利用数据而形成的较高等级信息处理系统中数据的集合以及分类。抽象来说，它是一个用户进行分析的对象，对应着一家公司的数据分析区域。面向主题的数据是将较高层级的数据与企业业务进行联合分析整理而成。与以应用为目的而组织数据的方式相比，较高层级的数据是根据之前定义好的各项主题来组织数据，使得数据提升到了更高的抽象性等级。

（二）数据仓库的数据是集成的

首先，将各个分散的数据库中提取的数据进行整合，就得到了数据仓库中的数据。数据仓库中包含的各个不同的主题下的源数据，之前是从各个不同的分散的数据库中提取出来的，所以它们之间会有重合和不能相互对应的情况，并且如果某个数据是从两个联机的数据库中提取来的，则它们是由不一样的应用逻辑关联在一起的。其次，若已经在数据仓库中把各分散数据库中得到的数据进行了整合，则这些整合过的数据不能再从原来那些分散的数据库取得。

因此在数据进入数据仓库之前，必然要经过整合，因而要完成的工作有：

（1）要求将源数据里面有冲突的地方进行统一。比如某几个字段有相同的名称但是代表不同的含义，或者相同的含义对应不同的名称，数据的单位没有形成一致，字段的长度不同等。

（2）实施数据之间的整合分析和计算。从各分散的数据库中提取相应的数据时，能实现对数据的整合分析，同时将数据综合录入数据仓库进行存储，而数据进入数据仓库后，可根据需求进行二次加工处理。

（三）数据仓库的数据是不可更新的

数据仓库中储存的数据是为了支持企业在业务处理过程中的决策和分析，该过程需要对数据进行的操作通常都是查询操作，不会对数据进行更新。它的数据指的是前端较长时间内保存的历史数据，是对不同时间点上数据库快照的一个结合，同时包括以这些快照为基础所实施的数据统计、归纳总结和重新组合继而再导出的数据，并不是指联机的过程中实施操作的数据。联机过程中实施操作的数据在数据库中完成后，再进行归纳集合储存至数据仓库中，但是如果数据仓库中所储存的数据留存时间过长，导致超出了数据仓库所能储存数据时间的极限，那么之前保存的这部分数据就必须从其所在的数据仓库中清理掉。

（四）数据仓库的数据是随时间不断变化的

从应用系统的角度来说，数据仓库中储存的数据不能更新，换句话说，有用户在使用数据仓库实施数据分析时，数据仓库不会自动进行数据更新工作。但是，数据仓库作为一个完整并极其便捷的数据库集合，这些数据在数据仓库中是被短暂的临时存储而非长久性的存储，同时在存储的过程中，其数据不是一成不变的，而是根据时间的推移而不间断地变更（删除或新增）。

三、数据仓库的架构

数据仓库的架构可分为四层：临时存储层（ODS）、数据仓库层（DW）、数据集市层（DM）和应用层（APP）。

（一）ODS 层（Operational Data Store）

ODS 层提供两个端口相接的数据短时间内存放的区域，以便开展后续的数据处理工作。通常，ODS 层和源系统的数据需要采用相同的结构，以提高后续数据加工处理的效率。ODS 层具有最细的数据粒度，并且它包含两种类型的表，一种是用来储存正在加载的数据，另一种则储存着已经在工作中使用完毕的历史数据。此外，为了节约数据库空间，这些历史数据通常在三个月到六个月后从数据库中清除。清理数据过程中，要充分考虑不同项目的数量级，如果源系统数据量不大，则可以保留更长的时间，甚至全量保存。

（二）DW 层（Data Warehouse）

DW 层存储了经过清洗后的一致、准确、干净的数据。DW 层的数据通常是符合数据库的第三范式,并且常常和 ODS 层的数据粒度相似。值得一提的是,DW 层能够保存系统中较长一段时期的历史数据,比如可以保留 10 年前的数据。DW 由下到上分为DWD、DWB、DWS。

DWD:Warehouse Detail(细节数据层),是业务层与数据仓库的隔离层。

DWB:Data Warehouse Base(基础数据层),存储的是客观数据,一般用作中间层,可以认为是大量指标的数据层。

DWS:Data Warehouse Service(服务数据层),基于 DWB 上的基础数据,整合汇总成分析某一个主题域的服务数据,一般是宽表。

(三)DM 层(Data Mart)

DM 层将数据进行分类,一般是星形或雪花形的数据。将不同的数据归并到各个主题中并集中组织。DM 层不再具有粒度特征,是初步汇总明细数据后的数据。另外,从数据跨度来看,DM 层数据是 DW 层的一个时期。它以迎合使用者数据分析的工作要求为目的,但使用者在分析处理数据时,往往仅搜集最近一段时间内的数据。最后,从广度看,DM 层涵盖全部与业务相关的数据。

(四)APP 层

APP 层为用户进行详细的数据分析提供基础支撑。其数据粒度与 DM 层不同,APP 层在更高的程度上进行数据汇总,其数据广度不及 DM 层,属于 DM 层数据的真子集,并不一定包含所有与业务相关的数据,换句话来说,它就是 DM 层数据上的一种重叠数据。这类数据主要为数据产品和数据分析使用,比如经常使用的报表数据,可以在APP 层设计一个模型来支持每一张报表形成以空间换时间的转换。

但是,以上的分层标准仅是理想情况下的解决方案,现实情况中要根据业务的实际情形拟定数据仓库的分层,不同业务数据可以有不一样解决方案,不一样的数据分层方法。

第三节 分布式存储系统

一、分布式存储系统概述

构建数字城市、数字地球所需要的空间数据总量通常达到 PB 级以上,并随着数据粒度的细化而增大。传统的网络存储系统采用集中的存储服务器存放所有数据,面对海量数据,存储服务器成为存储系统性能的瓶颈,也是可靠性和安全性的焦点,传统存储系统显然已无法满足大规模存储应用的需要。为解决大数据存储问题,分布式存储系统应运而生。分布式存储系统利用元数据管理、系统弹性扩展等技术实现数据的分布式存储,采用可扩展的系统结构,利用多台存储服务器分担存储负荷,利用位置服务器定位存储信息,它不但提高了系统的可靠性、可用性和存取效率,还易于扩展。

　　分布式存储系统包括以下特点:一是一致性,即分布式存储系统需要使用多台服务器共同存储数据;二是可用性,分布式存储系统需要多台服务器同时工作,在系统中的一部分结点出现故障之后,系统的整体不影响客户端的读/写请求;三是分区容错性,即分布式存储系统中的多台服务器通过网络进行连接,需要具有一定的冗余来处理网络故障带来的问题。当一个网络因为故障而分解为多个部分的时候,分布式存储系统仍然能够工作。目前,随着存储区域网络(Storage Area Network,SAN)和网络附属存储(Network Attached Storage,NAS)技术的出现,以及磁盘成本不断降低,分布式存储系统变得越来越受欢迎。

二、分布式存储系统的发展

　　20 世纪 90 年代末,随着社会各方面的进步,计算机和互联网技术高速发展,用于存储处理数据的磁盘的成本也越来越少。然而,磁盘本身的性能和质量,比如其自身的容量以及数据总线带宽的增长情况没有得到相应的提升,导致不能满足用户日益增长的高品质体验需求。因此,互联网技术面临一个巨大挑战,即服务器如何处理越来越多的海量数据,由此关于分布式存储系统技术的分析和探究逐渐深入。分布式文件系统发展历程如图 4-9 所示。

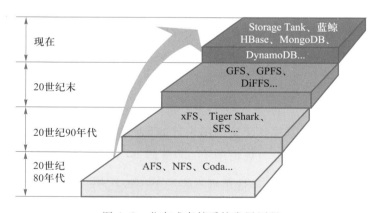

图 4-9　分布式存储系统发展历程

(一) SAN

　　设计目标是通过将磁盘存储系统或磁带机和服务器直接相连的方式,提供一个易扩展、高可靠的存储环境。设备间的连接接口主要是采用 FC(光纤通道)或者 SCSI(小型计算机系统接口），光纤通道交换机为服务器和存储设备的链接提供一个称为"SAN fabric"的网状拓扑结构（见图4-10）。由高可靠的光纤通道交换机和光纤通道网络协议保证各个设备间连接的可靠性和高效性。

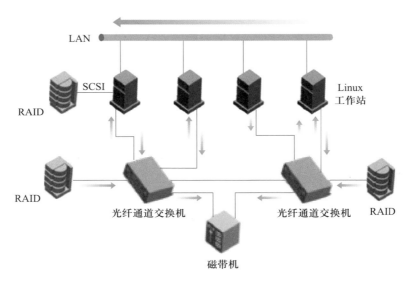

图4-10 "SAN fabric"的网状拓扑结构

（二）NAS

通过基于 TCP/IP 协议的各种上层应用（NFS 等）在各工作站和服务器之间进行文件访问，直接在工作站客户端和 NAS 文件共享设备之间建立连接，NAS 隐藏了文件系统的底层实现，注重上层的文件服务实现，具有良好的扩展性；网络阻塞，则使 NAS 性能受影响。在 LAN 环境下，NAS 完全可以实现异构平台之间的数据级共享，各种文件服务器及网络工作站都可通过网络直接存取 NAS 上的数据，比如 NT、UNIX 等平台的共享（见图4-11）。

（三）GFS

谷歌为大规模分布式数据密集型应用设计的可扩展的分布式文件系统，谷歌将一万多台廉价 PC 机连接成一个大规模的 Linux 集群，它具有高性能、高可靠性、易扩展性、超大存储容量等优点。谷歌文件系统采用单 Master 多 ChunkServer 方式来实现系统间的交互，Master 中主要保存命名空间到文件映射、文件到文件块的映射、文件块到 ChunkServer 的映射，每个文件块对应 3 个 ChunkServer（见图4-12）。

GFS 考虑了其在大规模数据集群中运行分布式文件系统的苛刻环境：

① 大量结点可能会遇到故障，所以大概率要求集中容错功能和自动恢复数据功能设计到系统中。

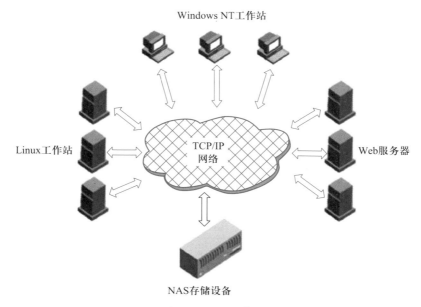

图 4-11 NT 工作站

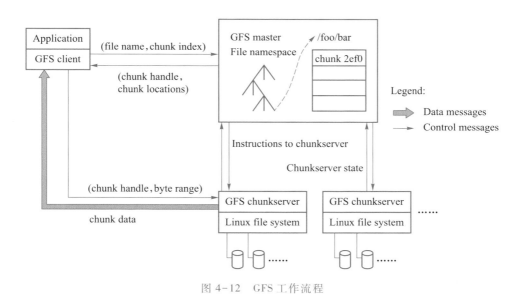

图 4-12 GFS 工作流程

② 重新设计有区别的文件系统的参数,文件通常以 GB 为单位测量,而且存在许多储存空间较小的文件。

③ 将应用程序的典型特点纳入考虑范围,设计出能够实施文件附加操作的功能,提升按照相应的顺序读取写入数据的速度。

④ 有些文件系统经过用户的操作以后,这些操作记录被故意掩盖,这要求相关的应用程序的支持。

（四）HBase

分布式面向列的数据库,擅长以列为单位读取数据,即使数据大量增加也不会降低相应的处理速度,建立在 Hadoop 文件系统上,可实现实时、快速的读写访问（见图 4-13）。同时,为了实现图像数据的分布式存储,基于传统的瓦片金字塔图像数据存储的 HBase 模型。通过描述图像数据的索引和元数据来提高图像数据的处理效率,而不考虑大数据上下文的特异性。HBase 的最大功能是它可以与 MapReduce 组合。

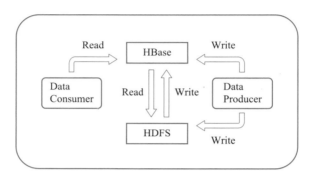

图 4-13   HBase 工作原理

（五）MongoDB

文档型数据库与同键值（Key-Value）型的数据库类似,它是键值型数据库的升级版,允许嵌套键值,Value 值是结构化数据,数据库可以理解 Value 的内容,提供复杂的查询,类似于 RDBMS 的查询条件。

（六）DynamoDB

亚马逊公司的一个分布式存储引擎,是一个经典的分布式 Key-Value 存储系统,具备去中心化、高可用性、高扩展性的特点。但是,为了达到这些目标在很多场景中牺牲了一致性。Dynamo 在亚马逊中得到了成功的应用,能够跨数据中心部署于上万个结点提供服务,它的设计思想也被后续的许多分布式系统借鉴。

三、分布式存储系统分类

分布式存储系统的类型主要有分布式文件系统、分布式 Key-Value 系统、分布式数据库系统。其中,分布式文件系统用于存储大量的文件、图片、音频、视频等非结构化数据。这些数据以对象的形式组织,对象之间没有关系,以二进制数据存储,例如 GFS、HDFS 等。分布式 Key-Value 系统主要用于存储关系简单的半结构化数据,提供基于

Key 的增、删、改、查操作以及缓存、固化存储,例如 Memached、Redis、DynamoDB 等。分布式数据库系统主要用于存储结构化数据,提供 SQL 关系查询,支持多表关联、嵌套子查询等,例如 MySQL Sharding 集群、MongoDB 等。

四、分布式存储系统架构

(一)集中式存储基本架构

在集中式存储系统中包含很多组件,除了核心的机头(控制器)、磁盘阵列(JBOD)和交换机等设备外,还有管理设备等辅助设备。如图 4-14 是一个集中式存储的基本逻辑示意图。

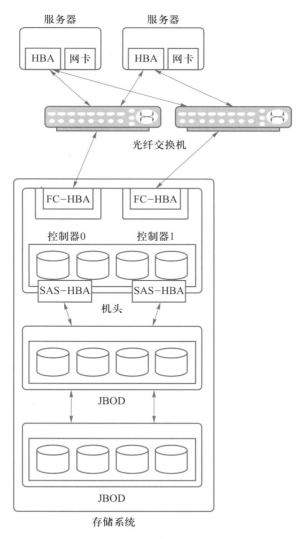

图 4-14 集中式存储逻辑示意图

在集中式存储中通常包含一个机头,这是存储系统中最为核心的部件。在机头中包含两个控制器,这两个控制器实现相互备份的作用,避免硬件故障导致整个存储系统不可用。机头中通常包含前端端口和后端端口,前端端口为服务器提供存储服务,而后端端口用于扩充存储系统的容量。通过后端端口机头可以连接更多的存储设备,从而形成一个非常大的存储资源池。

机头作为整个存储系统的核心部件,整个存储系统的高级功能都在其中实现。控制器中的软件实现对磁盘的管理,将磁盘抽象化为存储资源池,然后划分为 LUN 提供给服务器使用,这里的 LUN 其实就是在服务器上看到的磁盘。一些集中式存储本身也是文件服务器,可以为服务器提供共享文件服务。可以看出,集中式存储最大的特点是有一个统一的入口,所有数据都要经过这个入口,这个入口就是存储系统的机头。

分布式存储是一个大的概念,其包含的种类繁多,除了传统意义上的分布式文件系统、分布式块存储和分布式对象存储外,还包括分布式数据库和分布式缓存等。本小节仅介绍分布式文件系统等传统意义上的存储架构,对于数据库等不再介绍。

（二）分布式文件系统（HDFS）

分布式存储最早由谷歌公司提出,以利用价格相对较低的服务器解决大规模、高并发场景下的 Web 访问问题为目标。如图 4-15 是谷歌分布式存储（HDFS）的简化模型。该模型将服务器分为负责管理数据(元数据)的结点和负责实际数据的管理结点,前者名为名称结点(namenode),后者名为数据结点(datanode)。

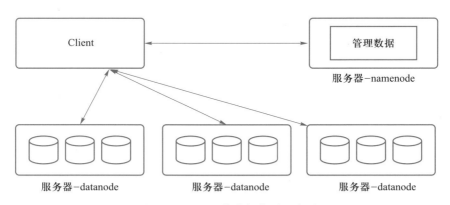

图 4-15   HDFS 简化架构图示意图

HDFS 的优势如下:

（1）并行高性能

HDFS 采用由名称结点和多个数据结点组成的主从架构。有时,还有包括一个备份名称结点。名称结点是用于管理整个文件系统中所有元数据的中央服务器;数据结点用于存储数据块并承担启动冗余备份机制的责任。因此,HDFS 非常适合并行存储和处理大量数据。一旦客户端从名称结点获取数据信息,客户端就可以并行地从多个HDFS 数据结点读取数据。

（2）可扩展性和可靠性

HDFS 可以解决单一命名空间存在的问题,使用多个 namenode,每个 namenode 负责一个命令空间。这种设计可提供 HDFS 集群扩展性。即多个 namenode 分管一部分目录,使得一个集群可以扩展到更多结点,不再因内存的限制制约文件存储数目。HDFS 具有良好的隔离性,用户可根据需要将不同业务数据交由不同 namenode 管理,这样不同业务之间影响很小。此外,默认情况下,每个数据块都在三个服务器上冗余备份,以便维持存储数据的可靠性。

（3）低成本和计算环境

Hadoop 框架可以充分利用各种服务器的计算资源,以便在大规模图像数据上设计图像融合、图像调节检索、三维重建和其他协定的密集应用程序的算法。

但 HDFS 不支持文档的任何位置更改,不适合小吞吐量和低延迟操作,因此上述方法由于查询时间太长无法更新任何位置的数据。

（三）完全无中心架构——计算模式（Ceph）

如图 4-16 是 Ceph 存储系统的架构,该架构中没有中心结点,这是其有别于 HDFS的地方。客户端是通过一个设备映射关系计算出其写入数据的位置,这样客户端可以直接与存储结点通信,从而避免中心结点的性能瓶颈。

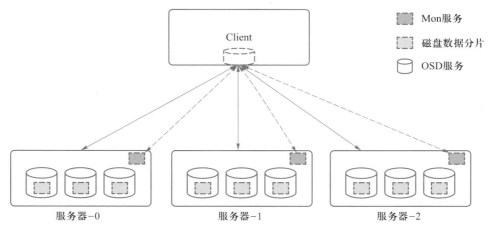

图 4-16　Ceph 无中心架构

在 Ceph 存储系统架构中核心组件有 Mon 服务、OSD 服务和 MDS 服务等。对于块存储类型只需要 Mon 服务、OSD 服务和客户端的软件即可。其中 Mon 服务用于维护存储系统的硬件逻辑关系,主要是服务器和硬盘等在线信息。Mon 服务通过集群的方式保证其服务的可用性。OSD 服务用于实现对磁盘的管理,实现真正的数据读写,通常一个磁盘对应一个 OSD 服务。

主数据服务(MDS)是微软提供的一款 MDM 解决方案的产品,它是建立在以 SQL Server 数据库技术作为后端处理之上的。它使用 Windows 通信基础(WCF)技术,提供了面向服务架构终端的方案。

客户端访问存储的流程大概分为以下几个步骤,首先客户端从 Mon 服务拉取存储资源布局信息;其次由拉取的布局信息和所写入数据的名称这两个信息计算得到期望数据的位置(包含具体的物理服务器信息和磁盘信息);最后就这个位置信息进行通信、读取或者写入数据。

五、分布式存储系统的 Web 服务

处理分布式数据通常是通过使用并行代码、在集群的多个结点或在 GRID 环境中运行来完成。因此,需要从所有处理结点访问分布式文件系统。此外,鉴于使用的各种硬件和软件平台,这种分布式文件系统只能连接到特定操作系统,如 Microsoft DFS,仅可在某些 Microsoft Windows 平台上使用,或在 Linux 上提供 OpenAFS 应用。而 Web 服务允许应用程序在没有人工干预的情况下通过动态连接进行交互。这种自动交互是可能的,可通过扩展标记语言(XML)进行数据传输。

现代编程语言为轻松制作和使用 Web 服务提供了基础。在大多数情况下,有可能从 Web 服务描述语言(WSDL)自动生成"代理"类,从而很容易开发基于 Web 呼叫的应用程序。鉴于利用 Web 服务开发的便捷性,近年来,它们在应用程序中的使用有所增加。

(一)开放式网络结点

分布式文件系统的每个计算机都称为结点,它可以实现其中一项或多项功能,例如存储、访问等。

"主"结点提供锁定机制,而"存储"结点实际上是在存储数据块。每个文件都可以在几个"存储"结点上找到,并且至少有一个"主"结点可以解决访问问题。"访问"结点提供文件系统的接口。它们可以采取 Web 接口或操作系统驱动程序的形式。考虑到三种类型的结点,完整的安装必须包含每个结点类型中至少一个。为了增加可用空间,可以添加额外的"存储"结点。此外,额外的"主"结点可确保在处理某些文件时防止故障,其他"访问"结点允许从不同点访问文件系统。

使用 PHP 和 C 语言的组合实现了开发网络分布式文件功能。高级语言 PHP 用于

创建提供大部分文件系统功能的 Web 服务。除了标准 PHP 功能外,还使用了 NuSOAP 库。此选择的合理性在于其广泛的调试手段,便于访问 SOAP 消息的所有部分(请求/结果/故障),从而更容易查找和解决错误。"访问结点"包括两个部分:在 PHP 中实施的 Web 服务,它提供访问文件和目录的方法;FUSE(用户空间中的文件系统)的 Linux 模块,它允许将分布式文件系统作为常规 Linux 文件系统安装。

所有数据均存储在块中,在整个文件系统中,这些块的大小必须相同。对于每个非空资源,将至少分配一个块。存储结点上的空间将会因为存储的文件大小不一且不成倍数而浪费,因此,报告的文件系统使用百分比可能与所有文件的实际大小不同。

(二)开放式网络资源

"资源"(包括目录、文件和元数据)具有三个特征:一个或多个存储结点上的资源标识符(RID)、资源映射和(可选)存储块。资源标识符用于定位资源,因此它必须是独一无二的,目前固定长度为 80 个字符。常规文件系统中路径名称识别的文件/目录通过访问结点转换为 RID。为了便于访问某些资源,RID 中的第一个字符表示资源类型(D=目录,B=二进制、M=元数据、R=根)。

当主结点或存储结点收到未知资源请求时,它会通过抛出 Web 服务故障来响应,这将向上传播到提出相应请求的访问结点;然后,由访问结点将故障转换为文件系统错误并将其转换为操作系统。每当新计算机成为文件系统结点时,它就会为自己生成一个唯一的标识符。目前,它有一个固定长度的 40 个字符,并允许计算机有一个以上或不同的网络地址。然后,此标识符将成为当前服务器生成的所有 RID 的一部分。

资源的实际内容存储在存储结点上,并根据资源类型确定。为每个资源创建资源图,其中包含资源内容的大小及其跨存储结点的索引。所有资源地图都存储在主结点上,它们不存储在存储结点中,其大小不反映在文件系统中用过的块。

资源地图的第一行包含资源的真实大小(单位是字节)。如果大小为 0,则这可能是资源映射的唯一行(例如新创建的资源)。从第二行开始,有用于保存资源内容的实际存储块的地址。MID 代表持有块的存储结点的 Machine_ID,而 DID 代表 Data_ID,仅对存储结点具有重要意义。它是存储结点内存储块的地址。

如果不复制文件,则每行将包含单个 MID、DID 定义。对于复制的文件,每个块都可以在任意数量的计算机上复制(甚至可以在同一存储结点上多次复制)。由于复制发生在块级别,而不是文件级别,因此每行可以具有不同数量的 MID、DID 对。这对于创建一个"复制器"Daemon,负责在后台复制文件很有用。

"目录"资源保留当前文件夹中可用的其他资源的链接。它包含每行上的 RID,空目录具有空内容(不存在 RID)。对于每个目录资源,都有相关的元数据资源。"根"资源是一种特殊的"目录"资源,包含文件系统的基础。某些开放式 WebDFS 实现只能有一个"根"资源。使用"二进制"资源来保存常规文件的内容,文件的实际内容"原样"存储在此资源中(无须从 OpenWebDFS 进行任何修改)。元数据资源用于存储有关其他资源的信息。"二进制"和"目录"资源都有一个"元数据"资源,由文件系统自动创建和管理。目前,这些资源包含有关创建和修改时间、相关资源的权利和名称的信息,可用于资源名称的字符没有限制,但是,操作系统可能会对文件/目录的名称施加某些限制。因此,当资源从多个操作系统访问时,用户有责任选择适当的名称,避免重复。

文件系统结点之间的每个请求必须包含足够的信息,以正确识别所请求的资源。此外,在某些请求中,必须读取元数据,例如在验证用户权利或将 RID 解析回可读名称时。因此,在两个结点之间传递的每条消息都带有额外的信息。

本 章 小 结

从数据库到数据仓库,数据的爆发式增长对数据的存储与管理能力要求不断提高,在保证数据时效性的同时还需要对数据完成不同程度的处理。利用大数据技术对数据进行存储、校准、整合及输出,实现集中分层次管理,大数据管理正在进行数据存储架构的变革。同时,大数据存储系统通过集成各个存储驱动器里面的分布式和嵌入式的搜索引擎实现数据挖掘工作的性能提升,以满足用户对高速保存、高效检索的需求。

复习思考题

1. 传统数据库包括了哪些类型?

2. NoSQL 数据库具有哪些优势? 主要有哪些类型?

3. 一个数据库事务须具有 ACID 四性,请简述其含义。

4. 数据库与数据仓库有什么区别?

5. 数据仓库有哪些特点?

6. 数据仓库可以分成哪几层?

7. 什么是分布式存储系统?

8. 分布式存储系统包括哪些特点？

9. 分布式存储系统有哪些类型？

10. HDFS 具有哪些优势？

即测即评

第五章　大数据共享与开放

本章主要知识结构图：

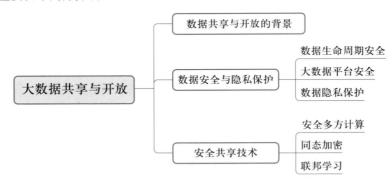

数据价值体现在如何合法的运用数据，因此，数据共享与开放成为大数据的关键问题。2013 年，美国、英国、俄罗斯等八国集团首脑在北爱尔兰峰会上签署《开放数据宪章》，将开放数据定义为能被任何人在任何时间和任何地点进行自由利用、再利用和分发的电子数据，也突出强调了开放数据的两个核心。一是"数据"，指原始的、未经处理并允许个人和企业自由利用的数据，在科学研究领域它也指代原始的、未经处理的科学数据；二是"开放"，开放一般来说可以从两个层面上来定义，即技术和法律上的开放。

第一节　数据共享与开放的背景

实现数据共享与开放的过程既是一个技术过程又是一个管理过程。技术过程是指用什么数据格式来采集发布，如何定义数据访问接口和更新策略等涉及数据处理方面的过程。而管理过程则是指发布什么样的数据，采用什么样的开放许可协议等。因此，一般建议数据的发布者应该遵循数据共享与开放原则和标准，按照平台的具体要求，进行数据的发布和共享开放。一般来说，数据共享与开放实施涉及三个主要的步骤：第一是要有数据，要产生数据的交汇，要有统一的标准；第二是数据的保管与使用；第三是数据共享与开放的监管。

大数据共享与开放会带来数据的隐私和安全问题。在数字经济时代，随着大数据、人工智能等产业的大力发展，数据的合理有效使用和安全隐私保护越来越被重视。人们无法保证数据在共享与开放过程中的用途和体量,近年来部分企业泄露用户数据隐私的新闻也层出不穷。数据具有不同于其他资产的特殊性:一旦获取了数据,那么事实上就拥有了对其使用、处置、收益等权利。世界各国提供了相关数据保护的政策,详细情况见表 5-1。

表 5-1　国内外部分数据保护政策

国家或组织	时间(年)	相关政策
中国	2009	《中华人民共和国统计法》
	2010	《中华人民共和国侵权责任法》(已废止)
	2012	《全国人民代表大会常务委员会关于加强网络信息保护的决定》
	2016	《中华人民共和国网络安全法》
	2018	《中华人民共和国电子商务法》
	2020	《中华人民共和国数据安全法》
	2021	《中华人民共和国个人信息保护法》
美国	2012	《网络世界中消费者数据隐私:全球数字经济中保护隐私及促进创新的框架》
	2014	《大数据:抓住机遇、保存价值》
	2015	《网络安全信息共享法案》
	2018	《加利福尼亚州消费者隐私保护法案》
	2019	《维护美国人工智能领导力的执行命令》
新加坡	2012	《个人资料保护法令》
德国	2015	《联邦数据保护法》
欧盟	2016	《通用数据保护条例》
	2018	《欧洲人工智能战略》
	2019	《人工智能伦理准则》
英国	2017	《新数据保护法案:改革计划》
日本	2015	《个人信息保护法》
澳大利亚	2017	《数据泄露通报法案》

第二节　数据安全与隐私保护

一、数据生命周期安全

数据生命周期可分为五个阶段:采集、存储、分析、利用和销毁。

(一)采集

在数据采集阶段,数据有不同的来源,具有不同的格式,如结构化、半结构化和非结构化数据。理想情况下,保护数据的技术应优先应用于数据采集阶段。此外,还需要额外的安全措施来防止数据泄露,例如限制访问控制和某些数据字段的加密。如今,无论数据提供者是否授权,都可能被软件、社交媒体和互联网采集数据。数据采集者还可能会在未经任何授权的情况下不当采集数据,从而侵犯提供者的数据主权。这种缺乏授权意识而又不了解提供隐私数据的潜在后果的情况是当今社会的一个普遍问题。

(二)存储

在数据存储阶段,采集的数据被存储以供下一阶段(即数据分析阶段)使用。由于采集的数据可能包含敏感信息,因此需要对数据存储采取有效的安全措施,可通过结合物理安全技术和数据保护技术来保护存储的数据免受威胁。例如在云存储中,必须通过隐私保护技术来维护数据的完整性和机密性。此外,如果敏感数据在采集过程中被无意传递超出授权范围,则必须立即销毁。

(三)分析

在数据采集和存储之后,数据进入分析阶段。这一步使用了各种数据挖掘技术,如聚类、分类和链接规则。在分析阶段,为大数据处理和分析提供一个安全的环境非常重要。攻击者可以通过挖掘、推理算法识别敏感数据,使其系统容易遭受攻击。因此,应该保护数据挖掘过程和分析结果免受基于挖掘的攻击,并且应该只允许授权人员进行分析操作。此外,在分析数据的过程中,隐私保护的效率与数据处理效率成反比,即很难在保护敏感数据的同时提高处理效率。

(四)利用

利用阶段提供给决策者需要的和有价值的数据。这些数据被认为是敏感数据,尤其是在竞争环境中,在与业务对手竞争时,通常会特别注意这些有价值的敏感数据。本质上,通过结合敏感数据的分析来创建新数据是利用阶段的主要目的。

(五)销毁

数据销毁阶段,主要是指用于分析的数据被有效删除的过程。一般来说,隐私数据在超过数据保留期限后应立即销毁,除非法律法规另有规定的除外。此外,如果数据不再需要用于预期目的,或者数据提供者撤回授权,则必须销毁数据。数据销毁有物理销毁,也有多次使用覆盖等的软件销毁。然而,这些方法涉及对存储数据的整个物理或逻辑空间的处理,使得仅删除部分数据的操作变得困难,同时验证销毁的有效性也可能存在困难。一般情况下,需要根据数据用途或用户授权来销毁数据。然而,一些组织在实现其预期目的后,在未经许可的情况下仍使用这些数据。另外,由于大数据架构的性质,数据在分布式环境中可能会因为线路被破坏而无法有效地删除。

二、大数据平台安全

如今,大数据产业的蓬勃发展所带来的安全问题愈发凸显。大数据本身蕴含巨大价值,但由于它自身的集中化存储模式,使得大数据安全事件频频发生。在此背景下,催生了相关安全技术、解决方案及产品的研发和生产,但与大数据产业的发展速度相比,其安全技术的发展明显滞后。

目前,大数据平台是根据业务需求独立设计和开发的,该过程往往是对平台组件进行"堆积木式"构建,采用不同的软件产品组成大数据平台。若平台对软件的管理不严,非常容易造成隐私数据泄露等安全风险。因此需要构筑一个安全的大数据平台。可从以下 7 个方面加强大数据平台安全。

(1)大数据存储方面。通过大数据安全存储保护措施的规划和布局,协同技术的发展,增加安全保护投资,实现大数据平台安全。

(2)大数据云方面。云计算环境中,大数据一般需要在云端上传、下载和交互,这吸引越来越多的黑客和云端的病毒攻击,因此可提高云端与客户端的安全水平以保护数据。

(3)保护个人隐私信息方面。通过改善用户个人信息的安全系统保护大数据时代的隐私不受技术和监管层面的影响。

(4)业务系统方面。提高业务系统、管理系统、外部信息、决策支持系统、云平台、大数据分析系统、大数据存储系统等应用系统的安全水平,充分保证系统的安全性要求。

(5)安全组织和管理方面。建立包括策略管理在内的安全管理系统和安全管理组织,构建安全管理平台和安全评估体系。

(6)安全标准和规范方面。为大数据平台的信息安全系统制定技术标准和规范。

(7)安全系统目标方面。建立功能齐全、协调、高效率、信息共享、严格监控、安全稳定和强有力支持的安全系统,以提高实现目标的速度。

三、数据隐私保护

数据隐私保护主要是在采集阶段,分为主动采集和被动采集。

在主动采集数据时,必须征得数据所有者授权。例如,对于采集大量日志记录的系统,采集内部使用的数据需要根据数据所有权主体的内部政策获得数据所有者的授权。利用已经拥有的数据也是一种数据采集。此时也必须事先征得数据所有者的使用授权,且授权的数据必须用于使用目的。在被动采集数据时,数据通常是通过自动化系统采集的。采集和使用数据需要征得数据所有者的授权,但由于采集过程是自动的,因此很难获得数据所有者的授权而单独采集。但是,如果要采集的数据是包括隐私在内的敏感信息,则可能存在法律问题,因此采集主体应谨慎并根据所采集数据的性质进行采集。

通用数据保护条例(GDPR)是欧盟保护数据和隐私的法律法规,旨在整合欧盟法规,并通过简化国际商业监管环境来控制个人数据的访问。数据控制器和处理器必须采取适当的技术来实施数据保护原则,并提供保护系统来保护数据(如假名化、匿名化)。数据控制者应在数据处理过程中明确披露所有采集的数据和状态目的。此外,必须规定数据保留期和与第三方的数据共享,并且必须能够通过撤回数据主体的授权来检索和销毁采集的数据。《加利福尼亚州消费者隐私法》是美国加利福尼亚州的一般法,也是美国最有效的隐私法。该法定义的隐私是直接或间接识别与特定消费者或家庭相关的信息,主要组成部分是采集、出售和披露隐私时的通知义务。此外,它描述了披露权、获取权、删除权、选择退出权和不受歧视权。各国处理隐私保护的法律普遍规定,当数据提供者在任何时候撤回授权或当使用目的已完成时,数据控制者应当及时销毁数据。由于数据销毁阶段保证了数据的即时销毁,因此它是大数据生命周期中非常重要的组成部分。

第三节 安全共享技术

安全共享技术主要有安全多方计算、同态加密和联邦学习。

一、安全多方计算

安全多方计算(Secure Muti-party Computation,MPC)理论是姚期智院士为解决一组互不信任的参与方之间在保护隐私信息以及没有可信第三方的前提下协同计算问题而提出的理论框架。安全多方计算能够同时确保输入的隐私性和计算的正确性,在无可信第三方的前提下,通过数学理论保证参与计算的各方成员输入信息不暴露,且同时能够获得准确的运算结果。早在 1982 年,姚期智在其发表的文章《安全计算协议(Protocols for Secure Computation)》里提出著名的姚氏百万富翁问题,同时也首次引入安全双方计算的概念来解决问题,并对其可行性进行了验证。这个问题的描述是:两个百万富翁 Alice 和 Bob 在无任何可信第三方,同时不暴露自己的财产的情况下,希望得出谁更富有的结论。为了解决这一问题,姚期智提出建立一个通用的框架处理单向函数所涉及的加密、完整性等系列问题,并发展出了验证其安全性的通用技术。

(一)安全模型

在安全多方计算中,根据参与方的可信程度可以建立几种安全模型。

1. 理想模型(Real-Ideal Paradigm)

在理想模型中,每一个参与方都是可信的,一方将其信息发送给另一方,另一方不会去查看这份信息,只会根据规定计算出结果,并发送给下一方或者所有参与方,如图 5-1 所示。

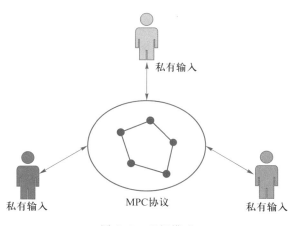

图 5-1 理想模型

2. 半诚实模型(Semi-Honest Security)

半诚实模型就是参与方虽然也会忠实地执行协议,但是他会利用其他方的输入或者计算的中间结果来推导额外的信息,如图 5-2 所示。

3. 恶意模型(Malicious Security)

恶意模型中参与方不会忠实地执行协议,甚至会破坏规则协议,如图 5-3 所示。

在现实世界中,理想模型是不存在的,但相比于恶意模型,参与方如果想获取对自己有用的信息,多数情况下符合半诚实模型。因此这里主要讨论半诚实模型下的安全多方计算方法。

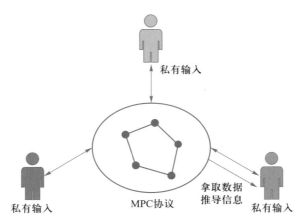

图 5-2   半诚实模型

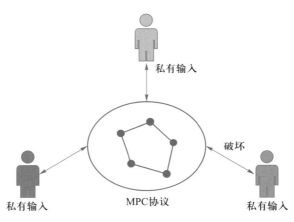

图 5-3   恶意模型

（二）不经意传输

不经意传输（Oblivious Transfer,OT）是一个密码协议。OT 可以用来构造复杂的协议、不经意电路计算（Oblivious Circuit Evaluation）。研究者已经提出了许多不经意传输的构造方法，例如 Bellare-Micali 构造、Naor-Pinka 构造以及 Hazay-Lindell 构造。以不经意传输的 Bellare-Micali 构造为例，该构造使用了 Diffie-Hellman 密钥交换（Diffie Hellman key exchange）算法，并假定计算 Diffie Hellman 假设（Computational Diffie Hellman assumption）成立。

Bellare-Micali 构造过程

1. Bellare-Micali 构造

其原理如下：首先接收方给发送方发送两个公钥。接收方只拥有与两个公钥之一对应的一个私钥，并且发送方不知道接收方拥有的私钥信息。然后，发送方用收到的两个公钥分别对它们对应的两个消息加密,并将密文发送给接收方。最后,接收方使用私有密钥解密目标密文。

2. 姚氏混淆电路（Yao's Garbled Circuit, GC）

姚氏混淆电路是一种著名的基于不经意传输的两方安全计算协议,它能够对任何函数进行求值。姚氏混淆电路的核心思想是将计算电路(即能用与电路、或电路、非电路来执行任何算术操作)分解为产生阶段和求值阶段。每个参与方负责一个阶段,而在每一阶段中电路都被加密处理,所以任何一方都不能从其他方获取信息,但他们仍然可以根据电路获取结果。混淆电路由一个不经意传输协议和一个分组密码组成。电路的复杂度是随着输入内容的增多而线性增长的。

3. 不经意传输扩展

在实践中,我们往往需要一次性完成大量的不经意传输,假如每次都使用原始的不经意传输协议来实现,效率是十分低下的。因此,有研究者提出了不经意传输扩展(协议),该协议的目的是通过执行固定次数的不经意传输协议,实现任意数量的不经意传输。目前,不经意传输扩展被广泛用于安全多方计算协议中以提高效率。

二、同态加密

同态的定义是将一个数据集合映射到另一个集合或其本身,通过对第一个集合的元素应用操作获得的结果映射到另一个集合应用相应的操作的结果。同态(Homomorphic)一词源自希腊语,homos 意为"相同",morphe 意为"形状"。在计算机科学中,同态加密用于将明文转换为密文。明文是发送方希望传输给接收方的任何信息。它可以被认为是任何算法的输入,也可以被认为是在算法对其加密之前传输的信息。一些明文示例包括电子邮件消息、文字处理文件、图像、信用卡交易信息。这种明文会被转换成密文,密文是已经加密的数据,在用密钥解密之前是不可读的。同态加密旨在通过允许对密文执行特定类型的计算来协助此加密过程,该计算产生同样为密文的加密结果。它的结果等价于对明文执行操作的结果。例如,一个人可以将两个加密数字相加,然后另一个人可以解密结果,而他们中的任何一个都无法找到这两个数字的值。

如果用户希望在另一个人的计算机上处理机密数据,并希望确保没有其他人(包括计算机的所有者)可以访问该数据,则传统的加密方法将在传输过程中保护他们的数据,而不是在计算过程中。同态加密为用户的信息数据从数据流离开他们的计算机直到其返回的过程提供安全性。这种方法要求计算中所需的算术和逻辑运算(可以用电路或门来表示)都适用于数据的加密形式。

同态加密一般用于数据采集阶段,而不是分析阶段,因为计算处理速度非常慢,在某些情况下不可能准确解密。安全多方计算体现了密码学的特点,在无法访问数据的情况下执行看似不可能的数据处理操作。一个简单的例子是某客户端持有一个输入 x,服务器持有一个函数 f,客户端希望在不泄露输入 x 的情况下得到 $f(x)$。类似地,服务器可能希望对客户端隐藏关于函数 f 的信息(当然,值 $f(x)$ 除外)。这种情况出现在许多实际场景中,尤其是在安全云计算的背景下。例如,客户希望在不向服务器透露其位置的情况下获得行车路线。

在过去的许多年里,密码学家已经为这个问题设计了多种解决方案,但没有一个比加密数据的计算范式更简单。这种范式是在公钥密码学的早期提出的,名为"隐私同态":客户端简单地加密其输入 x,并将密文发送给服务器,服务器可以"对加密的输入进行函数 f 求值"。服务器将计算评估后的密文返回给客户端,由客户端解密并恢复结果。当然,它需要一种特殊的加密方法来加密数据。例如,"原始 RSA"能够实现加密值的乘法。之后,支持加密数据计算的加密方案被称为同态加密。除了通常的加密和解密过程之外,这些方案还有一个评估过程,该过程采用加密 x 的密文和函数 f 的描述,并返回一个"评估密文",该密文可以被解密以获得值 $f(x)$。这种方案的一个显著的特性是紧致性,要求解密一个评估的密文的复杂度不依赖于评估中使用的函数 f。另一个理想的安全特性是函数隐私,要求计算出的密文不泄露函数 f,即使对密钥的所有者也是如此。

三、联邦学习

由于各方面原因造成的数据孤岛,正阻碍着训练人工智能模型所必需的大数据的使用,所以人们开始寻求一种方法,不必将所有数据集中到中心结点就能够训练机器学习模型。一种可行的方法是由每一个拥有数据源的组织训练一个模型,之后让各个组织在各自的模型上彼此交流沟通,最终通过模型聚合得到一个全局模型。为了确保用户隐私和数据安全,各组织间交换模型信息的过程将会被精心设计,使得没有组织能够猜测到其他任何组织的隐私数据内容。同时,当构建全局模型时,各数据源仿佛已被整合在一起,这便是联邦机器学习(Federated Machine Learning)或者简称联邦学习(Federated Learning)。

(一)横向联邦学习

横向联邦学习指两方或多方持有的数据集在特征维度上重叠较多,而在用户层面上重叠较少的情况。横向联邦学习可以切分出数据集中特征相同而用户不同的那一部分数据用来训练模型。例如有两家不同区域的企业,它们的用户群体交集很小,分别来自不同的区域。但它们业务是相似的,故记录的每一位用户的特征也是相似的,比如年龄、性别等,如图 5-4 所示。此时可以考虑使用横向联邦学习来共同构建与训练模型。

图 5-4　横向联邦学习

（二）纵向联邦学习

纵向联邦学习指在两方或多方持有的数据集在特征维度上重叠较少、而在用户层面上重叠较多的情况。纵向联邦学习可以切分出数据集中用户相同而特征不同的那一部分数据用来训练模型，如图 5-5 所示。例如有两个不同的企业，一家是金融企业，另一家是互联网企业，金融企业拥有包含用户的消费、信用等特征的数据以及标签，而互联网企业则拥有用户上网行为特征的数据，两家企业的用户群体有很大部分的重合，此时可用纵向联邦学习将这些加密过后的不同特征进行聚合，以构建和训练出具有更好性能的模型。目前纵向联邦学习已经能支持多种机器学习模型，例如神经网络模型、逻辑回归模型和线性回归模型等。

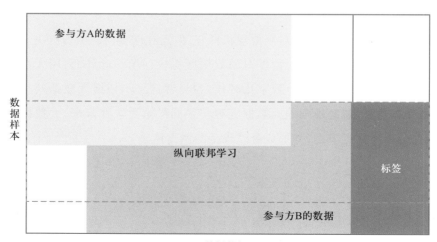

图 5-5　纵向联邦学习

（三）联邦迁移学习

联邦迁移学习指两方或多方持有的数据集如果特征重叠较少,而且用户本身也重叠较少的情况。联邦迁移学习不会对数据进行切分,而是解决数据样本重叠较少、特征也重叠较少的情况,如图5-6所示。例如有两家不同的企业,一家是位于美国的互联网企业,另一家是位于中国的金融企业,显而易见两者的用户交集很少。与此同时,因为两家企业的类型不同导致了二者的用户数据中特征重叠也较少。此时,可以使用联邦迁移学习来克服用户及用户特征重叠少的情况,以获得更好的模型效果。

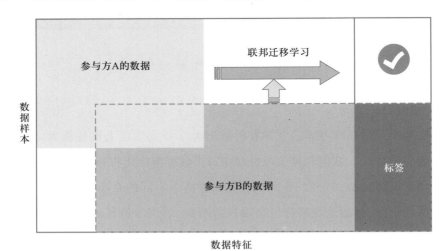

图 5-6　联邦迁移学习

本 章 小 结

总体来说,我国大数据共享与开放现状良好,但还有许多问题亟待解决。首当其冲的便是用户在使用各种类型的大数据时的数据所有权问题。此外,利用大数据所获得的收益也存在分配问题。在这个数字化时代,参与者进一步拓展大数据共享与开放的同时,探索保护隐私、遵循规则的大数据管理实践同样重要。在未来,大数据的共享与开放应能充分保障数据安全,并形成合理规范的制度体系。

复习思考题

1. 简述数据共享与开放的定义及实施步骤。
2. 简述数据生命周期安全。

3. 如何加强大数据平台安全。

4. 数据采集阶段如何进行隐私保护。

5. 简述安全多方计算的定义。

6. 在安全多方计算中安全模型有哪几种?

7. 简述同态加密的定义及其特征。

8. 简述联邦学习的定义。

9. 联邦学习有哪几种类型,它们各自适用于什么情形?

10. 谈谈你对大数据共享与开放的看法。

即测即评

第六章　大数据计算框架

本章主要知识结构图：

大数据计算框架发展至今，可以分为批处理大数据计算框架和流处理大数据计算框架两大类型。批处理大数据计算框架以 Hadoop 为代表，它一般将一个大的数据集合通过 Map 和 Reduce 的模型进行拆分，然后进行处理；流处理大数据计算框架需要对传输的数据流进行实时处理，Spark 是流处理大数据计算框架的代表。两者的相同点在于都提出了 Spout 和 Bolt 两个计算角色。大数据计算框架的发展是百花齐放，不同的大数据计算框架在不同的应用场景和领域中各领风骚。

第一节　大数据计算框架的背景

大数据的特点之一是"大"，通常用 PB 这一单位来计数，常规的数据处理工具难以直接处理。对于这种情况，可以让多台分布式计算机共同承担大数据的处理任务。对大数据的分布式处理,伴随着分布式存储、计算任务的分工、计算负荷的分配、数据迁移调度、数据安全和故障处理等问题。

分布存储中磁盘的读写速度慢是大数据计算框架研发面临的主要问题。由于短期内磁盘数据的读写速度无法大幅度提高,所以摆在系统设计者面前的选择只有以空间换取时间。通过设置多个磁盘,将要读取的数据集合均匀放置在不同磁盘内,在同一时间对多个磁盘的数据进行读取。然而要实现磁盘的并行读取,需要解决一些问题。首先是设备故障问题,一旦使用多个设备,设备发生故障的概率将会非常高。避免数据丢失的常见做法是使用备份,当设备发生故障时,可以使用系统备份的冗余副本。其次,如果程序需要从多个磁盘对数据进行读取并分析,需要保证它的正确性。不同磁盘内的数据可能会出现类型不同、结构不同或者内容不标准问题,导致程序难以进行分析,这极大困扰着程序的设计者。

针对大数据处理面临的这些问题,涌现出许多优秀的大数据框架,如 Hadoop、Storm、Samza、Spark、Flink 等。下面将主要介绍两款主流的大数据计算框架,Hadoop 大数据计算框架和 Spark 大数据计算框架。

第二节　**Hadoop** 大数据计算框架

一、初识 **Hadoop**

凭借着突出的计算性能、优秀的框架设计,Hadoop 很快成为大数据领域耳熟能详的计算框架。Hadoop 是 Apache 公司开发的分布式系统基础架构,它是目前应用最广泛的大数据计算框架。Hadoop 拥有较高的容错率和适用于价格较低的硬件的特点。Hadoop 具有广阔生态圈。Hadoop 提出的 Map 和 Reduce 的计算模式简洁而优雅,实现了大量算法并且可应用于不同的组件。由于 Hadoop 的计算任务需要在集群的多个节点上多次读写,因此在速度上会稍显劣势,但是 Hadoop 的吞吐量是其他框架所不能匹敌的。

Hadoop 并不是一个标准化的命名,也不是类似于 Apple 这样具象化的命名。据该项目的创建者解释,Hadoop 这一命名来自孩子给一头吃饱了的大象命名,简单、容易发音和拼写。一如当初 Google 的名字,Hadoop 旗下的子项目也是以这样的形式命名的。

MapReduce 计算模型的出现解决了数据结合分析的问题。同时为解决设备可能出现的故障问题,Hadoop 项目的设计人员经过不断地思考与测试,最终设计出一个高效且便利的分布式文件系统 Hadoop Distributed File System,简称 HDFS。用户可以在不了解分布式底层细节的情况下,开发分布式程序,充分利用集群的能力进行高速运算和存储。

Hadoop 整体架构是由 Pig、Hive、ZooKeeper、HBase、HDFS 和 MapReduce 等构成（见图 6-1），其中最基础的是底层用于存储集群中所有存储节点文件的 HDFS 文件系统。

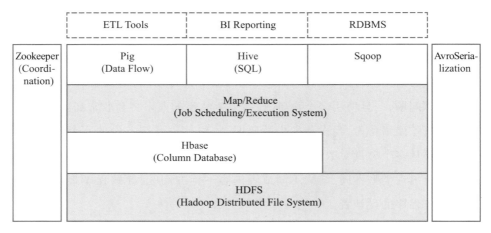

图 6-1　Hadoop 结构图

（1）Pig 是基于 Hadoop 的大规模数据分析平台，Pig 能处理复杂且庞大的数据，进行并行计算，同时提供简单的操作和编程接口。

（2）Hive 是基于 Hadoop 的一个工具，提供 SQL 查询，能以 MapReduce 任务的形式实现 SQL 语句并运行。

（3）ZooKeeper 是高效的、可拓展的协调系统，可以存储和协调关键共享状态。

（4）HBase 是开源的、面向列存储模型的分布式数据库。

（5）HDFS 是分布式文件系统，有着高容错性的特点，适合那些超大数据集的应用程序。

（6）MapReduce 是一种编程模型，用于大规模数据集的并行运算。

二、MapReduce

MapReduce 是一种分布式并行编程模型，是 Hadoop 生态系统中最早出现的计算模型。MapReduce 借助集群的力量解决大数据处理问题，其基本理念是"计算向数据靠拢"，采用分而治之的办法。先进行数据分割，接着由集群中的计算节点进行本地数据处理、数据分类，再汇总结果，可轻松处理 TB 级别数据。

MapReduce 实施阶段分为 Map、Reduce 两个阶段。模型本身的设计、实现并不难，但是设计并实现一个可用且高效的模型并将其编写为应用却并不简单。Hadoop 可以运行多种不同语言编写的 MapReduce 程序。

（一）MapReduce 的特性

MapReduce 拥有诸如计数器、数据集的排序等一系列高级特性。

1. 计数器

计数器是一种收集作业统计信息的有效手段，通常用于应用级统计。相较于日志信息的收集和分析，计数器在收集应用程序运行时的错误时更容易。尤其是某些特定事件发生时，计数器很容易对特定事件的发生进行计数。

Hadoop 提供数量众多且种类齐全的内置计数器，方便对特定事件的发生进行计数。例如，Map 任务中的输入记录、跳过记录、输入字节、输出记录，Combine 任务中的输入记录、输出记录，已启用的 Map 任务，已启用的 Reduce 任务，失败的 Map 任务，失败的 Reduce 任务等一系列特定任务。内置计数器的数据会定期传送到 tasktracker 上，接着传送到 jobtracker，以便实现关联任务的维护。

Hadoop 也允许用户自定义计数器，计数器多以一个枚举类型来定义，一个任务中的每次作业可以定义无数个不相同的枚举类型，计数器的值随着 Map 过程和 Reduce 过程的完成而增加，在任务结束后会产生一个最终结果。

2. 排序

MapReduce 最核心且最重要的特性是排序，应用程序可以借此来组织数据。MapReduce 可以实现的排序包括部分排序、全排序、辅助排序等。全排序的思路如下。首先，创建一系列排序好的文件，进行串联，设置多个分区和分区的数值。各个分区记录对应的数据，使一次作业的执行总时间不会受制于单个 Reduce 的过程。由于数据量巨大，全排序的效率一般十分低下。要想最大限度地提高效率，关键点在于对分区的划分，理想情况下，各分区所含记录数应该大致相等。如何通过一些键值来计算并得到记录数的近似分布，成为 MapReduce 全排序的核心问题。

（二）MapReduce 的具体过程

（1）首先把输入的文件分为多份，份数可以由自己决定，划分后的每一份大小通常为 16 MB 到 64 MB 之间，使用 fork 函数将用户进程进行复制，拷贝到其他集群上去。

（2）一个集群有且只有一个称为 Master 的结点，其余结点称为 Worker。Master 负责居中调度，为空闲 Worker 分配作业。

（3）Worker 在被分配作业之后，读取对应分片的输入数据，Map 作业从输入数据中抽取中间键值对，每个中间键值对都被存入缓存，作为参数传递给 Map 函数。

（4）中间键值对会被分为 N 个区，N 的大小由用户定义，每个划分的区对应一个 Reduce 作业；Master 会被通知中间键值对的位置，同时将信息转发给负责 Reduce 作业的 Worker。

（5）分配了 Reduce 作业的 Worker 会被通知负责分区的位置，负责 Reduce 的 Worker 先对所有中间键值对进行排序。

（6）负责 Reduce 的 Worker 遍历排序后的中间键值对，传递给 Reduce 函数键与中间键值对关联的值，分区的输出文件会添加 Reduce 函数的输出。Map 和 Reduce 的过程完成。

（三）开发并实现 MapReduce 应用

要实现一个 MapReduce 应用，开发人员首先需要编辑 Map 函数和 Reduce 函数以实现 MapReduce 应用，通过单元测试验证函数的运行结果。然后写一个驱动程序并对应用程序进行测试。若发生错误，则使用本地 IDE 调试器找出问题的根源，加以修改。随后加大单元测试的数据量，根据调试得到的信息，对驱动程序进行改进，从而改进 Map 函数和 Reduce 函数，尽可能使驱动程序运行得到正确的结果。

应用程序通过小集群数据的测试后，就可以部署在集群上了。当数据量提升一个量级时，许多错误将暴露出来。开发人员需要对应用程序进行优化。Hadoop 也提供 IsolationRunner 等辅助工具对应用程序进行调试。

当程序可以正常运行时，开发人员仍然可以对应用程序进行一些优化。可以进行一些标准检查，借此加快应用程序的运行，接着做一些任务剖析。

三、Hadoop 分布式文件存储系统（HDFS）

HDFS 是 Apache 项目组设计并实现的 Hadoop 项目下的子项目，全称为易于扩展的分布式文件系统，是 Google 文件系统的克隆版。同谷歌文件系统一样，HDFS 可以广泛应用于普通且价格低廉的存储设备上，提供机制的容错性与高性价比的服务。它采用数据流的数据访问形式，数据吞吐量大大提高，非常适用于具有超大数据集的应用程序。HDFS 是 Hadoop 大数据框架的重要组成部分，整个 Hadoop 的体系结构都建立在 HDFS 的基础之上。

一个 HDFS 集群由 NameNode 结点和 DataNode 结点组成。NameNode 结点负责整个 HDFS 文件系统中文件的元数据的存储和管理，集群中通常只有一台机器上运行 NameNode 实例。DataNode 结点保存文件中的数据，集群中的每个机器分别运行一个 DataNode 实例。在 HDFS 中，NameNode 结点被称为名称结点，DataNode 结点被称为数据结点。DataNode 结点通过心跳机制与 NameNode 结点进行定时的通信。

HDFS 存储数据块的副本时，它会尽量使副本放置在不同机架下面的 Data Node 结点中，以保证数据的可靠性。当副本数是 3 时，HDFS 的默认存储策略是把第 1 个副本放在客户端机器上，第 2 个副本放在与第 1 个副本不同机架下的结点中，第 3 个副本放在与第 2 个副本相同机架下且随机选择的一个结点中。当副本数超过 3 时,其他副本则会放在集群中随机选择的结点上,不过系统会尽量避免在相同的机架上放太多副本。一旦选定副本的放置位置,就会根据网络拓扑创建一个管线。总的来说,这一方法不仅提供很好的稳定性并实现了负载均衡,包括写入带宽、读取性能和集群中块的均匀分布。

四、Hadoop 数据仓库工具(Hive)

Hive 是基于 Hadoop 项目的数据仓库工具,可以将结构化的数据文件映射为一张数据库表,并提供简单的 SQL 查询功能。起初,Hive 由脸谱开发,后来由 Apache 软件基金会开发,并将其作为 Apache Hadoop 项目下的一个开源项目。Hive 没有专门的数据格式。Hive 可以很好地工作在 Thrift(一种接口描述语言和二进制通信协议)之上,也允许用户指定数据格式。

Hive 构建在基于静态批处理的 Hadoop 之上。Hive 将用户的 HiveQL 语句通过解释器转换为 MapReduce 作业提交到 Hadoop 集群上。

Hive 的配置主要包括:结点配置、存储配置、业务和数据配置。

Hive 特点如下:

(1)通过 SQL 语句轻松访问数据,并实现数据仓库任务(如提取、报告和数据分析)。

(2)支持多种数据格式,对各种数据结构进行映射。

(3)可以直接访问存储在数据存储系统中的文件。

(4)通过 Apache Tez、Apache Spark 或 MapReduce 执行查询。

(5)通过 Hive LLAP、Apache YARN 和 Apache Slider 进行亚秒级查询检索。

Hive 不适用于联机事务处理(OLTP)工作负载,适用于传统的数据仓库任务。Hive 旨在最大限度地提高 Hadoop 集群的可伸缩性(在 Hadoop 集群中动态添加更多机器扩大规模)、性能、可扩展性、容错性以及与输入格式相关的松散耦合。

Hive 的组件包括 HCatalog 和 WebHCat。HCatalog 是 Hadoop 的表和存储管理层,使用不同数据处理工具(包括 Pig 和 MapReduce)的用户可以更方便地在网格上读写数据。WebHCat 可以为 Hadoop MapReduce、Pig、Hive 作业提供服务,或使用 HTTP(REST 风格)接口执行 Hive 元数据操作。

五、Hadoop 分布式数据库(HBase)

HBase 是一个开源的非关系型分布式数据库。在 HBase 日常使用中,当通过客户端获取的数据使数据表非常庞大时,在网络中传输这些数据将会造成巨大的网络开销,而且客户端需要强大的处理器和足够的内存来处理数据,客户端代码可能也会变得越来越庞大和复杂,此时就会形成严重的性能瓶颈。在这种情况下,HBase 协处理器(Coprocessor)框架提供了在 RegionServers 上执行自定义代码管理数据的能力,将业务计算代码(如求和、排序等)放入 RegionServer 结点的协处理器中运行并返回结果。

(一)HBase 架构的组成

从物理结构上,HBase 包含了三种类型的 Server:HMaster、Region server、Zookeeper。

(1)Region server 主要用来服务读和写操作。当用户通过 Client 访问数据时,Client 会和 HBase Region server 进行直接通信。

(2)HMaster 主要进行 Region server 的管理、DDL(创建、删除表)操作等。

(3)Zookeeper 是 HDFS 的一部分,主要用来维持整个集群的存活,故障自动转移。

(4)Hadoop 组件中 HDFS 的 DataNode 存储了 Region server 所管理的数据,所有 HBase 的数据都是存在 HDFS 中的。

(5)Hadoop 组件中 HDFS 的 NameNode 维护了所有物理数据块的 metadata。

(二)HBase HMaster

HMaster 主要职责如下:

(1)与 Region server 交互,对 Region server 进行统一管理。

(2)管理 Region 服务器的负载均衡,调整 Region 分布,在 Region 分裂后,负责新 Region 的分配。

(3)创建、删除、更新表结构等 DDL 操作。

(三)Region server

HBase 的 tables 根据 rowkey 的范围进行水平切分,切分后分配到各个 Regions。Region 表示表中从 start key 至 end key 的所有行。Region 会被分配到集群中的各个 Region server,而用户都是跟 Region server 进行读写交互。一个 Region 一般大小在 5~10 GB。一个 Region server 运行在一个 HDFS 的 Datanode 上,并且拥有以下组件:

WAL:全称为 Write Ahead Log,属于分布式系统上的文件。主要用来存储还未被持久化到磁盘的新数据。如果新数据还未被持久化,结点发生宕机,那么就可以用 WAL 来恢复这些数据。

BlockCache:是一个读缓存。它存储了被高频访问的数据。当这个缓存满了后,会清除最近最少访问的数据。

MenStore:是一个写缓存。它存储了还未被写入磁盘的数据。它会在写入磁盘前,对自身数据进行排序,从而保证数据的顺序写入。每个 region 的每个 colum family 会有一份对应的 MenStore。

HFiles:按照字典顺序存储各个 row 的键值。

（四）Zookeeper

HBase 使用 Zookeeper 作为分布式协调服务,来维护集群内的 server 状态。

Zookeeper 通过 heartbeat 维护 server 存活并可用,并提供 server 的故障通知。同时,使用一致性协议来保证各个分布式结点的一致性。Zookeeper 负责 HMaster 的选举工作,如果一个 HMater 结点宕机了,就会选择另一个 HMaster 结点进入 active（激活）状态。Zookeeper 用来共享分布式系统中成员的状态,它会和 Region server、HMaster（active）保持会话,通过 heartbeat 维持与这些 ephemeral node（Zookeeper 中的临时结点）的活跃会话。

多个 HMaster 会去竞争成为 Zookeeper 上的临时结点,而 Zookeeper 会将第一个创建成功的 HMaster 作为当前唯一的 active HMaster,其他 HMaster 进入 stand by 状态。这个 active HMaster 会不断发送 heartbeat 给 Zookeeper,其他 stand by 状态的 HMaster 结点会监听这个 active HMaster 的故障信息。一旦发现 active HMaster 宕机了,就会重新竞争新的 active HMaster。这就实现了 HMaster 的高可用。

每个 Region server 会创建一个 ephemeral node。HMaster 会监视这些结点来确认哪些 Region server 是可用的,哪些结点发生故障宕机了。如果一个 Region server 或者 active HMaster 没有发送 heatbeat 给 Zookeeper,那么其与 Zookeeper 之间的会话将会过期,并且 Zookeeper 会删掉这个临时结点,认为这个结点发生故障需要下线了。其他监听者结点会收到这个故障结点被删除的消息。比如 actvie HMaster 会监听 Region server 的消息,如果发现某个 Region server 下线了,那么就会重新分配 Region server 来恢复相应的 Region 数据。

（五）第一次访问 HBase

Zookeeper 中有一种特殊的 HBase 目录表,叫作 Meta table（Meta 表）,保存了集群中各个 region 的位置。

当客户端第一次访问 HBase 集群时,会做以下操作:

（1）客户端从 Zookeeper 中获取保存 Meta table 的位置信息,知道 Meta table 保存在哪个 Region server,并在客户端缓存这个位置信息。

（2）客户端会查询这个保存 Meta table 的特定 Region server,查询 Meta table 信息,在 table 中获取自己想要访问的 row key 所在的 Region 在哪个 Region server 上。

（3）客户端直接访问目标 Region server,获取对应的 row。

第三节　Spark 大数据计算框架

一、Spark 大数据计算框架的背景

Apache Spark 大数据计算框架是为大规模数据处理而设计的计算引擎框架。AMP Lab 计算机实验室设计并开发了一种数据流处理技术的大数据计算框架,并将其命名为 Spark。Spark 在英语中有火花的意思,初入市场的 Spark 就像荒原上出现的火苗一样,以燎原之势迅速地占领了大数据处理框架的很大一部分市场。Spark 大数据计算框架拥有 Hadoop 大数据计算框架所具有的很多优点。但不同的是,Spark 启用了内存分布数据集,中间的输出结果保存在内存中,不需要使用 HDFS 进行读写。除此之外,Spark 还能够提供交互式查询和优化迭代工作负载。因此 Spark 适用于需要迭代的 MapReduce 的算法。

Spark 是用 Scala 语言实现的,它将 Scala 语言用作其应用程序框架。Spark 有三个特点:

（1）由于高级 API 的存在,开发者可以暂时忽略对集群的关注,专注于大数据计算。

（2）Spark 的计算速度很快,支持交互式计算和复杂的算法。

（3）Spark 是一个通用引擎。在 Spark 问世之前,开发者往往需要完成各种各样的计算,包括 SQL 查询、文本处理、机器学习等。

在实际应用中,通常需要设计复杂算法来处理海量数据,Spark 没有像 Hadoop 那样使用磁盘读写,而转用性能高得多的内存存储输入数据、处理中间结果和存储最终结果。Spark 本身作为平台也开发了 Streaming 处理框架 Spark Streaming、SQL 处理框架 Dataframe、机器学习库 MLlib 和图处理库 GraphX。围绕着速度以及易用性而构建的 Spark,在近年来的发展中,呈现出很强劲的竞争优势。不管是独立运行还是基于 Hadoop 集成运行,Spark 在计算性能上的优势都得到了广泛认可。

二、初识 Spark 大数据计算框架

（一）Spark 的基本架构

Apache Spark 是一个在集群上运行的统一计算引擎以及一组并行数据处理软件库。Spark 是目前最流行的开源大数据处理引擎之一。Spark 支持多种常用的编程语言（如 Python、Java、Scala 和 R）,支持 SQL、流处理、机器学习等多种任务的软件库,它既可

以在笔记本电脑上运行,也可以在数千台服务器组成的集群上运行。这使得它成为一个既适合初学者的简单系统,也适合处理大数据的大规模系统,甚至可扩展到惊人的超大规模系统。

Apache Spark 是统一计算引擎和大数据处理软件库的大数据计算框架。Spark 通过统一计算引擎和一套统一的 API,支持广泛的数据分析任务,从简单的数据加载,到 SQL 查询,再到机器学习和流式计算。世界上的数据分析任务需要用到许多不同的数据类型和软件库,不论是 Jupyter notebook 这种交互式分析工具,还是用于生产应用的传统软件开发,Spark 大数据计算框架都能胜任。

Spark 的统一 API 使得这些任务更易编写且更加高效。Spark 提供了一致的、可组合的 API,开发者可以使用这些 API 来构建应用程序,或使用代码片段或是从现有的库来构建应用程序。Spark 允许开发者编写自己的数据分析库。开发者可以组合不同库和函数来优化用户程序,从而实现程序的高性能。例如开发者使用 SQL 查询语句来加载数据,使用 Spark 的 ML 库评估机器学习模型,引擎可以将这些步骤合并为一次数据扫描从而提高效率。通用 API 和高性能执行的设计,使 Spark 成为支持开发交互式程序和应用程序的平台。

Spark 在致力于统一平台的同时,也专注于计算引擎。Spark 从存储系统加载数据并对其执行计算,加载结束时不负责永久存储。开发者可以将多重持久化存储系统与 Spark 结合使用,包括云存储系统、分布式文件系统(如 Apache Hadoop)以及消息队列系统(如 Apache Kafka)。但是,Spark 本身既不负责持久化数据,也不偏向于使用某一特定的存储系统,主要原因是大多数数据已经存在于混合存储系统中,而移动这些数据的费用非常高,因此 Spark 专注于对数据执行计算,而不考虑数据存储于何处。Spark 努力使这些存储系统让用户使用起来大致相似,这样应用程序无需担心数据存储对数据处理的影响。

Spark 对计算的关注使其不同于早期的大数据软件平台,例如 Apache Hadoop。Hadoop 包括一个存储系统(HDFS,专为使用普通服务器集群进行低成本存储而设计)和计算系统(MapReduce),它们紧密集成在一起。但是,这种设计导致无法运行独立于 HDFS 的 MapReduce 系统。更重要的是,这种选择让开发者编写访问其他存储的应用程序更加困难。Spark 在 Hadoop 存储上运行良好,同时它也广泛用于其他存储系统,例如流处理应用程序。

Spark 的最后一个组件是它的软件库,这与 Spark 的设计理念一脉相承,即构建一个统一的引擎,为通用数据分析任务提供统一的 API。Spark 不仅随计算引擎提供标准库,同时也支持一系列由开源社区发布为第三方包的外部库。目前,Spark 的标准库实际上已经成了一系列开源项目的集成：Spark 核心引擎自第一次发布以来几乎没有变化，但是配套的软件库越来越强大，提供越来越多的功能。Spark 包括 SQL 和处理结构化数据的库（Spark SQL）、机器学习库（MLlib）、流处理库（Spark Streaming）以及图分析库（GraphX）。除了这些库之外，还有数百种开源外部库，包括从用于各种存储系统的连接器到机器学习算法。

（二）支持 Spark 的语言

Spark API 的多语言支持允许使用多种编程语言（如 Java、R、Python 等）运行 Spark 代码。Spark 主要由 Scala 语言编写，它也是 Spark 的"默认"语言。但在某些地方也会提供 Java 示例。Spark 支持 ANSI SQL，这让习惯使用 SQL 的数据分析人员和非程序员可以轻松利用 Spark 的大数据处理能力。

三、Spark 的工具集介绍

Spark 库支持多种不同的任务，包括图分析、机器学习、流处理，以及提供与其他计算系统和存储系统的集成能力等。下面介绍 Spark 提供的主要功能。

（一）Spark-submit

Spark 简化了开发和构建大数据应用程序的过程，可以通过内置的命令行工具 Spark-submit 轻松地将测试级别的交互式程序转化为应用级别的应用程序。Spark-submit 将开发者的应用程序代码发送到一个集群并在那里执行，应用程序将一直运行，直到它（完成任务后）正确退出或遇到错误。程序可以在集群管理器的支持下运行，包括 Standalone、Mesos 和 YARN 等。Spark-submit 提供了若干控制选项，开发者可以指定应用程序需要的资源、运行方式和运行参数等，可以使用 Spark 支持的任何语言编写应用程序，然后提交执行。最简单的例子是在本地计算机上运行应用程序。

（二）类型安全的结构化 API：DataSet

Dataset 用于在 Java 和 Scala 中编写静态类型的代码。Dataset API 在 Python 语言和 R 语言中不可用，因为这些语言是动态类型的。Dataset API 让用户可以用 Java 或者 Scala 类定义 DataFrame 中的每条记录，并将其作为类型对象的集合来操作，类似于 Java ArrayList 或 Scala Seq。Dataset 中可用的 API 是类型安全的，这意味着 Dataset 中的对象不会被视为与初始定义的类不相同的另一个类。这使得 Dataset 在编写大型应用程序时尤其有效，多个软件工程师可以通过协商好的接口进行交互。Dataset 类通过内部包含的对象类型进行参数化。从 Spark 2.0 开始，受支持的类型遵循 Java 中的 JavaBean 模式，或是 Scala 中的 case 类。之所以这些类型需要受到限制，是因为 Spark 要能够自动分析类型，并为 Dataset 中的表格数据创建适当的模式。Dataset 的一个优点是，在开发者有需要的时候就可以使用它们。

（三）结构化流处理

结构化流处理是用于数据流处理的高级 API，它在 Spark 2.2 版本后可用。开发者可以像在批处理模式下一样使用 Spark 的结构化 API 执行结构化流处理，并以流的方式运行它们，使用结构化流处理可以减少延迟并允许增量处理。开发者可以按照传统批处理作业的模式进行设计，然后将其转换为流式作业，即增量处理数据，这样就使得流处理任务变得异常简单。

流数据操作与静态数据操作有点不同。因为首先要将流数据缓存到某个地方，而不是像对静态数据那样直接调用 count 函数，这对流数据没有任何意义。流数据将被缓存到一个内存上的数据表里，当每次被触发器触发后更新这个内存缓存。

（四）机器学习和高级数据分析

Spark 可通过被称为 MLlib 的机器学习算法内置库支持大规模机器学习。MLlib 支持对数据进行预处理、整理、模型训练和大规模预测，甚至可以使用 MLlib 中训练的模型在结构化流处理中对流数据进行预测。Spark 提供了一个复杂的机器学习 API，用于执行各种机器学习任务，从分类到回归，从聚类到深度学习。

Spark 包含了很多低级原语[①]，以支持通过弹性分布式数据集（RDD）对任意的 Java 和 Python 对象进行操作，事实上，Spark 中的所有对象都建立在 RDD 之上。DataFrame 操作都是基于 RDD 的，这些高级操作被编译到较低级的 RDD 上执行，以方便和实现极其高效的分布式执行。有时候开发者可能会使用 RDD，特别是在读取或操作原始数据时，但大多数情况下会坚持使用高级的结构化 API。RDD 比 DataFrame 更低级，因为它向终端用户暴露了物理执行特性（如分区）。

开发者可以使用 RDD 来并行化已经存储在驱动器内存中的原始数据。例如，并行化一些简单的数字并创建一个 DataFrame，可以将 RDD 转换为 DataFrame，以便与其他 DataFrame 一起使用。RDD 可以在 Scala 和 Python 中使用，但是它们并不完全等价，这与 DataFrame API（执行特性相同）有所不同，这是由于 RDD 某些底层实现细节导致的。作为终端用户，除非开发者维护的是早期的 Spark 代码，否则不需要使用 RDD 来执行任务。Spark 最新版本基本上没有 RDD 的实例，所以除了处理一些非常原始的未处理和非结构化数据之外，开发者应该使用结构化 API 而不是 RDD。

四、结构化 API

结构化 API 是处理各种数据类型的工具，可处理非结构化的日志文件、半结构化的

---

① 原语通常由若干条指令组成，用来实现某个不可分割或不可中断的特定操作。

CSV 文件以及高度结构化的 Parquet 文件。大多数结构化 API 适用于批处理和流处理,这意味着使用结构化 API 编写代码时,几乎不费力就可以从批处理程序转换为流处理程序。结构化 API 是在编写大部分数据处理程序时会用到的基础抽象概念。结构化 API 主要包括分布式集合类型的 API:Dataset 类型、DataFrame 类型、SQL 表和视图。

Dataset 和 DataFrame 是具有行和列的类似于(分布式)数据表的集合类型。所有列的行数相同(可以使用 null 来指定缺省值),并且某一列的类型必须在所有行中保持一致。Spark 中的 DataFrame 和 Dataset 代表不可变的数据集合,可以通过它指定对特定位置数据的操作,该操作将以惰性评估方式执行。当对 DataFrame 执行动作操作时,将触发 Spark 执行具体转换操作并返回结果,这些代表了如何操纵行和列来计算出用户期望结果的执行计划。Schema 定义了 DataFrame 的列名和类型,可以手动定义或者从数据源读取模式(通常定义为模式读取)。Schema 数据模式需要指定数据类型,这意味着开发者需要指定在什么地方放置什么类型的数据。

在制订计划和执行作业的过程中,Spark 使用一个名为 Catalyst 的引擎来维护自己的类型信息,这样可带来很大的优化空间,这些优化可以显著提高性能。Spark 类型直接映射到不同语言 API,并且针对 Scala、Java、Python、SQL 和 R 语言,都有一个对应的 API 查询表。即使通过 Python 或 R 语言来使用 Spark 结构化 API,大多数情况下也是操作 Spark 类型而非 Python 类型或 R 类型。

五、用户定义函数

Spark 的功能之一是用户自定义函数(UDF)。该功能让用户可以使用 Python 或 Scala 编写自己的自定义转换操作,甚至可以使用外部库。UDF 可以将一个或多个列作为输入,同时也可以返回一个或多个列。Spark UDF 非常强大,因为它允许使用多种不同的编程语言编写,而不需要使用一些难懂的格式或特定语言来编写。这些函数只是描述了处理数据记录的方法。默认情况下,这些函数被注册为 SparkSession 或者 Context 的临时函数。虽然可以使用 Scala、Python 或 Java 编写 UDF,但要注意性能方面的问题。

六、聚合操作

聚合操作是将数据整合到一起,是大数据分析中的基本操作。在聚合操作中,需要指定键或分组方式,以及指定如何转换一列或多列数据的聚合函数。当给定多个输入值时,聚合函数给每个分组计算出一个结果。Spark 的聚合操作很完善,支持多种不同的用例。一般情况下,用户使用聚合操作对数据分组后的各组内的数值型数据进行汇总,这个汇总运算可能是求和、累乘或者简单的计数。另外,Spark可以将任何类型的值聚合成array数组、list列表或map映射。除了处理任意类型的值之外,Spark还允许以下操作:

（1）通过在select语句中执行聚合来汇总整个DataFrame。

（2）"group by"指定一个或多个key,也可以指定一个或多个聚合函数,来对包含value的列执行转换操作。

（3）"grouping set"用于在多个不同级别进行聚合。

（4）"rollup"指定一个或多个key,也可以指定一个或多个聚合函数,来对包含value的列执行转换操作,并针对指定的多个key进行分级分组汇总。

（5）"cube"指定一个或多个key,也可以指定一个或多个聚合函数,来对包含value的列执行转换操作,并会针对指定的多个key进行全组合分组汇总。每个分组操作都会返回Relational Grouped Dataset,基于它来进行聚合操作。

从Scala和Python中导入的函数与从SQL中导入的函数有些差别,并且每个版本都有改变,所以不可能提供一个全面明确的聚合函数列表。另外,还可以使用window函数来执行某些特殊的聚合操作,具体就是在指定数据"窗口"上执行聚合操作,并使用对当前数据的引用来定义它,此窗口指定将哪些行传递给此函数,有点类似于一个标准的group by。在用group by处理数据分组时,每一行只能进入一个分组。窗口函数基于称为框（frame）的一组行,计算表的每一输入行的返回值,每一行可以属于一个或多个框。常见用例就是查看某些值的滚动平均值,其中每一行代表一天,那么每行属于7个不同的框。

七、分组操作

分组操作是根据分组数据进行计算。典型应用是处理类别数据,根据某一列中的数据进行分组,然后基于分组情况来对其他列的数据进行计算。计数有点特殊,因为它是作为一种方法存在的。为此,开发者通常更喜欢使用count函数。不将该函数作为表达式传递到select语句中,而是在agg中指定它。这使得仅需指定一些聚合操作,即可传入任意表达式。甚至可以在转换某列之后给它取别名,以便在之后的数据流处理中使用。

八、连接操作

连接操作（join）是Spark必不可少的部分。join操作通过比较左侧和右侧数据集的一个或多个键,并评估连接表达式的结果,以此来确定Spark是否将左侧数据集的一行和右侧数据集的一行组合起来。最常见的连接表达式即 equi-join,它用于比较左侧数据集一行和右侧数据集一行中的指定键是否匹配,相等则组合左侧和右侧数据集的对应行,不相等则会丢弃。除了 equi-join 之外,Spark 还提供很多复杂的连接策略,甚至还能使用复杂类型并在执行连接时执行诸如检查数组中是否存在键的操作。如果接触过关系型数据库或者 Excel 表格,那么就容易理解连接不同数据集的概念。

九、Spark 数据源

Spark 提供对多种数据源的读写能力支持。

(一)数据源文件形式

(1)逗号分隔值(comma-separated values,CSV)。CSV 是一种常见的文本文件格式,其中每行表示一条记录,用逗号分隔记录中的每个字段。虽然 CSV 文件看起来结构良好,但使用它时会遇到各种问题,是较难处理的文件格式之一,这是因为实际应用场景中遇到的数据内容或数据结构并不会那么规范。因此,CSV 读取程序包含大量选项,通过这些选项可以帮助解决像忽略特定字符等问题,比如当一列的内容以逗号分隔时,需要识别出该逗号是列中的内容,还是列间分隔符。

(2)JSON。有 JavaScript 背景知识的人可能很熟悉 JavaScript Object Notation(简称 JSON)。在处理 JSON 数据之前,需要了解的是,在 Spark 中,提及的 JSON 文件指的是换行符分隔的 JSON 文件,每行必须包含一个单独的、独立的有效 JSON 对象,这与包含大的 JSON 对象或数组的文件是有区别的。换行符分隔 JSON 文件中的对象可以跨越多行,这个可以由 multiLine 选项控制,当 multiLine 为 true 时,则可以将整个文件作为一个 Json 对象读取,并且 Spark 将其解析为 DataFrame。换行符分隔的 JSON 实际上是一种更稳定的文件格式,因为它允许在文件末尾追加新记录而不是必须读入整个文件然后再写出。换行符分隔的 JSON 文件格式的另一个优点是 JSON 对象具有结构化信息,这使得它更易用,而 Spark 可以完成很多对结构化数据的操作。由于 JSON 结构化对象封装的原因,导致 JSON 文件选项比 CSV 的要少得多。

(3)Parquet。Parquet 是一种开源的面向列的数据存储格式,它提供了各种存储优化,尤其适合数据分析。Parquet 提供列压缩从而可以节省空间,而且它支持按列读取而非整个文件地读取。作为一种文件格式,Parquet 与 Spark 配合得很好,而且它实际上也是 Spark 的默认文件格式,因为从 Parquet 文件读取始终比从 JSON 文件或 CSV 文件读取效率更高。Parquet 的另一个优点是它支持复杂类型,也就是说如果列是一个数组(CSV 文件无法存储数组列)、Map 映射或 struct 结构体,仍可以正常读取和写入,不会出现任何问题。

（4）ORC。ORC（Optimied Row Columnar）是为 Hadoop 作业而设计的自描述、类型感知的列存储文件格式。它针对大型流式数据读取进行优化，而且集成了对快速查找所需行的相关支持。实际上，读取 ORC 文件数据时没有文件选项，但其非常适合海量数据的存储。

（5）纯文本文件。Spark 还支持读取纯文本文件，文件中的每一行将被解析为 DataFrame 中的一条记录，然后根据要求进行转换。假设需要将某些 Apache 日志文件解析为结构化的格式，或是想解析一些纯文本以进行自然语言处理，这些都需要操作文本文件。由于文本文件能够充分利用原生类型（native type）的灵活性，因此它很适合作为 Dataset API 的输入。

（二）SQL 数据库

很多系统的标准语言都采用 SQL，SQL 数据源是很强大的连接器，只要支持 SQL 就可以和许多系统兼容。例如，开发者可以连接 MySQL 数据库、PostgreSQL 数据库或 Oracle 数据库，还可以连接 SQLite。数据库并不是一些数据文件，而是一个系统，有许多连接数据库的方式可供选择。开发者需要考虑诸如身份验证和连通性等问题，即需要确定 Spark 集群网络是否容易连接到数据库系统所在的网络上。

（三）高级 I/O 概念

在写入之前 Spark 可以通过控制数据分片来控制写入文件的并行度，还可以通过控制数据分桶（bucketing）和数据划分（partitioning）来控制特定的数据布局方式。某些文件格式是"可分割的"，因此 Spark 可以只获取该文件中满足查询条件的某个部分，无须读取整个文件，从而提高读取效率。此外，假设开发者使用的是 Hadoop 分布式文件系统（HDFS），该文件又包含多个文件块，分割文件则可进一步提高性能。与此同时需要进行压缩管理，并非所有的压缩格式都是可分割的。存储数据的方式对 Spark 作业稳定运行至关重要，推荐采用 Parquet 文件格式。主要体现在以下几方面：

（1）并行读数据。多个执行器不能同时读取同一文件，但可以同时读取不同的文件。通常，这意味着当从包含多个文件的文件夹中读取文件时，每个文件都将被视为 DataFrame 的一个分片，并由执行器并行读取，多余的文件会进入读取队列等候。

（2）并行写数据。写数据涉及的文件数量取决于 DataFrame 的分区数。默认情况是每个数据分片都会有一定的数据写入，这意味着虽然指定的是一个"文件"，但实际上它是由一个文件夹中的多个文件组成，每个文件对应着一个数据分片。

（3）数据分桶。数据分桶是一种文件组织方法，可以使用该方法控制写入每个文件的数据。具有相同桶 ID 的数据将放置到一个物理分区中，这样就避免在读取数据时进行洗牌（Shuffle）。根据事先预设的方式对数据进行预分区，就可以避免连接或聚合操作时执行代价很大的洗牌操作。

（4）Spark 具有多种不同的内部类型。尽管 Spark 可以使用所有文件类型，但并不是每种数据文件都支持这些内部类型。例如，CSV 文件不支持复杂类型，而 Parquet 和 ORC 文件则支持复杂类型。管理文件大小对数据写入影响不大，但对之后的读取影响很大。当写入大量的小文件①时，由于管理这些小文件而产生很大的元数据开销。许多文件系统（如 HDFS）都不能很好地处理大量的小文件，而 Spark 特别适合处理小文件。Spark 2.2 引入了一种自动控制文件大小的方法。可以使用 maxRecordsPerFile 选项来指定每个文件的最大记录数，这使得开发者可以通过控制写入每个文件的记录数来控制文件大小。

（四）Spark SQL

结构化查询语言（Structured Query Language，SQL）是一种表示数据关系操作的特定领域语言。SQL 广泛应用在关系数据库中，许多 NoSQL 数据库也支持 SQL。SQL 无处不在，即使有些技术专家预言它会落伍，但它依然是许多企业赖以生存的数据工具。在 Spark 流行之前，Hive 是支持 SQL 的主流大数据处理工具。尽管 Spark 最初是作为一个基于弹性分布式数据集（RDDs）的通用处理引擎开发的，但现在大量用户都在使用 Spark SQL。

Spark 2.0 发布了一个支持 Hive 操作的超集，并提供了一个能够同时支持 ANSI-SQL 和 HiveQL 的原生 SQL 解析器。Spark SQL 和 DataFrame 的互操作性，使得 Spark SQL 成为各大公司强有力的工具。

Spark SQL 在以下方面具有强大的能力：分析人员可通过 Thrift Server 或者 Spark SQL 接口使用 Spark 的计算能力；数据工程师可以在任何数据流中使用 Spark SQL。Spark SQL 允许使用 SQL 提取数据，并将数据转化成 DataFrame 进行处理；可以把数据交由 Spark MLlib 的大型机器学习算法处理；还可以将数据写到另一个数据源中。Spark SQL 与 Hive 的联系很紧密，因为 Spark SQL 可以与 Hive metastores 连接。Hive metastore 维护了 Hive 跨会话数据表的信息，使用 Spark SQL 可以连接到 Hive metastore 访问表的元数据，这可以在访问信息的时候减少文件列表操作带来的开销。

Spark SQL 中最高级别的抽象是 Catalog，用于存储用户数据中的元数据以及其他有价值的数据，如数据库、数据表、函数和视图。它在 org. apache. Spark. SQL. catalog. Catalog 包中，包含许多有用的函数，用于执行诸如列举表、数据库和函数之类的操作。它实际上是 Spark SQL 的另一个编程接口。

---

①　小文件指文件大小明显小于系统中块（一般为 64 MB 或 128 MB）的大小的文件。

在使用 Spark SQL 来执行任何操作之前,首先需要定义数据表。数据表在逻辑上等同于 DataFrame,因为它们都是承载数据的数据结构。可以执行表连接操作、数据表过滤操作、聚合操作等各种在前面介绍过的操作。数据表和 DataFrame 的核心区别在于:DataFrame 是在编程语言范围内定义的,而数据表是在数据库中定义的。

托管表(managed table)和非托管表(unmanaged table)也是很重要的概念。表存储两类重要的信息,表中的数据以及关于表本身的数据(即元数据)。当定义磁盘上的若干文件为一个数据表时,这个表就是非托管表;在 DataFrame 上使用 saveAsTable 函数来创建一个数据表时,就是创建了一个托管表,Spark 将跟踪托管表的所有相关信息。

十、低级 API

Spark 有两种低级 API:一种用于处理分布式数据(RDD),另一种用于分发和处理分布式共享变量(广播变量和累加器)。由于 Spark 所有工作负载都将编译成这些基本原语,因此学习低级 API 也有助于更好地理解这些工具。当调用一个 DataFrame 的转换操作时,实际上等价于一组 RDD 的转换操作。当开始调试越来越复杂的工作负载时,这种等价转换操作可以更容易完成任务。比如,开发者可能需要借助这些低级 API 去使用一些遗留代码,或者实现一些自定义分区程序,或在数据流的执行过程中更新和跟踪变量的值。为了防止在使用时弄巧成拙,这些工具提供了更细粒度的控制。

RDD 是 Spark 1. X 系列中主要的 API,在后续系列中仍然可以使用它。简单来说,RDD 是一个只读不可变的且已分块的记录集合,并可以被并行处理。RDD 与 DataFrame 不同,DataFrame 中每个记录就是一个结构化的数据行,各字段已知且 schema 已知,而 RDD 中的记录仅仅是程序员选择的 Java、Scala 或 Python 对象。正因为 RDD 中每个记录仅仅是一个 Java 或 Python 对象,因此能完全控制 RDD,即能以任何格式在这些对象中存储任何内容,这使开发者具有很大的控制权。当然,这也带来一些潜在问题。比如,值之间的每个操作和交互都必须手动定义,也就是说,无论实现什么任务,都必须从底层开始开发。另外,因为 Spark 不像对结构化 API 那样清楚地理解记录的内部结构,所以往往需要开发者自己写优化代码。比如,Spark 的结构化 API 会自动以优化后的二进制压缩格式存储数据,而在使用低级 API 时,为了实现同样的空间效率和性能,开发者就需要在对象内部实现这种压缩格式,以及针对该格式进行计算的所有低级操作。同样,像重排过滤和聚合等这类 SparkSQL 中自动化的优化操作,也需要手动实现。因此,强烈建议尽可能使用 Spark 结构化 API。

RDD API 与 Dataset 类似,不同之处在于 RDD 不在结构化数据引擎上进行存储或处理。然而,在 RDD 和 Dataset 之间来回转换的代价很小,因此可以同时使用两种 API

来取长补短。在 Spark 的 API 文档中有很多 RDD 子类,大部分是 DataFrame API 优化物理执行计划时用到的内部表示。但开发者一般只会创建两种类型的 RDD:"通用"型 RDD 或提供附加函数的 key-value RDD,例如基于 key 的聚合函数。这两种类型的 RDD 是最常使用的,两者都是表示对象的集合,但是 key-value RDD 支持特殊操作并支持按 key 的自定义数据分片或分区。

每个 RDD 具有以下五个主要属性:

(1) 数据分片(Partition)列表;

(2) 作用在每个数据分片的计算函数;

(3) 描述与其他 RDD 的依赖关系列表;

(4) 为 key-value RDD 配置的分片方法(Partitioner,如 hash 分片);

(5) 优先位置列表,根据数据的本地特性,指定了每个 Partition 分片的处理位置偏好,例如,对于一个 HDFS 文件来说,这个列表就是每个文件块所在的结点。

这些属性决定了 Spark 的所有调度和执行用户程序的能力,不同 RDD 都各自实现了上述的每个属性,并允许定义新的数据源。

本 章 小 结

本章节主要介绍两款主流的大数据计算框架:Hadoop 大数据计算框架和 Spark 大数据计算框架。阐述了 Hadoop 和 Spark 大数据计算框架的组件及其应用。随着数据规模的持续增长,大数据计算领域会快速发展,新的语言、计算框架会像雨后春笋般不断涌现。开发者们需要继续学习大数据计算的新知识、新技能,积极创新,勇于突破,解决好实际问题。

复习思考题

1. 简述大数据领域目前主流的大数据计算框架。

2. 简述 Hadoop 大数据计算框架的架构及其组件。

3. 简述 MapReduce 的过程。

4. HDFS 有哪些特性?

5. 简述 HBase 的架构。

6. 简述 Spark 大数据计算框架和 Hadoop 大数据计算框架的特点。

7. 简述 Spark 大数据计算框架的结构。

8. 谈谈你对大数据计算领域的认识及未来可能从事的应用领域。

9. 查找资料，实现一个在大数据计算框架中运行的小程序。

10. 搜集你喜欢的任意一个大数据计算框架的资料并进行介绍。

即测即评

第三篇　分析技术篇

第七章 大数据约简技术

本章主要知识结构图：

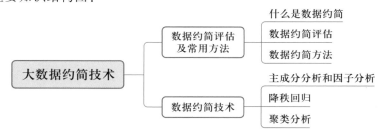

大数据时代，数据体量大、种类多、产生速度快，并且增长的速率持续加大。人们被海量数据包围，并期望从中获得有价值的信息。为实现从海量原始数据中挖掘知识（有价值的信息），数据处理和数据分析过程是两个重要的步骤，而数据约简是穿插于数据处理与数据分析中的关键环节。在数据处理阶段，原始数据中存在的数据缺失、数据重复、数据噪声、数据不一致、数据不完整等问题，可以通过数据清理和数据整合操作来处理。此外，海量大数据的特征维度高，能用于特定应用目标的有价值特征一般仅是其中的一小部分，数据约简能够有效地缩减数据的维度或大小，获得原始海量数据的简化表示。一般情况下，如果原始海量数据可以由压缩后的数据重构并且不损失任何信息，那么数据约简可以称为无损，否则被称为有损。本章主要从数据约简评估、常用方法、约简技术三个方面对数据约简技术进行阐述。

第一节　数据约简评估及常用方法

一、什么是数据约简

大数据规模随着人们的日常生产、生活活动急剧增长，数据约简可以从数据体量及特征维度两个层面对海量数据进行压缩。同时，随着超级计算机计算能力的提升，模拟数据的规模也在增加，这反过来会产生更大数量级的数据。由于生成的模拟数据甚至会超过实际的磁盘配额，许多模拟实验受益于数据约简技术降低的存储需求。数据约简主要分为数据压缩和维度缩减，二者的形式分别如图 7-1 和图 7-2 所示。

原始数据
无损压缩
压缩数据
原始数据
近似值
有损压缩

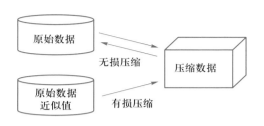

图 7-1　数据压缩

A1
A2
A3
…
A99
T1
T2
T3
T4
…
T999
A1
A2
A3
A4
T1
T9
…
T693

图 7-2　维度缩减

在大数据处理过程中，输入/输出和数据存储能力并没有以与处理能力相同的增长速度增长，因此，包括高性能计算中心在内的平台难以存储生成的大规模数据。解决这个“大数据”问题的简单方法是数据压缩。在数据大小方面提供 5 倍压缩的数据缩减方案，使得系统能够存储 5 倍的数据。现在存在许多不同的数据缩减技术，例如自动编码器、数据压缩算法和采样（注：在本节中，使用术语数据压缩算法来表示“传统的”data-reduction 算法）。虽然无损压缩是减小数据大小的一种选择，但无损数据压缩算法的最佳压缩比通常小于有损压缩。有损数据压缩算法、采样和自动编码器在减少数据大小方面更有效，但这些技术是以丢失一些信息为代价的。许多研究者在超级计算机上进行大规模计算的成本较高，计算产生的数据需要在短时间内整理和分析。图 7-3 给出了数据压缩的一种形式。

−6　92　101　56　29　⟶　−0.06　0.92　1.01　0.56　0.29

图 7-3　数据压缩示例

二、数据约简评估

一般来说，数据约简评估方案需要用一套系统框架，评估数据约简技术的性能和影响与缩减数据的大小同样重要，对被压缩得太多的数据进行分析得到的结论可信度会下降。目前对数据约简效果进行评估时通常侧重压缩指标，其中典型指标包括压缩比、

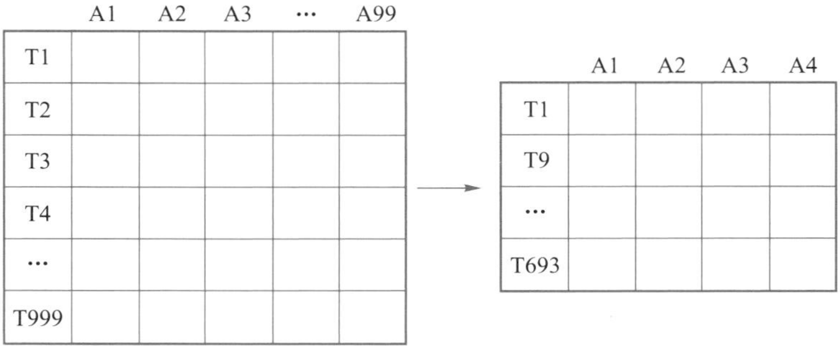

压缩吞吐量、误差、信噪比等,具体定义如下:

$$压缩比 = \frac{压缩前数据大小}{压缩数据大小};$$

$$压缩吞吐量 = \frac{压缩大小}{算法运算时间};$$

$$绝对误差 = 原始值 - 压缩值;$$

$$相对误差 = \frac{原始值 - 压缩值}{压缩值};$$

$$均方误差(MSE) = \frac{1}{n}\sum_{i=1}^{n}(绝对误差)^2, 其中 n 是数据值的总数;$$

$$峰值信噪比(PSNR) = \lg\frac{R^2}{MSE}, 其中 R 是变量的最大可能值。$$

一些学者使用 PSNR 和压缩比等指标来评估有损数据的压缩算法,并且通过可视化技术来展示这些指标度量结果。除此之外,学者还利用一些工具来评估数据压缩效果,如 Puck 是一个分析数据压缩算法性能的在线工具,但它省略了常用于科学数据的压缩算法;Libpressio 是一个新的压缩工具,它专注于压缩算法的自我更新。

实际运用中,在选择数据压缩算法时,需要根据实例的目标进行调整,因为一些场景可能更关注数据压缩的质量,另一些场景则可能需要更多的数据缩减量,因而更倾向于牺牲数据质量。一套具有前瞻性的评估框架,可使用户能够针对应用程序的不同需求系统地评估数据约简技术,例如,可视化通常比基于功率谱的分析具有更低的精度要求。因此,用户可以分别评估这些任务,并选择最佳的数据约简方法。

三、数据约简方法

下面介绍三种典型的数据约简方法,分别为自动编码器(自编码技术)、数据压缩算法和抽样。

(一)自动编码器

自动编码器是神经网络的一种,经过训练后能将输入重构到输出。自动编码器模型主要由编码器(encoder)和解码器(decoder)组成。

在深度学习中,自动编码器是一种无监督的神经网络模型,它可以学习输入数据的隐含特征,这称为编码(encoding);同时用学习到的特征重构出原始输入数据,称之为解码(decoding)。从直观上来看,自动编码器可以用于特征降维,类似主成分分析(PCA),但是其比 PCA 性能更强,这是由于神经网络模型可以提取更有效的特征。除了进行特征降维,自动编码器学习到的特征可以送入有监督学习模型中,所以自动编码器可以起到特征提取器的作用。

神经网络自动编码器具有三大特点：

（1）自动编码器是数据相关的（data-specific 或 data-dependent）。这意味着自动编码器只能压缩那些与训练数据类似的数据。比如，使用人脸图片训练出来的自动编码器在压缩别的图片，比如树木图片时性能很差，因为它学习到的特征是与人脸相关的。

（2）自动编码器是有损的，意思是重构的输出与原来的输入相比是"退化"的，MP3、JPEG 等压缩算法也是如此。这与无损压缩算法不同。

（3）自动编码器是从数据样本中自动学习的，这意味着很容易对指定类的输入训练出一种特定的编码器，而不需要增加任何新工作。

（二）数据压缩算法

不同的数据压缩算法有不同的压缩策略，但其中许多算法可以由相似的输入参数驱动，如绝对误差容限、相对误差容限或位截断量。下面主要介绍一些主流的数据压缩算法。

（1）Blosc 是优化二进制数据的元压缩器（它可以使用许多压缩算法）。其默认压缩器是 BloscLZ，这是 FastLZ 的简化实现，FastLZ 是 LZ77 压缩算法的变体，Blosc 实际上是科学应用中使用的标准无损压缩器。

（2）Fpzip 是一款预测压缩器，支持无损或有损压缩，专门用于 2D 和 3D 浮点标量场。Fpzip 通过对洛伦佐预测和原始数据点之间残差的熵进行编码来减小数据集大小。Fpzip 被设计成一个无损压缩器，但它也具备有损扩展能力。

（3）ZFP 是浮点阵列的一个预测压缩器，其目标是通过有损压缩以实现非常高的吞吐量。ZFP 压缩器具有三种模式：固定速率（固定位数）、固定精度（可变位数但固定位平面数）和规定精度（在规定的绝对误差限度内）。

（4）ISABELA 是一种有损压缩算法，主要针对时空科学数据集设计。通过对数据点值进行排序，使用三次 B-样条（B-spline）拟合数据集点来执行。

（5）MGARD（多网格自适应数据缩减）是一种多级有损压缩方法。基于多重网格理论，MGARD 采用分层方案或正交分解方法，在用户定义的容差范围内对数据进行多级部分解压缩。

（6）SZ 是一种误差受限的数据压缩方法，允许用户设置绝对或相对误差容差，以及使用用户指定的两个容差的最小值或最大值。SZ 的目标是使用一个表示为无损压缩的位数组的曲线拟合模型来预测数据点。任何不能在误差范围内预测的数据点都以其原始质量存储。

（三）抽样

抽样是一种统计方法。该方法从一个大规模数据集合中随机选择一个子集。下面重点阐述常用的抽样方法。

（1）随机抽样是一种在欧拉数据集的每个单元生成随机数 η（其中 $0 \leqslant \eta \leqslant 1$）的方法，为了选择 $n\%$ 的原始数据，选择 $\eta < \dfrac{n}{100}$ 的所有位置。虽然这种方法是空间填充和无偏的，但它并不优先考虑对可视化和数据简化有用的数据特征。

（2）常规采样是一种抽样方法，其中给定 N 个数据点，如果需要缩减一半，则每隔一个数据点选择一次以产生二次采样数据集。除了空间填充和无偏之外，常规采样还保留了数据的拓扑结构。然而，像随机抽样一样，它不区分数据特征的优先次序。

（3）直方图驱动采样是一种相对较新的方法，它使用熵最大化的思想来产生具有最大熵的样本，即低概率所在区域的数据更重要（科学数据集中关键特征通常很少），而高概率所在区域的数据不太重要。虽然这种方法没有保留结果样本中的分布特征，但它已被证明在捕获显著数据特征、摘要大规模科学数据集创建有意义的数据方面更有用。

第二节 数据约简技术

大数据分析人员经常会面临用几个简单变量总结复杂概念的挑战。数据约简方法可以通过创建新的变量来帮助分析人员应对这一问题，这些变量可以更有效地概括原始的大量信息，或者在后续分析中更有效地使用这些信息。数据约简方法使分析人员能够将这个数据减少到更小的组，以便进行进一步分析。本节介绍四种主要的数据约简技术：主成分分析、因子分析、降阶回归和聚类分析，并结合一个在医疗康养方面的研究例子进行解释。

为更清晰地阐述这些数据约简技术，表 7-1 中提供了数据简约技术中相关术语说明。

表 7-1 相关术语词汇

术语	释义
算法	为完成特定任务或计算而采取的一系列步骤
质心	二维区域的几何中心
聚类分析	一组算法或方法，将一组观察结果或案例组合成一组聚类（类别、组、树、结构），其中给定聚类中的案例彼此相似，但在一些有意义和预定的特征或属性集方面，不同于其他聚类中的案例

续表

术语	释义
基于质心的聚类	一种用于进行聚类分析的算法,也称为迭代划分;在基于质心的聚类中,通常会首先确定要构建的聚类数量并定义初始质心集,随后使用迭代过程优化质心集与划分方式;K-Means 聚类算法是基于质心聚类的一个典型实例
K-Means 聚类	一种用于进行聚类分析的算法;在 K-Means 聚类下,人们确定要构建的聚类数(其中 k 等于聚类数),并通过选择初始的 k 个质心集来为要创建的每个聚类选择起点;然后,该算法根据观测值与最近质心的距离,将观测值分组分析
基于连通性的聚类	一种用于进行聚类分析的算法;在基于连通性的聚类中,聚类包括基于彼此具有足够高的相似度而彼此"连接"的数据点;它也被称为层次聚类
特征值	一个数学术语,在主成分分析(或者因子分析或者降阶回归)的上下文中,表示由给定主成分捕获的一组输入变量的方差总量;特征值被标准化,使得它们的平均值为 1,并且一组主分量的特征值之和等于所创建的主分量的数量
特征向量	一个数学术语,在主成分分析(因子分析或降阶回归)中表示与给定主成分(因子)相关的一组"因子负荷";一个特征向量包含每个输入变量的一个单独的因子负荷,该因子负荷代表该主成分(因子)的输入变量的权重或重要性;因子负荷(绝对值)最大的输入变量对主成分的影响最大
因子分析(FA)	一套程序,用于总结包含在一组输入变量中的信息,这些变量的数量较少,称为因子;因子分析产生了特征值和特征向量,它们可以用来构造因子,因子分析与主成分分析密切相关
因子负荷	在构建主成分或因子时,赋予特定输入变量的权重;正因子负荷的输入变量与主成分正相关,负值与主成分负相关;每个输入变量的因子负荷包含在特定主成分或因子的特征向量中
蒙特卡罗分析	一种数学技术,包括对基于人工构建的随机样本重复进行特定分析,当理论上不可能确定预期结果时,允许研究者通过模拟确定分析的预期结果
主成分	通过主成分分析产生的变量,它总结了大量输入变量中包含的信息;主成分分析产生的每个主成分是分析中包含的输入变量的加权平均值
主成分分析(PCA)	一套程序,用于总结包含在一组输入变量中的信息,变量数量较少,称为主成分;主成分分析的结果是产生特征值和特征向量,可用于构建主成分;主成分分析与因子分析密切相关
降秩回归	一套程序,也称为最大冗余分析,用于总结一组输入变量中包含的信息,这些变量的数量较少,称为因子或主成分;降秩回归与主成分分析和因子分析密切相关,它通过考虑研究者确定的响应变量中尽可能多的变化来导出因子
Scree 图	由主成分(或相关)分析产生的特征值的图形表示;每个特征值在图的 x 轴上依次表示,图的高度表示其值;在 Scree 测试中,研究者使用 Scree 图来确定从分析中保留的主要成分的数量
Scree 测试	主成分(及相关)分析中使用的测试,以确定从分析中保留的主成分的数量;在 Scree 测试中,研究者检查 Scree 图,以确定特征值大幅下降的点(即图的高度大幅下降的点);下降前(左侧)特征值较大的主成分被保留,其他的被丢弃

一、主成分分析和因子分析

在研究过程中,当有大量潜在变量需要分析,并且希望尽可能高效地总结这些变量中包含的信息时,可以运用主成分分析(PCA)和因子分析(FA)方法。在这种情况下,这两种方法以大量的"输入变量"开始,以数量少得多的变量(称为"主成分"或"因子")结束,这些变量总结了输入变量中的信息。本节将介绍 PCA 和 FA,并简要总结两者的异同。

(一)主成分分析

主成分分析(PCA)可以用很多统计软件进行。本节首先描述执行主成分分析的基本过程,然后提供几个示例来说明这些过程。研究的出发点是一个数据集,其中包括大量不同但在某种程度上相关的输入变量,例如反映个人营养态度的变量。这时软件将产生可用于创建一组主成分的输出,或反映主成分分析中包含的输入变量的某种组合的汇总变量。研究者必须通过解释这个输出,以便确定要创建的主要组件的数量,并确定如何创建这些主要组件,如果可能的话,需要解释每个组件的含义。

假设从 8 个输入变量开始,目标是用较少数量的汇总变量或主成分来总结这些变量。初步步骤是生成一个相关矩阵,显示所有输入变量之间的相关性。这将提供给输入变量的特定子集是否倾向于"挂在一起"的一般意义,也就是说,彼此高度相关。这些变量可能对相同的主成分做出最重要的贡献。

主成分分析中第一个关键方面是研究者确定要"保留"的主成分的数量,换句话说,必须确定将使用多少个主成分来总结整套输入变量。从技术上讲,主成分分析将生成与分析中输入变量相同数量的主成分(例如,给定示例中的 8 个)。然而,每一个被识别的额外成分将解释更少的变化,因此将变得越来越无用。如这里所示,研究者通常会"保留"解释最多变化的主成分,而忽略那些解释最少的成分。每个主成分是输入变量的线性组合,第一个主成分是解释所有输入变量总方差最大值的线性组合。换句话说,它是比任何其他可能的线性组合更好地总结全部输入变量的组合。第二个主成分解释了第一个主成分没有解释的输入变量中任何剩余方差的最大值。其余的主要组成部分也作了相应的定义。

对于每个主成分,主成分分析的输出将包括一组特征值,包含已经创建的每个主成分的一个特征值。每个特征值代表由其主成分解释的方差总量,标准化后平均特征值为 1,特征值之和等于创建的主成分总数(反过来等于输入变量总数)。因此,特征值大于 1 意味着主成分比典型输入变量解释的总方差多,或者在分析中比平均输入变量更有用。相反,特征值小于 1 意味着它的主成分比典型的输入变量解释的总方差少。研究者可以通过将特征值除以输入变量的总数来确定给定主成分解释的所有输入变量的总变化比例。表 7-2 提供了一个主成分分析特征值的假设例子。第一个主成分的特征值为 2,因此它解释或总结了全部输入变量所代表的总变化的 25%。前三个主成分累计总结了总方差的 71.3%。

表 7-2　主成分分析特征值示例

主分量	［数］特征值	解释的差异百分比	解释的累积差异百分比
1	2.0	25.0	25.0
2	1.9	23.8	48.8
3	1.8	22.5	71.3
4	1.1	13.8	85.1
5	0.7	8.5	93.6
6	0.3	3.8	97.4
7	0.1	1.3	98.7
8	0.1	1.3	100.0

有很多方法可以用来确定需要保留的主成分数量。一种方法是保留特征值大于 1 的主成分,去掉特征值小于 1 的主成分,重构整体模型框架,确保所有主成分特征值大幅下降。在表 7-2 所示的例子中,由于前三个特征值是 2.0、1.9 和 1.8,第四个是 1.1,那么将只保留前三个主成分。此外,一种被称为 Scree 图(Scree plot)的图形可以用来帮助识别这种下降,这种方法有时被称为 Scree 试验(Scree test)或断棒法(the broken stick method)。图 7-4 显示了一个不同假设例子的 Scree 图。在这种情况下,研究者可能只保留一个主成分。

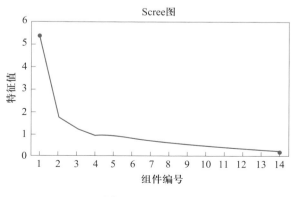

图 7-4　Scree 图

主成分分析输出的第二个关键方面是特征向量,即与每个主成分相关联的一组"因子负荷"。最终的特征向量通常通过旋转方法获得,无论是正交的还是倾斜的。当应用正交旋转方法时,确保得到的特征向量彼此正交或不相关。每个特征向量包括每个输入变量的独立因子负荷,因子负荷代表输入变量在主成分上的权重或重要性。因子负荷越大,输入变量与主成分的相关性就越高,或者从不同的角度来看,主成分反映该输入变量的影响就越强。

给定特征向量中的因子载荷可用于解释主成分的含义。特别地,研究者可以检查具有大的正因子负荷和/或大的负因子负荷的输入变量,以寻找在因子负荷接近零的输入变量中不存在的共同主题。问题是具有大因子负荷的输入变量是否代表了某种潜在的结构。研究者对某一特定主成分的解释通常反映在给定的名称或标签上。例如,某学者在关于营养健康的研究工作中研究了与第一主成分相关的特征向量,发现代表高脂肪和高油食物组、加工肉类、油炸土豆和甜点的输入变量具有大的正因子负荷,而代表其他食物组的输入变量具有接近零或负的因子负荷。他们将这一主成分称为"脂肪和加工肉类"饮食模式。

表 7-3 提供了一个显示特征向量的假设例子。在该例中,显示了三个保留主成分的特征向量,特征向量下列出了每个输入变量的因子载荷,以粗体显示了相对较大的因子载荷($>|0.40|$)。在第一个主成分的情况下,具有最大因子负荷的输入变量是水果、蔬菜和低脂肪乳制品,并且这个主成分被标记为"水果和蔬菜"饮食模式。另外两种主要成分被标记为"肉类"和"甜食"饮食模式。

表 7-3　保留主成分的特征向量示例

输入变量	PC1（水果和蔬菜）	PC2（肉类）	PC3（糖果）
水果	**0.537**	0.015	−0.322
蔬菜	**0.611**	0.189	−0.077
乳制品,高脂肪	−0.103	0.183	**−0.488**
乳制品,低脂肪	**0.401**	−0.129	−0.007
肉类	0.094	**0.717**	0.140
全谷物	0.233	0.144	−0.048
加工谷物	−0.175	**0.443**	0.259
糖果类	0.131	0.182	**0.649**

除了简单地知道每个保留的主成分的因子负荷之外,研究者通常希望创建代表主成分的实际变量,用于随后的分析。他们可能想描述给定群体中潜在结构的值,例如不同成年人群体的饮食在多大程度上具有低或高的主要成分,如上面例子中所描述的,即油、脂肪和加工肉类。或者,主成分可能是分析中的关键中介或调节变量。例如,人们可以通过检查饮食模式在各种中介个体特征和心血管疾病之间的关系中的作用来做到这一点。最后,主成分可以用作控制变量,以调整回归模型中潜在的混杂因素。在上例中,这意味着像个人饮食模式这样的结构可以在回归模型中用四个协变量来表示,而不是最初的 47 个输入变量。

使用因子负荷来创建主成分变量用于后续分析常见的有两种方法。第一种方法是将主成分定义为因子得分,或分析中包含的所有输入变量的加权平均值。具体来说,因子得分通过将每个输入变量乘以其在该主成分的特征向量中的相关因子负荷,然后将所有这些相乘的值相加来计算。在作为因子得分计算的主成分中,所有输入变量都对其值有贡献,尽管因子负荷最高的输入变量贡献最大。

第二种方法是使用输入变量的子集将主成分定义为基于因子的得分。研究者将确定对该主成分最重要的输入变量,即具有绝对值最大的因子负荷,在计算中保留这些输入变量,并丢弃其他变量。通常,使用 0.40(绝对值)等阈值来确定因子负荷是否“足够大”,以在基于因子的分数计算中保持输入变量。然后,分数将被计算为所有这些保留的输入变量的简单平均值。绝对值较小的因子负荷的输入变量将被忽略,这意味着它们对主成分没有贡献。

一旦创建了主成分,无论使用哪种方法,它都可以像任何其他变量一样用于后续分析。通过进行主成分分析,研究者总结一组更大的输入变量,就可以更有效地进行这些后续分析。

(二)因子分析

因子分析(FA)在概念上和计算细节上都与主成分分析相似。和 PCA 一样,FA 从大量的输入变量中产生少量的因子来总结信息。因子分析产生包括特征值和特征向量的输出,并且基于因子分析的汇总变量的计算通常以与主成分分析基本相同的方式进行。在某些情况下,FA 和 PCA 的结果会非常相似。

如前所述,主成分分析通常被认为是数据驱动的,研究者通常只想用几个主成分总结一组输入变量中包含的信息。因子分析更多的是理论驱动的,通常是在研究者有一组输入变量和一个关于决定这些输入变量值的潜在因素结构的假设时进行的。换句话说,这些观察变量的值是基于一组基本结构的值或不可直接观察的因素来确定的。FA 用于开发这些底层构造的代理度量。

虽然主成分分析和因子分析所基于的统计方法相似,但有一个技术上的差异是,主成分分析生成的主成分考虑了所有输入变量的所有变化,而因子分析生成的因子仅考虑了这些输入变量的共同变化。换句话说,如果给定的输入变量有一些与任何其他输入变量无关的变化,则 FA 会忽略该变化,但主成分分析会考虑该变化。第二个技术上的区别是,特征值在 FA 中可以是负的,而在 PCA 中不可以。在因子分析中对特征值、特征向量和因子负荷的解释类似于它们在主成分分析中的解释,并且因子得分或基于因子的得分可以以相同的方式在两种方法中计算。

二、降秩回归

另一种密切相关的数据约简方法是降秩回归,也称为最大冗余分析。降秩回归所依据的统计数据和主成分分析所依据的数据非常相似。这些方法中的每一种都涉及主成分或因子的计算,使用类似的方法,包括基于特征向量的特征值和因子载荷。然而,虽然前面描述的两种方法通过最大化一组预测因子或输入变量(如食物组)的解释变化来确定因素(主成分),但降秩回归通过在研究人员确定的一个或多个响应变量(如营养健康方面研究的体重指数、营养物质、生物标志物)中考虑尽可能多的变化来导出因素。如果研究者希望有效地总结一组输入变量,最终目的是解释或预测感兴趣的最终结果,降秩回归尤其有用。在这种情况下,研究者可以根据先前的研究,选择一组被认为与最终感兴趣的结果相关联的中间结果作为响应变量。

霍夫曼等人被认为是使用降秩回归来定义饮食模式的早期采用者,其目标是探索与糖尿病相关的饮食模式。他们使用了 49 个食物组的个人摄入量数据,这些数据是从研究参与者对食物的问卷回答中获得的。预测变量包括四个营养摄入指标,这些指标在以前的研究中被确定为与 2 型糖尿病的发展相关。在这项研究中,降秩回归被用来定义代表饮食模式的四个因素,这些因素与糖尿病的发病有关。

如上所述,降秩回归与主成分分析和因子分析的关键区别在于选择和计算因子的标准。降秩回归将因子定义为输入变量的线性组合,很好地解释了响应变量集中的总方差。相比之下,主成分分析和因子分析将因子只能解释输入变量本身的总方差。研究者在降秩回归中的目标是尽可能多地表示被认为与最终感兴趣的结果相关的预定响应变量。

这种区别导致降秩回归和 PCA/FA 在生成和解释输出的方式上存在一些差异。然而,与主成分分析和因子分析不同,降秩回归不会产生与原始输入变量数量相等的因子数量。相反,降秩回归产生的因子数量等于响应变量或预测变量的数量。通常,研究者使用相当少量的响应变量,并保留程序产生的所有因素。由于这些因素的产生方式,与主成分分析或因子分析产生的因素相比,降秩回归产生的因素通常对全部输入变量的解释能力较弱,却能更好地解释响应变量的总方差。

国外学者提供了另一个使用降秩回归来总结饮食模式的例子。他们检查了某部落民族的饮食行为样本,以确定饮食模式是否可以通过降秩回归得到。在这项研究中,最终感兴趣的结果是体重状况,这些研究者选择了研究表明与体重状况相关的三个响应变量——总脂肪、总碳水化合物和纤维的营养密度。该分析的输入变量是通过 4 天的饮食记录获得的一组 42 种食物成分。

对于三个响应变量,降秩回归产生三个因子或主成分,每个因子的因子负荷和解释的方差比例如表 7-4 所示。为简单起见,仅显示高于某一阈值(| 0.20 |)的因子载荷。总的来说,这些因素解释了82.3%的响应变量差异。其中,三个因素中的两个因素解释了大部分响应变量的方差,第三个因素解释的方差相对较小。

表 7-4　因子负荷及方差解释表

食品类别	PCb1（素食和谷物）	PC2（健康）	PC3（甜饮料）	解释的差异百分比
鱼（鲑鱼除外）			−0.21	5.4
Alcohol			−0.66	56.8
鲑鱼			−0.28	9.8
甜味饮料	0.30	−0.41	0.23	44.0
无糖饮料		0.21		7.1
Butter	−0.21			8.5
果汁		−0.21		7.7
水果		0.35		23.5
豆类、大豆	0.24	0.34		28.7
西红柿（包括果汁）	0.24			9.1
坚果、种子、花生酱		0.29		18.1
蔬菜		0.29		14.1
不加糖的谷物	0.29			15.4
精制谷物		0.23		9.6
Pasta	0.29			11.6
红色肉类	−0.38		−0.23	24.0
加工肉类	−0.21			6.8
Eggs	−0.33			13.8
解释的差异百分比	52.4	24.1	5.9	Sum = 82.3

与大多数使用数据归约方法的分析一样,降秩回归只为进一步分析奠定了基础,即确定降秩回归产生的因素是否与感兴趣的结果相关。在此案例中,学者们进行了推理统计分析,以确定通过降秩回归确定的饮食模式是否与体重指数相关联,以及是否符合饮食参考摄入量。

三、聚类分析

聚类分析是指创建分类的各种算法和方法,以有意义的方式从大量相关变量中总结数据。具体来说,聚类分析旨在将具有相似特征的观察结果(或样本成员)分为有意义的组、集群、树或结构。这些组是互斥的,其中的样本成员彼此相似,并且不同于其他组中的样本成员。虽然在许多方面与其他数据约简方法相似,但聚类分析不同于主成分分析、因子分析、降秩回归,因为它是一组用于将相似或相关的样本成员分类或分组到同质组中的过程,而其他过程用于将相关变量分组到一起。这种差异的一个实际表现是,作为聚类分析的结果,样本成员通常分为单独和不同的组或集群,但在主成分分析、因子分析和降秩回归的情况下,每个样本成员都用因子或主成分的值来表示。

研究者希望使用聚类分析来明确识别他们感兴趣的集群中不同的样本成员组。聚类的结果可能会出现预期之外的分组情况。因此,聚类分析方法在研究的探索阶段特别有用。

与以前的方法一样,营养研究人员使用聚类分析来检查个人的饮食模式,根据饮食的性质将个人分为不同的组。例如,根据饮食模式将六个州的一组成年和老年居民分为不同的组,这些组与一组被认为与结肠直肠癌有关的食物组有关。然后,这些小组被用来确定特定的饮食是否与个人患结肠直肠癌的风险有关。还将研究参与者(一组成年男性和一组女性)分组,作为总结他们饮食模式的一种方式。

一旦研究者选择了要聚类的样本,他们必须选择一组变量作为聚类的基础。这些变量将作为评估样本成员之间相似或不相似程度的基础。聚类分析包括:指定相似性的度量,即如何测量不同样本成员之间的相似性;选择要使用的聚类分析算法或方法;确定要形成的簇的数量;验证集群解决方案。

在聚类分析的大多数应用中,欧几里得距离——平面上两点之间的直线距离——被用来度量两个观察值之间相似性。这一度量标准体现了分析中每个变量的观测值之间的差异。

聚类分析算法是根据样本之间的相似性来确定哪些样本应该被分类到相同的组中的方法。聚类算法的两个主要类别是基于层次或连通性的和基于迭代划分或质心的聚类(K-Means 聚类)。

　　基于层次的聚类在每个聚类分组中具有足够高的相似度而彼此"连接"的所有数据点。相似度的度量方式因连通性的定义方式而异。在单链模型中,如果一个给定的观测值与集群中至少一个已经存在的观测值足够相似,则该观测值包含在集群中。单个链接层次算法往往会产生大的、细长的簇。在完全链接的情况下,只有当给定的观察值与聚类中已经存在的所有观察值足够相似时,该观察值才会包含在聚类中。这种方法倾向于产生更小、更紧凑的簇。在任何一种情况下,关于需要如何相似地观察才能被包含在同一集群中的问题,隐含地决定了这种方法创建的集群数量。

　　K-Means 聚类是一种基于质心的聚类。在这种方法下,研究者需指定要识别的聚类数量和确定聚类迭代过程的起点。例如,在 K-Means 聚类分析中,研究者设置了一组初始的质心——数据初始分割的几何中心。在该过程的下一步中,数据集的每个观测值被分配到最近的质心。这个过程形成了一组新的簇,并且可以依次计算一组新的质心。然后重复这个过程——观测值被分配到新的质心集合。这个过程的迭代不断重复,直到在定义新的质心之后没有观测值改变簇。使用 K-Means 识别的聚类往往是球形的,并且具有相似数量的观察值。K-Means 聚类的一个缺点是,如果使用不同的起始点(或数据的起始分区),算法可能会导致具有相同数据的聚类的不同最终解。

　　如上所述,当使用 K-Means 聚类时,要识别的聚类数必须由研究者指定。没有单一的普遍接受的方法来选择聚类的数量。一种方法是使用主成分分析或因子分析来指导关于聚类数量的决策。另一种方法是重复进行聚类分析,每次指定不同数量的聚类。例如,Reicks 等人基于创建 3 个、4 个、5 个和 6 个聚类,产生了单独的聚类解决方案。他们最终确定了产生三个聚类的分析,因为他们确定它产生了彼此合理不同的聚类,这些聚类在解释每个聚类中的内容方面以最有意义的方式彼此不同,并且导致聚类样本大小足够大以供后续分析。Wirfält 等人为 2 到 20 个集群提供聚类解决方案。然后,他们形成了一个小平面图,用聚类数对聚类间异质性程度与聚类内异质性程度的比率进行作图。这个比率的值通常随着集群数量的增加而增加,但是当这个增加量很小时,增加集群的复杂性可能超过区分集群的能力。最终,他们选择了一个六簇解决方案。

　　因为不同的聚类分析算法(或具有不同起点的单个算法)可能产生不同的聚类解,所以评估最终聚类集的有效性很重要。指出最有效的方法包括在独立样本上复制聚类分析,在聚类之间对外部变量(即不用于形成聚类的变量)的值进行显著性测试,以及进行蒙特卡罗分析(在人工构建的样本上重复进行分析的模拟方法)。

　　最终,聚类分析还应该产生样本成员的聚类,这些样本成员之间在容易解释的方式上彼此不同,并且与研究的最终目标相关。

本 章 小 结

　　通常在实施和解释数据约简方法时会面临着几个挑战,其关键是如何在同类比较的约简方法中进行选择。本章介绍了四种不同的数据约简方法,主成分分析、因子分析、降秩回归和聚类分析,并阐述了每一种方法中不同的处理决策。方法选择的另一个常见挑战涉及数据中主要成分或因素及其标记,它们通常是由大量输入变量的线性或非线性组合创建而成。本章描述了一种方法来应对这种挑战,包括根据具有最大正因子负荷的输入变量来寻找并命名关键因子。但是,这种方法并不总是能够准确地捕捉到以重要方式影响因子值的全部输入变量。面对这些挑战,可以尝试使用多种数据约简方法,以更好地解释复杂的场景模式、行为或认知。

复习思考题

1. 什么是数据约简?

2. 描述有损压缩与无损压缩的区别。

3. 数据约简效果评估时可采用的典型指标有哪些?

4. 什么是自动编码器?

5. 神经网络自动编码器有哪三大特点?

6. 试列举说明主流的数据压缩算法。

7. 举例说明常用的采样(抽样)方法。

8. 使用因子负荷来创建主成分变量用于后续分析常用的方法有哪些?

9. 主成分分析和因子分析有什么区别? 降秩回归与前两者有什么区别?

10. 聚类分析主要有哪几种类型? 它有哪些步骤?

即测即评

第八章　数据融合

本章主要知识结构图：

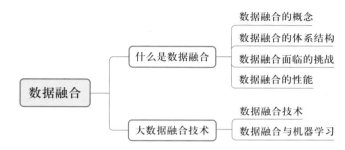

信息时代产生了需要处理的海量数据。然而，从环境中捕获的原始数据通常是异构的、复杂的、不完善的，并且规模巨大，将这些原始数据转换成有用信息面临巨大挑战。各种数据处理技术，包括但不限于数据预处理、数据存储、数据约简、数据传输、数据融合、数据分析、信息检索等，是解决这些问题的主要手段，本章主要研究其中的数据融合技术。数据融合是一种用于合并多源异构数据的技术。由于原始数据大多存在不确定、不精确、不一致、冲突等问题，通过数据融合可以获得比原始数据更一致、更丰富、更准确的信息。数据融合技术被广泛应用于无线传感器网络、图像处理、雷达系统、目标跟踪、目标检测与识别、入侵检测、态势评估等领域。

第一节　什么是数据融合

数据融合通过处理有缺陷的原始数据，以期获取更可靠的、有价值的、准确的数据。数据融合的主要目标是解决原始数据中存在的问题、提升数据的可靠性，并从多个数据源中提取所需数据。

一、数据融合的概念

数据融合是处理单个或多个来源的数据，并将数据中包含的信息进行关联、组合的过程。也有学者认为，数据融合是研究自动或半自动地将不同来源和不同时间点的数据转换成为人类或自动决策提供有效支持表示的有效方法。

为了更好地理解数据融合,首先介绍其包含的重要元素。

数据源:数据融合涉及来自不同位置、不同时间点的单个或多个数据源。

操作:对数据组合和信息进行再加工,可以用"转换"来描述。

目的:融合的目标,以更少的检测或预测误差和更高的可靠性获得更好的信息。

根据类别信息可以对数据融合方法进行分类:串行特征融合、并行特征融合和典型相关分析(CCA)等数据融合方法不包含任何类信息,也就是说,它们是无监督的数据融合方法;聚类 CCA、广义多视图分析、线性判别分析、多视图判别分析、判别多重CCA、局部保持 CCA(LPCCA)、BGLPCCA、MGLPCCA 等方法都包含类别信息。

从单一源获得的数据可能会遇到各种问题,如噪声、不可接受的错误率、遮挡、光照条件的变化等。这就产生了数据融合的思想,融合不同来源的数据,提高提取知识的质量。两种或两种以上数据的解释和集成对于各种应用中数据的有效使用是非常重要的。数据融合主要在三个领域中使用:

预处理:通过数据融合提高原始数据的质量,然后再应用到数据挖掘任务,这就是所谓的数据清理。

模型构建:数据融合可应用于建立模型和组合几个数据模型。

信息提取:从原始数据中建立摘要或结论,以减少记录的数量和维度。

由于数据融合可在多种应用场景中使用,数据融合这个术语也有很多扩展形式。例如,与来自单一来源的数据相比,多源传感器数据融合涉及来自多个来源的数据;图像融合侧重于图像的融合;信息融合集中于已处理的数据;不同于原始数据融合,决策融合是专门用来在高语义层次上描述信息以做出决策的。在某些特定情况下,这些术语可与"数据融合"互换使用。

二、数据融合的体系结构

由于数据不完整、数据冲突和数据不一致等原因,采集器采集的原始数据通常无法直接用于预测或其他任务。因此,需要一些预处理方法来解决数据的不完整性等问题。此外,原始数据不能一次提取为高价值信息,需要一个层次转换来系统地操作数据。由于数据融合是由许多处理数据的部分组成的复杂系统,因此需要统一的表达式或术语来描述每个部分的功能和特征。一个优秀而简洁的体系结构可以帮助研究人员和开发人员方便地交流,这将促进研究领域的发展。本部分将介绍一些主流的数据融合架构,包括联合实验室主任(Joint directors of laboratories,JDL)架构、Luo&Kay 架构、Dasarathy架构。

（一）JDL 架构

JDL 架构最早是由美国国防部于 1986 年提出的,主要用于军事用途。为了更广泛地利用该架构,后来出现了许多 JDL 架构的修订版本,使其适用于许多应用场景。为了便于理解,本文只介绍基本的 JDL 架构。JDL 基本架构是一个功能模型,它描述了一系列的概念和功能来识别数据融合系统中的每个过程。图 8-1 显示了 JDL 架构,在 JDL 架构中有五个层次的数据处理(第 0 层—源预处理、第 1 层—对象重新细化、第 2 层—情况细化、第 3 层—威胁细化和第 4 层—流程细化)和三个支持组件(来源、人机交互和数据库管理)。

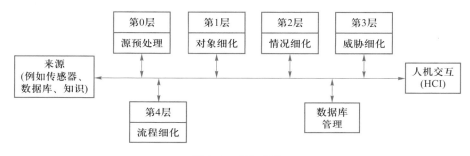

图 8-1 JDL 架构

1. 第 0 层——源预处理

这是最低的数据处理层次,主要处理信号和像素层的原始数据。第 0 层需要为下一步做好数据准备。因此,它的主要任务是将数据转换和分配到适当的层次,以便进一步处理。这一步的数据处理可以明显降低系统负载,让第 1-3 层更加关注自己职责对应的数据。

2. 第 1 层——对象细化

该步骤负责输出单个对象的标识信息,它侧重于识别一个特定的实体。在这个层次上,所有关于实体的位置、方向、状态和其他属性的静态信息被收集并组合成一个一致的模式。然后,系统可以从时间维度和空间维度对其进行全面的观察,以便进行进一步的估计。

3. 第 2 层——情况细化

基于从上一层获得的单个实体的信息,这一层拓宽了对实体环境的调查范围。各种实体之间的关系形成了一个环境,这是第 2 层的主要关注点。实体之间的关系是基于通信定义的,并与环境紧密相连。

4. 第 3 层——威胁细化

第 3 层预测风险、漏洞和操作概率,第 2 层的当前情况评估有助于第 3 层对威胁和影响的关注。因为判断是基于许多不确定性信息,所以第3层的过程变得相当困难。

5. 第4层——流程细化

该层是整个流程层的管理部分。它实时监控其他层次,记录系统性能,并做出提高系统效率的决策。例如,在这一层,系统可以找出当前什么样的信息是稀缺的,批准每个层次在获取源数据或满足其他特定需求方面的工作,并指导整个系统。

6. 来源

该组件是整个系统的基础。它可以有多种形式,如传感器(本地传感器或分布式传感器)、数据库、先验知识等。

7. 人机交互

该组件对于系统的顺利执行是不可或缺的,它允许人们对系统进行操作,包括命令、信息查询、关于系统结果和决策的消息传递等。

8. 数据管理

该组件以原始数据和信息的不同形式存储数据。不同的处理级别经常与数据管理相关联。其职责包括但不限于数据检索、数据存储、数据安全和数据压缩。所涉及的大量数据和对快速交互的需求,使得数据管理成为一项艰巨的任务。

(二)Luo&Kay 架构

Luo 和 Kay 研究了多传感器集成和融合。如图 8-2 所示,他们基于所使用的集成数据的抽象级别,提供了一种新的多传感器集成的通用架构。

在 Luo&Kay 的架构中,原始数据来自传感器并融合在信息系统的结点中。例如,来自传感器 1 和传感器 2 的数据可以融合为数据 $X_{1,2}$。之后,输出数据 $X_{1,2}$ 将在下一个融合结点中与来自传感器 3 的数据进一步融合,变成数据 $X_{1,2,3}$。同样,来自最后一个融合结点的数据 $X_{1,2,\cdots}$ 就是融合结果。他们总结了

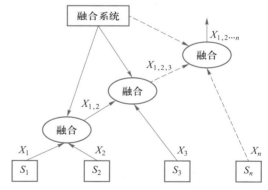

图 8-2　Luo&Kay 的数据融合架构

从低到高的四个层次来表示不同融合过程中的数据,包括信号层、像素层、特征层和符号层。不同的层次处理不同的输入数据模式,应用于各种系统中以实现各种目的,并提供不同程度的信息质量提升。

1. 信号层

从传感器获取的原始数据输入融合模型中,直接进行组合。与此过程相对应的融

合模型属于信号层数据融合的范畴。经过这种融合过程后,数据将以更高的精度、更少的噪声和更精细的特征输出。如果原始数据是相称的或相同的模式,它们可以在这个层次上融合。信号层融合有时发生在实时融合场景中,也可能是信号预处理的附加步骤。有时研究者也称这些模型为"低层融合"或"原始数据融合"。

2. 像素层

这是信号层融合的一种特殊情况,尤其适用于图像处理。像素层融合促进了分割等图像处理应用。

3. 特征层

在特征层,参与融合过程的不是原始数据,而是特征或特性。在进行融合之前,传感器数据通常首先被预处理成某些必要的特征。作为一种输出,可以获得其他模式中用于实现其他目标的精细特征或特性,或者更高层次的数据融合——决策层。特征层数据融合也称为"中层融合"或"特征层融合"。

4. 符号层

符号层数据融合有一个更常见的名称——决策层数据融合,指的是处理一些信息,这些信息是从传感器数据中提炼出来的,并且已经被生成用来表示任务的某些确定方面。通常,通过数据融合需要一个全局的和准确的决策。除了决策层数据融合,符号层数据融合也被称为"高层融合"。与低层融合相比,符号层融合方法通常会产生初步分类,并可以融合不同类型的数据以获得准确的融合结果。

Luo&Kay 架构采用分层融合方案,将数据从原始状态转换为高质量的形式。从传感器获取的数据集按照处理的顺序成为有用的信息,用于辅助决策或评估。

(三)Dasarathy 架构

基于 Luo&Kay 三级(数据-特征-决策)融合体系结构,Dasarathy(达萨拉希)在1997 年将其扩展为考虑 I/O 表征的五个融合过程。Dasarathy 认为,三级架构中的一些大的条件导致了对更精确定义的需求。因此,从输入输出(I/O)的角度改革了旧的架构,并将数据融合架构分为五类:数据输入-数据输出(DAI-DAO)融合、数据输入-特征输出(DAI-FEO)融合、特征输入-特征输出(FEI-FEO)融合、特征输入-决策输出(FEI-DEO)融合和决策输入-决策输出(DEI-DEO)融合[①],如图 8-3 所示。Dasarathy架构中定义的新分类考虑了输入数据和输出数据的性质,这减少了三级架构中的不确定性。

---

① 张志勇,王雪文,翟春雪.现代传感器原理及应用[M].电子工业出版社,2014.

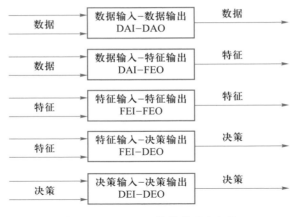

图 8-3   Dasarathy 的数据融合架构

1. 数据输入-数据输出融合

这种类型的融合处理输入数据,使它们更精确。它是融合体系中最基础的一级。从环境中捕获原始数据后,就可以应用 DAI-DAO 融合。它的典型应用包括信号处理和图像处理。

2. 数据输入-特征输出融合

在这种类型的融合中,数据集首先被集成并提取为一些抽象信息,称为特征。应用 DAI-FEO 融合,可以从原始数据中获得一些简单直观的结果。

3. 特征输入-特征输出融合

显然大多数特征融合算法都属于这一类,有特征输入,也有特征输出。与数据输入不同,特征输入往往表现出一些精细的特征,这些特征已经被初步提取出来。

4. 特征输入-决策输出融合

大多数融合算法都属于这一类。而且大部分是为了分类的目的,这是典型的决策案例。利用特征输入,可以获得一系列决策。这种融合的另一个例子是模式识别,利用先验知识识别从多传感器传输的特征以形成决策。

5. 决策输入-决策输出融合

作为达萨拉希体系结构中的最高融合级别,DEI-DEO 融合将低级别或本地融合节点中的一些决策转移到全局决策,该决策综合考虑了所有低级别或本地决策的信息。

(四)其他架构

还有很多其他的数据融合架构,比如 Bowman Df&Rm 架构、Durrant-威特架构、Pau-Ar 架构、Laas 架构等。它们从不同的角度规定了数据融合过程,每个架构在理解或建模等应用方面都有其优势和特点。

三、数据融合面临的挑战

尽管研究人员提出了多种数据融合模型来解决实际应用中的具体需求,为了最大限度地发挥多源数据分析的优势,数据融合任务仍然面临许多挑战。这些挑战大多源于基础架构层的传感器所处的应用环境的复杂性、需要组合的数据种类等。这里列举了一些常见的挑战。

（一）数据不完整性

这是一个普遍问题,也是所有数据融合方法都希望解决的一个主要问题。传感器获取的数据通常是不精确、模糊和不完整的。通常,人们可以通过对数据的不完整性进行建模,并利用其他可用的信息和强大的数学工具来提高数据质量。如果不能通过数据融合提取出精确有用的数据,数据的不完整性将严重影响融合质量。

（二）数据不一致

测量、传感器和环境中存在一些由相干噪声引起的不确定性。这些噪声会导致数据异常或无序,也就是所谓的数据不一致性。显然,如果融合模型不能区分产生噪声的原因,数据不一致就会给数据融合带来极其不利的影响,数据融合技术应该通过消除数据不一致性的影响来克服这个问题。此外,还有一些由持续或动态故障引起的虚假数据,很难用常见的方法进行建模和预测。

（三）数据冲突

这个问题经常出现在应用信念函数或证据理论的系统中。当一些应该独立处理的问题被错误地整合时,就会出现一个表示错误。

（四）数据对齐、配准和关联

从不同帧的不同传感器捕获的数据在融合之前必须对齐到一个公共帧中,这称为数据对齐或数据配准。如果在这个过程中出现一些错误,就会出现过度或信心不足。还有其他一些挑战,如数据相关性,这主要出现在分布式环境中。如果数据融合算法不能很好地消除相关数据,则相关数据通常会显著影响具有严重偏差估计的融合系统。

（五）数据类型异构性

数据由不同环境中的传感器捕获,所以它们可能属于完全不同的类型。就像人的眼睛、鼻子、嘴巴一样,传感器也有不同的用途。数据融合方法应该能够集成不同类型的数据来描述一个对象的整体状态。

（六）融合定位

这也是无线传感器网络等分布式融合环境中的一个突出问题。数据可以在中心结点或本地结点融合。前一种方式需要更多的带宽和时间；采用后一种方式，人们可以减少通信负担，但由于局部融合的信息丢失，必然要放弃数据的准确性。如何平衡融合成本和融合质量是一个亟待解决的问题。

（七）动态融合

数据融合的复杂性不仅是由数据类型和采集环境造成的，还与其时效性有关。为了估计系统状态，特别是对于时变系统，数据可能只在有限的时间段内有意义。这个挑战应该在实时应用环境中得到很好的解决。融合结点应该能够区分数据的正确顺序及其验证。

四、数据融合的性能

面对数据融合中存在的挑战，人们提出了一系列指标来全面评估数据融合的性能。

（一）效率（EF）

效率用于评估数据融合模型是否经济地利用资源。在大多数应用场景中，系统资源在计算能力、带宽、存储空间和许多方面都是有限的。在尽可能短的时间间隔内，用尽可能少的系统资源，处理尽可能多的数据，是融合模型的一个普遍目标。可通过与其他模型的比较来评估由执行时间反映的效率，证明模型的先进性。

（二）质量（Q）

质量是数据融合的核心，是评价一个融合模型最重要的标准。对融合算法有什么直接影响？模型在多大程度上提高了信息的准确性？在特定的应用场景中，应该有相应的评估指标通过检查上述问题是否有足够的证据（如实验结果和合理解释）来衡量质量水平。

（三）稳定性（ST）

稳定性用于评估融合模型在不同情况下以稳定的方式保持良好工作的能力。人们需要的不是一个安装和调试成本昂贵的一次性系统，而是一个稳定且可以持续获得高性能的模型。很少出现异常情况，在现实中处理异常和日常维护也节省了费用。学者们通常采用多个测试数据集来检验融合模型的稳定性。

（四）稳健性（I）

稳健性评价模型抵抗干扰的能力。当底层环境发生变化时，应确保融合质量。例如，在雷达系统中，从传感器捕获的原始数据并不总是稳定的。人们高度期望融合算法能够尽可能有效地去除外差、噪声和通信错误。如果融合模型能够以稳定的融合结果克服这个问题,那么这个模型就是稳健的。

（五）可扩展性（EX）

可扩展性是指一个数据融合模型可以很容易地进一步改进,并在很多情况下得到广泛应用。对于具有相似目标的相似应用环境,该模型可以以通用和普遍的方式应用。可扩展性是数据融合模型在实践中广泛应用的一个有价值的特征。

（六）隐私性（P）

在某些应用场景中,用于融合的数据可能是敏感的、私密的,这就对融合模型产生了安全需求。人们用隐私来形容这样的需求。在处理非公开数据集的环境中,应该在融合过程中保护数据,以避免后续步骤中任何敏感信息的泄漏。应采用哪种加密算法或隐私保护方案,以及如何管理包括但不限于加密、融合、传输、解密和存储的程序,是隐私性的关键目标。

（七）用真实数据集进行测试

在一个完善的研究中,实验对于验证模型的性能,即验证模型的有效性和展示其性能优势是不可或缺的。显然,如果研究者利用实际应用场景中采集的数据集,实验结果将更有说服力。如果所有的实验都在实践中进行,而不是在模拟环境中进行,这是非常可取的。

第二节　大数据融合技术

一、数据融合技术

数据融合包括鉴别特征选择、冗余特征识别及其消除、信息保存和计算复杂度。从多个来源收集的信息被提供给有效的融合技术,该技术能够有效地利用这些信息并带来更准确的结果。一个有缺陷或设计不良的多模式系统可能会降低系统的整体性能,并带来负面影响。

图 8-4 展示了融合技术是如何基于其先验知识进行划分的。基于预先定义的类别信息,融合技术可以大致分为无监督的和有监督的融合技术。无监督融合技术无须任何预定义训练集,可分为串行融合、并行融合和典范相关分析（CCA）等类型。而监督融合技术是给定预定义的类标签,并代表其进行训练。监督融合技术可分为广义多视角分析（GMA）、聚类典型相关分析（Cluster CCA）、判别分析（DA）、判别多重典型相关分析（DMCCA）和全局局部保持相关分析（GLPCCA）等类型。

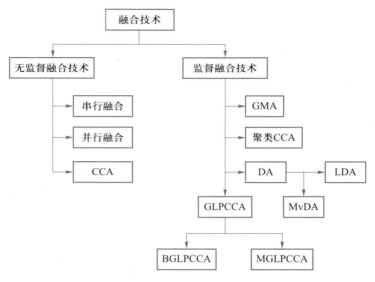

图 8-4　融合技术的类型

（一）无监督融合技术

无监督融合技术不使用任何训练集就能产生结果。

1. 串行融合

串行融合被认为是一种增量融合,因为它是一种将一个源的观测值与另一个源的观测值相结合的方法。换句话说,串行融合可以看作两个信源之间的信息融合模型。这种融合将两组或多组特征组合成一个联合向量。存在两个特征集,即 X 和 Y,特征集 X 有 m 维,Y 有 n 维。串行融合将提供 $(m+n)$ 维特征向量。

2. 并行融合

并行融合通常使用一组固定的数据源,来自数据源的所有信息都将被放到一个融合中心。它通常用于融合来自多个来源的可靠信息,它们的类型应该相同,或者数据应该具有同等的地位。而解决这个任务的方法是零填充低维以产生具有相同大小的数据集。并行融合模型比串行融合模型能产生更好的结果。它在组合特征集后产生一个复向量而不是一个并集向量。

3. 典型相关分析（CCA）

CCA 是一种用于在两个集合之间寻找公共共享空间的技术。这个公共共享空间最大化了来自两个集合的特征样本之间的相关性。CCA 被认为是多视角 PCA 的一个版本,它把两组随机变量之间的相关关系转化为两个随机变量之间的相关关系来考虑。CCA 拥有一个噪声协方差与信号协方差成正比的子空间。CCA 是一种多元技术,是不常用的技术之一。但是,当有连续变量用于估计两个或多个因变量和自变量之间的关系强度时,这是一种有用的技术。

（二）监督融合技术

监督融合技术是一系列可以预测未来标签或用于进一步处理的预定义类别信息的技术。

1. 广义多视角分析（GMA）

GMA 是一种融合技术,有助于跨模态或跨视角的分类和检索。它是 CCA 的扩展,可以推广到更远的未知类,并具有基于特征值的有效解。内核 GMA 映射到一个非线性空间,然后执行 GMA。这被认为是多视角特征提取的第一步,也是 CCA 的一个更好的选择。

2. 聚类典型相关分析（Cluster CCA）

Cluster CCA 用于两组数据点的联合降维。这有助于找到判别低维表示,可以最大化两个集之间的相关性。同时,它将数据集分成不同的类。核聚类分析是聚类分析的扩展,它考虑了数据集之间的非线性关系。

3. 判别分析（DA）

DA 用于将对象分为两个或多个互斥的类别。判别分析可以分为线性判别分析（LDA）和多视角判别分析（MvDA）。LDA 是一种有监督的数据降维融合技术。它将各种训练图像之间的关系以及它们与训练集的关系作为一个整体来考虑,不是简单地使用训练集来寻找基向量。LDA 的第一个阶段是训练数据集的标记,它依次指定单个样本的所有图像在同一类中,而不同样本的图像在训练集的不同类中。下一阶段是使用分离矩阵的聚类分离分析。LDA 方法通过最小化类内相关性和最大化类间分离,使得将类区分为不同的簇变得更加容易。而 MvDA 方法主要是通过在视图间和视图内变化中采用更多判别信息来提高性能。MvDA 通过联合学习多个特定于视图的线性变换,以非成对方式为多个视图寻找单个判别公共空间。具体来说,MvDA 被制定为通过优化广义瑞利熵（generalized Rayleigh quotient）[①]来联合解决多个线性变换,即最大化类间变化并最小化公共空间中视图内和视图间的类内变化。

4. 鉴别多重典型相关分析（DMCCA）

DMCCA 用于多模态和融合的信息分析,并负责提取多模态信息表示的高判别特征。DMCCA 可以最大化类内相关性和最小化类间相关性的特征集,这反过来可以更好地利用多模态信息。为了更好地带来可辨别性,DMCCA 使用所有特征;为了实现跨视

[①]　张贤达. 矩阵分析与应用［M］. 清华大学出版社,2013.

图关联,使用来自不同特征集的所有观察结果。它使用较小的参数集,有助于从不同的模式中揭示互补的表征和内在结构,以快速完成识别任务。通过最小化 Frobenius 范数,在识别的多个特征子集之间表示不同的模式。

5. 全局局部保持相关分析（GLPCCA）

GLPCCA 同样是一种数据融合技术,它是 CCA 的改进版,能综合考虑数据的本地和全局结构细节。传统的局部保持算法（LPCCA）用于捕获给定数据样本的局部结构,而不是全局结构,并在新发现的学习空间中保持局部结构。而 GLPCCA 能在建立异构数据对应关系的同时保持不同数据源的局部和全局结构,以此提高特征的辨别能力。GLPCCA 技术可分为 BGLPCCA 和 MGLPCCA。BGLPCCA 是一种融合技术,用于学习两个集合之间的公共特征子空间。MGLPCCA 处理三个或三个以上的集合。

二、数据融合与机器学习

与经典的基于概率的数据融合技术相比,无需显式编程就能自动从过去的经验中学习的机器学习算法,通过提供强大的计算和预测能力显著地革新数据融合技术。

机器学习是一种基于所提供的数据让算法进行"学习"的技术,而不需要对每个问题进行彻底和显式的编程。它旨在对输入数据中的深层关系进行建模,并重构知识方案。机器学习的结果可以用于估计、预测和分类等任务。"机器学习"这个名称最早是在 1959 年提出的,而几十年后,计算机计算能力的提高已经显著提高了机器学习的性能,使之迅速普及。机器学习能够基于已知数据进行分类和预测,并能够实现高精度和可靠性,这使得它更有可能做出正确的决策。近年来,机器学习也被应用到数据融合任务中,以提高其性能并提供满意的融合结果。

（一）机器学习简介

数据在机器学习中起着至关重要的作用,数据模式决定了学习的结果和效果。在输入数据的基础上,机器学习算法重建数据的内部关系,这是"学习"的过程（称为"训练"）,并通过识别、分类和预测（称为"测试"）等特定输出形式呈现获得的知识。例如,机器学习的回归模型可以产生一个连续数值用于预测任务,而分类模型可以形成用于分类的离散变量等。

机器学习算法通常根据给定数据集是否有关于其学习属性的标签分为三类:无监督学习、有监督学习和半监督学习。这三种类型的机器学习算法本书不具体介绍,本部分仅对用于数据融合任务的机器学习方法进行阐述。

（二）用于数据融合的机器学习

典型的用于数据融合任务的机器学习算法有:信号层数据融合、特征层数据融合和决策层数据融合。

1. 信号层数据融合

根据 Luo&Kay 数据融合体系结构,数据融合的最低层次是信号层融合。利用从传感器捕获的原始数据输入,可以捕获具有高精度、高可靠性和低噪声的数据输出,或者提取特征输出以直接反映观察中的一个方面。信号层模型常用于信号融合、图像融合(也称为像素融合)等类似场景。

2. 特征层数据融合

在特征层数据融合中,数据输入可以是已提取的数据或特征。作为一个输出,可以以其他模式的形式获得细化的特征或特性,这些模式可以应用于其他目标,或者更高层次的决策层数据融合。与信号层数据融合相比,从这一过程中获得的信息更加精炼和全面,可以显示数据的各种特征。

3. 决策层数据融合

为进一步融合一些已经生成的信息来完成最终的决策任务,可以运用最高层次的决策层数据融合技术。通常而言,此类任务不仅需要从单一角度得出的决策,还需要具有全局观的决策。因此,决策层的融合通常出现在最终决策做出之前。

（三）评估机器学习算法数据融合性能的指标

用于评估机器学习算法数据融合性能的指标如前所述,主要有效率、质量、稳定性等。

（1）效率（EF）

Yes（Y）:该算法提供高效的数据融合,或者在实验和评估中讨论融合效率。

No（N）:该算法不提升效率或者没有讨论效率。

（2）质量（Q）

High（H）:该算法将提高质量作为主要关注点,并提供详细的评估来证明其有效性或足够的实验结果来显示良好的数据融合质量。

Low（L）:该算法旨在处理低融合质量。然而,性能分析过于粗略或实验结果不充分。或者,没有显著的性能增益。

No（N）:未讨论或未明显促进融合质量。

（3）稳定性（ST）

Yes（Y）:该算法以稳定的方式表现良好,实验结果支持这一点。

No（N）:该算法不稳定或未涉及此指标。

（4）稳健（I）

YES（Y）:在实验结果的支持下,该算法在波动环境中表现良好,或者稳健性仅在理论上讨论。

No(N):该算法不稳定或未涉及此指标。

（5）可扩展性(EX)

YES(Y):该算法可以在理论上应用于其他应用领域,也可以用实验加以说明。

No(N):此指标无关紧要。

（6）隐私(P)

Yes(Y):该算法在数据融合中可以保证数据的安全性,数据隐私是被考虑到的,或者说是从理论上关注这个问题。

No(N):没有考虑此指标。

（7）用真实世界的数据集进行测试

Yes(Y):该算法是用真实世界环境或实践中获得的数据集进行测试的。

No(N):实验中使用的数据集都是模拟的,或者没有说明数据集的来源,或者根本没有提供任何基于数据的实验。

本 章 小 结

本章介绍了大数据融合的典型技术。首先全面探讨了数据融合的基本定义和背景知识;其次,阐释了 JDL、Luo&Kay、Dasarathy 三种典型的数据融合架构;接着,指出了数据融合面临的关键挑战;然后,说明数据融合性能的评估指标;最后,阐述了大数据融合技术与基于机器学习的数据融合技术。

复习思考题

1. 什么是数据融合?

2. 概述数据融合包含的重要元素。

3. 概述数据融合主流的架构。

4. 数据融合面临哪些挑战?

5. 数据融合性能评估有哪些指标?

6. 无监督融合技术有哪些类型?

7. 监督融合技术有哪些类型?

8. 什么是机器学习?

9. 简述数据在机器学习中的作用?

10. 用于数据融合任务的机器学习算法有哪些类型?

即测即评

第九章　大数据挖掘技术

本章主要知识结构图：

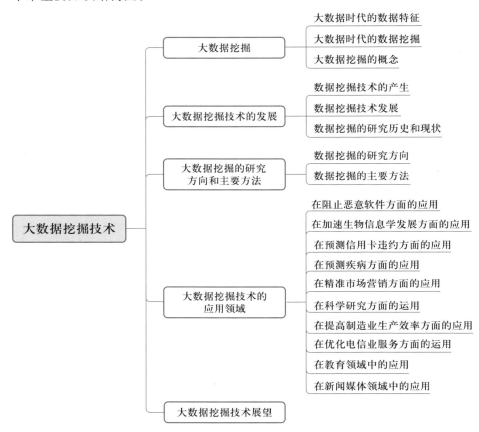

在人工智能、物联网（IOT）、云计算等技术的推动下，全球数据量正在无限制地扩展和增加。我们已经迈入了大数据时代，数据挖掘技术正在发展成为一种通过计算机技术对社会生产效率产生重大影响的管理方法。数据挖掘技术在大量冗杂、随机的数据中挖掘出有用的目标数据，创造出价值和潜力，尤其是在信息化发展较快和数据应用较多的领域，数据挖掘技术的应用意义更为重大。

第一节 大数据挖掘

一、大数据时代的数据特征

"大数据"一词源于国外,最早提出"大数据"时代到来的是全球知名咨询公司麦肯锡。牛津大学教授维克托·迈尔·舍恩伯格在《大数据时代》一书中指出,随着大数据时代的到来,信息风暴会变革人类生产生活的方方面面,深深地影响人类的思维、商业、管理等方面。据权威统计,大数据时代以来的年数据量占人类历史信息总量的 90% 以上,海量的数据远远超出人类大脑的容量,每天的巨大增长量让人始料未及。数据量大且繁杂是大数据"大"的体现,因此,为了让海量数据服务于人类的生产和生活,必须采用科学的手段来挖掘和整理数据,通过科学有效的方法来分析和管理数据。

二、大数据时代的数据挖掘

数据挖掘的本质是对一系列数据的处理和分析,通过分析和处理找出对开发者最有价值的信息。大数据时代是人类在信息上的一次历史性的跃进,其对人类的生产生活有着深远的影响,它拉近人与人之间的距离,使世界联系得更加紧密。大数据时代下,相对于以前的种种实体资产,各类信息资源的重要性已经占据更高的地位,数据资源已成为人类的一种宝贵财富,这些海量的数据资源就如一座"宝藏",需要人们采用科学合理的方法去挖掘,因此学会如何挖掘数据以及对数据进行深加工是便利生产与生活的一个重要课题。数据挖掘基于科学的建模方法,根据所需信息的类型以及实际情况,采取合适的数理模型对海量数据进行挖掘和深加工,从而实现信息上的先人一步。

三、大数据挖掘的概念

数据挖掘是人工智能和数据库领域研究的热点问题。所谓数据挖掘是指从数据库的大量数据中揭示出隐含的、先前未知的并有潜在价值的信息的过程。数据挖掘还是一种知识发现过程,它主要基于人工智能、机器学习、模式识别、统计学、数据库、可视化技术等领域,高度自动化地分析用户的数据,做出归纳性的推理,从中挖掘出潜在的知识。知识发现过程主要由三个阶段组成:① 数据准备;② 数据挖掘;③ 表达和解释。数据挖掘可以与用户或知识库交互。如图 9-1 所示。

数据挖掘技术是通过分析海量数据并从中寻找其规律的技术,主要有数据准备、规律寻找和规律表示三个步骤。数据准备是从相关的数据源中选取所需的数据并整合成

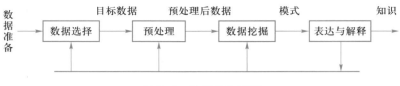

图 9-1　知识发现过程

用于数据挖掘的数据集；规律寻找是用某种方法将数据集所含的规律找出来；规律表示是尽可能以用户可理解的方式(如可视化)将找出的规律表示出来。数据挖掘的任务有关联分析、聚类分析、分类分析、异常分析、特异群组分析和演变分析等[①]。

　　近年来，数据挖掘引起了信息产业界的极大关注，其主要原因是存在大量数据并且迫切需要将这些数据转换成有用的信息和知识。获取的信息和知识可以广泛用于各种应用，包括商务管理、生产控制、市场分析、工程设计和科学探索等。数据挖掘利用了来自以下领域的思想：① 来自统计学的抽样、估计和假设检验；② 人工智能、模式识别和机器学习的搜索算法、建模技术和学习理论。③ 其他领域：包括最优化、进化计算、信息论、信号处理、可视化和信息检索。特别地，数据挖掘还需要数据库系统提供有效的存储、索引和查询处理支持。

　　对于不同数据的处理需要用到不同的数据挖掘技术和方法，因此数据挖掘过程是一个相对复杂的过程。但是，不同的数据挖掘方法的基本步骤是一致的：首先，针对需要处理的数据的特点、形式进行分析和判断，确定其挖掘的价值和意义；其次，结合数据挖掘的需求和数据自身的特性，确定数据挖掘的标准，并对残余数据进行清理；最后，开展深度挖掘，获取挖掘成果。如图 9-2 所示。

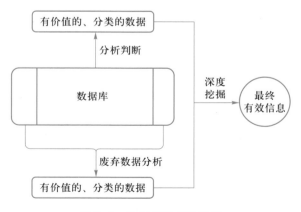

图 9-2　数据挖掘方法图解

---

① 熊赟,朱扬勇,陈志渊.大数据挖掘[M].上海科学技术出版社,2016.

现阶段,因为其不但能够针对不同行业的实际需求,对数据进行准确定位,开展数据挖掘,还能够实现对数据信息的深度挖掘,因此数据挖掘技术在各行各业都有着非常广泛的应用。

第二节　大数据挖掘技术的发展

在实际操作中,数据本身潜在的信息很难实现准确的查询,这就需要采取深入挖掘和优化数据挖掘的方式来应对,数据挖掘技术随之产生。

一、数据挖掘技术的产生

(一)"数据爆炸,知识匮乏"

随着数据库技术的快速发展和数据库管理系统的广泛应用,人们积累了越来越多的数据。在数据激增的背后,隐藏着许多重要信息,人们希望能够在更高的层次上分析这些信息,以便更好地利用它们。目前的数据库系统可以高效地实现数据录入、查询、统计等功能,但是不能发现数据中的关系和规则,不能根据现有数据预测未来的发展趋势。缺乏对数据背后的知识进行挖掘的手段,导致了"数据爆炸,知识匮乏"的现象。

(二)从业务数据到业务信息的演变

在从业务数据到业务信息的发展过程中,每一步都建立在前一步的基础上,见表 9-1。从表中可以看出,第四步的发展是革命性的,因为从用户的角度来看,这个阶段的数据库技术可以快速回答许多业务问题。

表 9-1　数据挖掘的进化历程

进化阶段	商业问题	支持技术	产品商家	产品特点
数据搜集（20世纪60年代）	"过去五年我的总收入是多少"	计算机、磁带和磁盘	IBM、CDC	提供历史性的、静态的数据信息
数据访问（20世纪80年代）	"在英格兰的分部去年三月的销售额是多少"	关系数据库、结构化查询语言、ODBC、Oracle、Sybase、Informix、IBM、Microsoft	Oracle、Sybase、Informix、IBM、Microsoft	在记录级提供历史性的、动态数据信息

续表

进化阶段	商业问题	支持技术	产品商家	产品特点
数据仓库：决策支持（20世纪90年代）	"在英格兰的分部去年三月的销售额是多少，波士顿分部据此可得出什么结论"	联机处理分析（OLAP）、多维数据库、数据仓库	Pilot、Comshare、arbor、cognos、microstrategy	在各种层次上提供回溯的、动态的数据信息
数据挖掘（现在）	"下个月波士顿分部的销售会怎样？为什么"	高级算法、多处理器计算机、海量数据库	Pilot、IBM、lock-heed、SGI、其他初创公司	提供预测性的数据信息

（三）数据挖掘基础技术

数据挖掘技术是数据库技术长期研究和发展的结果。业务数据最初存储在计算机数据库中，然后转移到可以查询和访问的数据库中，然后实时遍历数据库。数据挖掘使数据库技术进入了一个更高级的阶段，它不仅可以查询和遍历过去的数据，还可以发现过去数据之间潜在的联系，从而促进信息的传递。数据挖掘现在已经可以用于商业用途，因为支持它的三种基本技术已经成熟：

➤ 收集大量的数据；

➤ 一个功能强大的多处理器计算机；

➤ 数据挖掘算法。

弗里德曼（Friedman，1997）列举了激发人们对数据挖掘的发展、应用和研究兴趣的四个主要技术原因：

➤ 商业数据仓库等超大型数据库的出现，计算机自动收集数据记录；

➤ 先进的计算机技术，如更快更强的计算能力和并行架构；

➤ 快速获取大量数据；

➤ 对这些数据应用复杂统计方法的能力。

商业数据仓库正在以前所未有的速度增长，并广泛应用于各种行业，成熟的并行多处理器技术也可以满足对计算机硬件性能越来越高的要求。此外，经过多年的发展，数据挖掘算法已经成为一项成熟、稳定、易于理解和操作的技术。

（四）人工智能和数据库领域研究的新兴热点技术

通信、计算机与互联网技术正在改变着整个人类和社会。假设我们用芯片集成度来衡量微电子，用CPU处理速度来衡量计算，用信道传输速率来衡量通信，则摩尔定律会告诉我们，十多年来，它们每18个月就翻一番。在美国，收音机花了38年才进入5 000万个家庭中；电视用了13年；而仅用了4年时间，5 000万家庭就接入了互联网，全球IP网络每六个月就翻一番。国内的情况也是如此。20世纪90年代末，中国仅有210万互联网用户，现在已达 10.51 亿。回顾 21 世纪之初,我们不禁要问:在推动人类社会进步方面,历史上有什么技术可以与互联网相提并论? 甚至有人将其与火的发明进行了比较,火的出现让人类和动物有了区别;各种科学技术的重大发现扩展了人类的身体能力、技术能力和智力;而互联网技术极大地提高了人类生活质量和人的各种素质,使人类成为社会性和全球性的人。

数据挖掘的核心模块技术已经发展了几十年,涉及数理统计、机器学习等多领域理论。今天,这些成熟的技术,再加上高性能的关系数据库引擎和广泛的数据集成,使数据挖掘技术在今天的数据仓库环境中得到了实际应用。

二、数据挖掘技术发展

事实上,数据挖掘技术的发展是一个渐进的过程。在电子数据处理的早期,人们试图通过一些方法来实现自动决策支持,机器学习成为人们关注的焦点。机器学习的过程就是将一些已知的、已经成功解决的问题作为例子,输入计算机中。通过学习这些例子,机器总结并生成相应的规则。这些规则是通用的,可以用来解决某些类型的问题。然后,随着神经网络技术的形成和发展,人们关注的知识工程不同于将例子作为机器学习的样本输入到计算机,让它生成规则,而是直接向计算机输入已经编码的规则,计算机通过运用这些规则来解决一些问题的。专家系统就是这种方法的产物,但存在投资大、效果不理想等缺点。20 世纪 80 年代,在新的神经网络理论的指导下,人们回归到机器学习的方法,并将其结果应用于大型商业数据库的处理。在 20 世纪 80 年代后期,它和一个新术语一起被称为知识发现和数据挖掘(KDD①)。它通常指从源数据挖掘模式或连接的所有方法。人们接受这一术语,并使用 KDD 来描述数据挖掘的整个过程,包括从开始的业务目标设定到最终的结果分析,而数据挖掘则使用挖掘算法来描述数据挖掘的子过程。但是最近人们逐渐开始使用统计方法,并且认为最好的策略是将统计方法和数据挖掘有机地结合起来。

数据仓库技术的发展与数据挖掘密切相关。数据仓库的发展是数据挖掘越来越热门的原因之一。然而,数据仓库并不是数据挖掘的先决条件,因为它涉及直接从操作数据源挖掘信息。

三、数据挖掘的研究历史和现状

(一)研究历史

从数据库中发现知识(KDD)一词最早出现在 1989 年举办的第 11 届国际人工智能联合学术会议上。到目前为止,由美国人工智能协会主办的 KDD 国际研讨会已经举行

---

① KDD:(1) Knowledge discovery in database.(2) Knowledge discovery and data mining.

了 8 次,规模从最初的研讨会发展到国际学术会议。研究重点逐渐从发现方法转向系统应用,注重多种发现策略和技术的集成,以及多学科之间的相互渗透。IEEE 知识和数据工程会议于 1993 年率先出版了 KDD 技术专刊。并行计算等其他领域的国际协会和学术期刊也将数据挖掘和知识发现列为专题和讨论的特殊问题,甚至达到了流行的程度。

(二)出版物及工具

此外,互联网上有许多 KDD 电子出版物,其中半月刊《知识发现掘金》(knowledge discovery Nuggets)是最具权威性的。还有许多免费论坛,如 DM 电子邮件俱乐部等。目前,全球最具影响力的典型数据挖掘系统包括:SAS 公司的 Enterprise Miner、IBM 公司的 Intelligent Miner、SGI 公司的 Setminer、SPSS 公司的 Clementine、Sybase 公司的 Warehouse studio、Rulequest 研究公司的 See5 等。数据挖掘实验室网站提供了许多数据挖掘系统和工具的性能测试报告。

(三)国内现状

与国外相比,国内对数据挖掘的研究起步较晚,没有形成一个整体的力量。1993年,国家自然科学基金首次资助了该领域的研究项目。目前,国内许多科研机构和高等院校都在开展知识发现的基础理论和应用研究;北京系统工程研究所对模糊方法在知识发现中的应用进行了深入的研究;北京大学开展了数据立方体代数的研究;华中科技大学、复旦大学、浙江大学、中国科学技术大学、中国科学院数学研究所、吉林大学等单位均对关联规则挖掘算法进行了优化和变换;南京大学、四川大学和上海交通大学讨论和研究了非结构化数据的知识发现和 Web 数据挖掘。

最近,Gartner Group 的一项高级技术调查将数据挖掘和人工智能列为"未来三到五年将对行业产生深远影响的五项关键技术"中的第一项,并将并行处理系统和数据挖掘列为未来五年投资重点的十大新兴技术中的前两位。根据 Gartner 最近的研究,随着数据捕获、传输和存储技术的快速发展,大型系统用户将需要采用新技术来挖掘市场外的价值,并采用更广泛的并行处理系统来创造新的业务增长点。

第三节　大数据挖掘的研究方向和主要方法

一、数据挖掘的研究方向

数据挖掘涉及的学科领域和方法很多,有不同的分类分支。

根据挖掘任务可以分为依赖关系或依赖模型发现、数据总结与聚类发现、相似模式发现、序列模式发现、关联规则发现、混沌模式发现、分类或预测模型发现、异常和趋势发现等。

根据挖掘对象可以分为遗产数据挖掘、关系型数据挖掘、空间数据挖掘、多媒体数据挖掘、时态数据挖掘、面向对象数据挖掘、文本数据挖掘、异质数据挖掘、Web 数据挖掘等。

根据挖掘方法可以分为遗传算法方法、现代数学分析方法、数据库方法、机器学习方法、神经网络方法、近似推理和不确定性推理方法、统计方法、聚类分析方法、基于证据理论和元模式的方法、粗糙集方法和集成方法等。

根据数据挖掘所发现的知识可以分为挖掘关联型知识、挖掘广义型知识、挖掘异常型知识、挖掘预测型知识、挖掘差异型知识、挖掘不确定性知识等。

（一）空间数据挖掘

空间数据是从遥感、地理信息系统（GIS）、医学和卫星图像、多媒体系统等多种应用中收集而来的。空间数据挖掘技术按功能可分为三类：解释型、描述型和预测型。解释型的模型用于处理空间关系，如处理一个空间的数据挖掘研究的现状与发展趋势和影响其空间分布的因素之间的关系；描述型的模型将空间现象的分布特征化，如空间聚类；预测型的模型用来根据给定的一些属性预测某些属性，如分类模型和回归模型等。目前，主要在空间数据挖掘的体系结构和挖掘过程做了大量研究，包括模糊空间关联规则的挖掘、面向对象的空间数据库的数据挖掘、不确定性挖掘、聚类挖掘、挖掘空间数据的偏离和演变规则、基于多专题地图的挖掘、交叉概化、基于时空数据的概化、并行数据挖掘、统计分析与数据挖掘的协同和遥感影像的挖掘等，主要采用了基于统计学、概率论、机器学习、集合论、仿生物学、地球信息学的研究方法。

（二）多媒体数据挖掘

多媒体数据类型复杂，包括图像、图形、文档、文本、超文本、声音、视频和音频等。随着信息技术的进步，人们所接触的数据形式越来越丰富，多媒体数据的大量涌现，形成了很多海量的多媒体数据库。这些数据库中的数据大多是非结构化数据、异构数据，特征向量通常是数十维甚至数百维，转化为结构数据和降维成了多媒体数据挖掘的关键。有研究者提出了多媒体数据挖掘的系统原型，将多媒体数据的建模表示、存储和检索等多媒体数据库技术与数据挖掘技术有机地结合在一起，采用多媒体图像数据的多维分析、相似性搜索、分类与聚类分析、关联规则挖掘等挖掘方法，广泛地应用于医学影像诊断分析、地下矿藏预测、卫星图片分析等各种领域。

（三）时序数据挖掘

时序数据挖掘可以通过研究信息的时序特征来深入理解事物的演化机制，揭示其内在规律（如波动的周期、振幅、趋势的种类等），是获得知识的有效途径。关键问题是要是寻找一种合适的序列表示方式,基于点距离和关键点是常用的算法,但都不能完整表示出序列的动态属性。时序数据挖掘的主要技术有趋势分析和相似搜索,在宏观的经济预测、市场营销、客流量分析、太阳黑子数、月降水量、河流流量、股票价格波动等众多领域得到了应用。国内对于时序数据的研究比较少,使用的方法和技术主要有人工神经网络技术,利用它预测和处理混沌观测时间序列能达到较高的精度。此外还有通过对时序数据进行离散傅立叶变换将其从时域空间变换到频域空间,将时序数据映射为多维空间的点,在此基础上,有学者提出一种新的基于距离的离群数据挖掘算法。

（四）Web 数据挖掘

随着互联网技术的快速普及和迅猛发展,各种信息都可以在网络上获得,但是它是巨大的、分布广泛的、多样的和动态变化的。面对如此大量的 Web 数据,如何在这个全球最大的数据集合中发现有用信息,成为 Web 数据挖掘研究的热点。当前,Web 数据挖掘可分为四类,即 Web 结构挖掘、Web 内容挖掘、Web 用户性质挖掘和 Web 使用记录挖掘。

（五）不确定数据挖掘

在实际应用领域中,传统的数据挖掘技术处理的对象的位置已经被精确地给出,由于测量仪器的局限性会造成测量值的不准确,数据的不确定性是不可避免的。数据的不确定性可以分为两类:存在的不确定性和值的不确定性。存在的不确定性是指存在不确定的对象或元组,例如,关系数据库的一个元组与一个概率的关联表示该元组存在的可信度;值的不确定性表示该元组存在是确定的,但其值是不确定的。现在对不确定数据挖掘的研究已成为热点,在聚类分析、关联规则、空间挖掘等方面都有突破,例如经典的 K-means 算法扩展到了 UK-means 算法。

二、数据挖掘的主要方法

（一）聚类分析

在数据处理过程中,聚类分析将数据按照类型划分为几个相似的组。这样可以最大限度地提高同一类型数据之间的相关性,然后通过不同类型数据之间的相关性找到可用的数据集。这种聚类方法可以应用于客户群体、客户分类、背景分析等方面。从应用领域来看,数据挖掘的聚类方法在心理学、医学、销售等领域得到了广泛的应用。

（二）预测模型

预测模型方法是比较复杂的数据挖掘技术之一,它包括多个方面和多层次的算法。其中主要是与神经网络和决策树相关的人工智能算法,也包括一些进化算法和支持向量机等。其中,人工神经网络算法主要是通过对生物神经系统的仿真来获得一种新的算法的处理能力。决策树的算法是通过一定的规则和形式对大量的数据进行分类,并从中挖掘出有价值和有用的信息,该算法最大的优点是信息处理能力相对较强,适用于各种不同的任务,且更容易理解和解释。进化算法利用生物进化理论进行选择,并最终级联到整个种群。

（三）数据分割

数据分割的算法是指根据特定的规则或法则对不同的数据进行归纳和总结,使这部分数据具有相应的意义。在数据整理的过程中,由于受到不同种类甚至不同类型数据的限制,在数据整理的过程中有很多方法。数据分割是在传统算法的基础上,根据目标的复杂性,提出了一种新的算法,将需要计算的目标进行分割,并利用分割后的几何图形提取数据。

（四）关联分析

在数据处理过程中,关联分析的算法是寻找不同数据之间的关联。然而,由于数据的多样性和庞大性,获取关联的可能性甚至会导致整个工作的效率都降低了。因此,以这种形式发现的数据之间的关联缺乏相应的意义。在具体研究过程中,可以适当删除整个数据系统中一些无意义甚至无关的数据,便于提取更有价值的信息。在这个过程中,相应地开发了一些新的算法,可以有效地提高整个数据工作的工作效率,减少搜索空间。

（五）偏差分析

数据偏差的分析方法主要是在对海量数据进行分析的过程中,针对数据中的某些特殊情况,最终结果不符合先前假设的偏差。整个偏差分析的关键是对这一部分的观察和研究。偏差分析方法主要用于企业的危机管理,在危机发现、识别乃至研究、评价和预警的过程中,可以挖掘出一些意想不到的价值或收获①。

第四节　大数据挖掘技术的应用领域

一、在阻止恶意软件方面的应用

大数据挖掘技术被广泛地运用在互联网之中,它的功能包括智能检测恶意软件并对恶意软件在计算机中的恶意行为进行阻止。在互联网中,计算机系统里恶意软件的

---

① 陈翌.大数据时代下数据挖掘技术的应用[J].现代工业经济和信息化,2021,11(05):85-86+102.

恶意行为是显而易见的。在对恶意软件的检测过程中,整个系统的签名数据库起关键作用,通过对比和研究软件中的文件,可以检测到一部分软件其实是恶意软件,再使用大数据挖掘技术,可以相应地检测出一部分恶意软件具体的特征和恶意行为,然后通过这种形式最终确定系统内部存在的恶意软件,并且对其进行删除或是更改。

二、在加速生物信息学发展方面的应用

众所周知,生物信息学是一门融合了生物、信息等多知识、多维度的综合性交叉学科。在信息技术蓬勃发展的社会背景下,数据挖掘技术对于整个生物领域的影响作用也在逐渐上升。在这个过程当中,融入大数据挖掘技术,仔细地分析各方面综合数据之间的联系,挖掘各种生物的潜在特征信息,这在很大程度上加速了研究人员对于基因组计划的研究进展,通过更加先进的技术来获取更加精准的数据信息,通过这个技术方法挖掘出整个生物基因组中的价值。

三、在预测信用卡违约方面的应用

在经济社会发展迅速的时代下,人们的物质生活水平得到了很大的改善和提高,信用卡消费已是人们日常消费的常见方式。当一个用户申请信用卡时,需要通过银行数据系统对用户的信息进行确认,然后再进行信用卡的发放。在申请使用信用卡的过程中,可以通过大数据挖掘技术得出一个关于个人信用的模糊算法模型。在信用卡申办之前,首先需要探查申办人的自身属性信息,在所得到的数据的支持之下,可以建立一种关于预测违约行为的数据分析模型,通过这种形式的数据分析,可以更快速、精准、透明化地为银行筛选出更加优质、信用度更高的用户,减少甚至规避违约客户。

四、在预测疾病方面的应用

在医疗健康的检测预防方面,大数据的使用越来越广泛,而且预测的准确率也越来越高。在预防疾病的过程中,大数据挖掘技术起到了十分重要的作用;在疾病检测的过程中,对于宫颈癌、乳腺癌甚至是冠心病的检测诊断都有比传统方法更好的效果。在对这些疾病进行诊断,甚至是治疗的过程当中,利用大数据分析技术,可以得到更加精准的疾病预测数据结果。同时,通过分析大数据挖掘技术所得到的数据信息,使得医疗人员在及时发现人体疾病并且尽快做好应对手段方面也取得了重大进展。

五、在精准市场营销方面的应用

从社会经济发展的形势以及大数据运营挖掘的特点来看,市场营销领域是大数

据应用最广的领域。在市场营销过程中,利用大数据挖掘技术能够帮助企业分析不同消费者的消费特征和一般习惯,在此基础上通过建立相关模型能够预测消费者的未来消费行为,在这样的条件下为消费者制定精准、个性化营销方案,从而提高企业的商品销售量。除此之外,还能根据消费者不同的需求,为消费者精准地推送商品,以此实现迅速便捷消费,从而获取更多的客源。同时,通过改进提升企业的售后服务或者其他服务,帮助企业稳定长期的客户资源,使企业能够在激烈的市场环境中具备优势的核心竞争力。大数据挖掘技术在市场营销方面的应用不仅仅是商品销售,它已经开始在市场营销的各个方面以及金融行业中普及。在各个相关行业中都可以借助大数据挖掘技术,挖掘消费者有效的信息,进一步预测消费者消费行为,使得企业能够拥有更多的潜在客户,从而为企业带来更多的经济效益[①]。

六、在科学研究方面的运用

在进行科学研究的过程中,为了证实科学假设,加快科研成果的转化,需要通过大量的实验进行论证。在论证过程中,实验需要运用大量的数据,还要对这些数据进行分析,找出相关的规律最终形成事实。由于数据量过于庞大,所以需要借助一定的算法对这些数据进行挖掘,才能更好地进行数据收集和整理。基于科学研究的这个特点,利用大数据挖掘技术,就能够更快速精准地找出科学研究中产生的数据与实验数据之间的规律,通过总结分析这些数据和规律,就更有可能发现新的知识。同时,当新的科研成果在进行成果转化的过程中,借助大数据挖掘技术对数据进行分析,能够及时获得关于该科研成果的反馈;通过所得到的反馈结果发现科研成果中存在的不足,进而对存在的问题进行改进,这样能够进一步提高科研效率,使得科学研究更加便利,也能够得到更加科学合理的结果。

七、在提高制造业生产效率方面的应用

制造业领域主要以零部件生产为核心,这是制造业与其他行业相比所独有的特点。在零部件生产的过程中,需要对不同类型的数据进行收集和分析,通过分析收集数据提高生产效率,进一步提高产品的良品率。因此,在制造业领域中恰当地利用大数据挖掘技术,通过对生产相关数据的收集分析,及时发现生产过程中影响效率的因素,也能够发现产品存在的不足,通过及时改进调整提高产品的良品率。这样的方式使得企业有

---

① 迎梅.大数据时代的数据挖掘与应用[J].网络安全技术与应用,2021(06):51-52.

更多灵活的方法改进企业生产工艺和生产环节,进一步提高企业的生产效益,使企业能够更好立足于市场,拥有独特的竞争优势。

八、在优化电信业服务方面的应用

移动互联网时代,手机已成为人们日常生活中不可或缺的一部分。作为连接人与人之间的高速信息通道,其不限时间、不限空间的卓越优势,促进了各行各业的飞速发展。移动通信、移动互联、移动支付、移动定位等应用层出不穷。随之产生的是庞大电信生态数据,如人口属性、操作行为、网络信令、流动轨迹、地图位置、终端设备等海量信息,给计算与分析平台带来了挑战。大数据技术为电信运营商挖掘数据价值、提升用户体验提供了新的技术手段,同时也为其更好地拓展客户服务场景带来了新机遇。

九、在教育领域中的应用

教育是国之大计,将各种先进技术和方法应用到教育领域也是目前社会发展趋势之一。当前,在互联网和信息技术的蓬勃发展下,教育教学开始向着现代化和信息化的方向发展,在发展的过程中通过应用大数据技术能够进一步完善教育教学管理,促进教育教学方法体制的改革。例如在教学体制管理过程中,借助大数据技术对学生进行分析,能够及时得到有关学生的学习状况、心理状况、发展情况等方面的大量数据,通过对学生进行综合评价的分析结果,给予学生针对性的指导教学方案,进一步促进学生成长成才。同时,将数据挖掘技术应用于教育教学中,根据学生在课堂学习中表现出来的情况,分析得出学生对于教师所授课程的接受程度,根据这样的反馈信息,教师可以优化自己的教学方法,在优化教学方法的过程中形成创新性的课程教学方式,能够极大地提高课程教学的效率和课程教学的质量。

十、在新闻媒体领域中的应用

在新闻报道领域中,客观性、真实性和及时性是新闻的三大基本原则,其中及时性则直接关系到受众的接受程度以及新闻报道的质量和传播能力。在大数据时代下,如果仅仅是对时下热门的事件进行报道传播,不能保障新闻报道的真正及时性,这也是现阶段新闻行业内容同质化严重的重要原因。在新闻领域中运用大数据挖掘技术,不仅对海量的数据进行存储、管理以及分析上有着极大的优势,更重要的是大数据挖掘技术能够在历史数据记录的基础上,也就是说对已经存储的以往发生过的历史新闻数据进行分析,对数据行为进行预测,从而赋予新闻采编预见性。因此,新闻从业人员借助数据挖掘技术的分析预测结果,就能够对一些新闻信息进行预见,从而有效地提升新闻报道的及时性,提升新闻报道的质量①。

第五节　大数据挖掘技术展望

在社会生活的各个领域,数据挖掘技术得到越来越多的关注和越来越广泛的应用。在这样的大背景之下,数据挖掘的发展趋势会根据数据价值而不断地进行深化和提高。其中更加多样化的数据结构促使整个数据的分析变得更加复杂化和动态化。在社会的各行各业,数据挖掘技术都起到了相应的作用,并且它的实用性以及有效性越来越突出。除此之外,大数据挖掘过程是一个相对来说比较完整的过程,并不只是简单的单个算法的混合。为最大限度地实现数据挖掘的优势,需要将大数据技术和其他技术进行更加清晰、明确的划分和融合。

总的来说,在大数据时代背景下,数据信息的价值逐渐引起人们的广泛重视。但随着数据量的急剧增加,想要在海量的数据中获取有价值的信息,仅仅依靠传统的数据处理方式是远远不够的。借助数据挖掘技术,一方面能够节省大量的人力与时间,提升数据处理的高效性;另一方面能够根据各行各业的数据使用需求,精准获取信息,为各行各业的决策与发展提供有力的数据支撑。近年来,随着数据挖掘技术的不断优化与广泛应用,其在社会各个领域中扮演的角色越来越重要,例如医疗、制造业、新闻以及科研等。大数据挖掘技术在今后的发展过程中必然会发挥更加重要的作用,并将为社会的进步作出更大的贡献。因此,必须要充分地认识到数据挖掘技术的重要性,掌握大数据挖掘技术的相关理论和方法,将大数据挖掘技术的作用充分地挖掘出来。

本　章　小　结

作为知识发现(KDD)的核心部分,大数据挖掘技术指的是从海量数据中自发地挖掘隐藏在表象数据下的那些有效信息的过程,这些信息一般表现为:规则、概念、规律及模式等。进入 21 世纪后,大数据挖掘技术已经成为一门比较成熟的交叉学科,并且大数据挖掘技术也随着信息技术的发展日益完善起来。

数据挖掘技术融合了数据库、人工智能、高性能计算、模式识别、统计学和空间数据

①　张博.大数据时代的数据挖掘技术与应用[J].数字技术与应用,2020,38(12):35-37.

分析等多个领域的理论和技术,在金融业、教育业、制造业等多种行业中广泛应用,数据挖掘技术是 21 世纪初期对人类产生重大影响的十大新兴技术之一。

复习思考题

1. 请简述大数据的信息挖掘过程。

2. 关于大数据挖掘技术的应用领域,除了教材中所提到的,还有哪些领域?

3. 试想如何将大数据挖掘技术运用于工业生产中?

4. 请阐述什么是大数据挖掘技术?

5. 请评析聚类分析的挖掘方法。

6. 请分析大数据挖掘技术兴起的关键因素。

7. 数据挖掘研究方向有哪些分类?

8. 试述常见的机器学习和数据挖掘算法有哪些?

即测即评

第十章 大数据可视化分析

本章主要知识结构图：

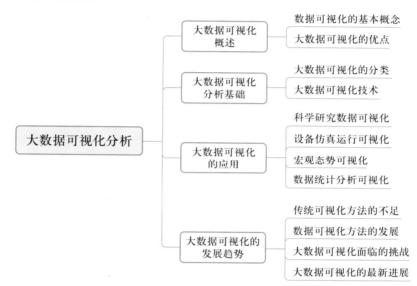

单一的数据(如人口变化数据)应该用什么方式去呈现呢？Pew Research 创造了一个GIF 动画,显示人口统计数量随着时间推移的变化,如图 10-1 所示。这是一个好方法,一个内容较多的故事被压缩成了一个小的动图包。此外,这种类型的内容很容易在社交网络上分享或嵌入在博客中,扩大了内容的传播范围①。

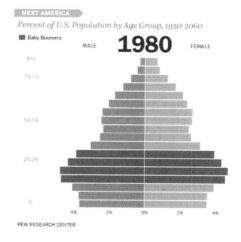

图 10-1　人口数量变化图

---

① 廖丽鸳.从教学设计看高中信息技术核心素养实施的拐点[J].中国信息技术教育,2018(10):22-25.

第一节　大数据可视化概述

一、数据可视化的基本概念

在大数据时代,人们希望高性能的以机器学习算法为核心的数据分析能在普通机器组成的大规模集群上实现,为实际业务提供服务和指导,进而实现数据的最终变现。在大数据分析的应用过程中,人们在可视化条件下的交互式视觉表现的帮助下探索和理解复杂的数据。对大数据的深度分析主要是在大规模的机器学习技术的基础上进行,这是与传统的在线联机分析处理(OLAP)的不同所在。一般来说,机器学习模型的训练过程可以归结为最优化定义于大规模训练数据上的目标函数,并且由一个循环迭代的算法实现。因而,与传统的 OLAP 相比较,基于机器学习的大数据分析是非常具有独特性的。

(1)迭代性。由于优化问题一般情况下是没有闭式解的,因而并非一次就能够完成对模型参数的最终确定,要循环迭代多次逐步逼近最优值点。

(2)容错性。机器学习的模型评价和算法设计会存在非最优值点,而且在多次迭代时循环过程中也产生一些错误,但是这不会影响模型的最终收敛。

(3)参数收敛的非均匀性。模型的试验过程中,有一些参数在少数几轮迭代后就不会再发生改变,而有些参数则需要很长时间才能达到收敛[①]。

就是由于这些特点的存在,计算系统的设计和理想的大数据分析系统的设计有很大不同,在大数据分析中直接应用传统的分布式计算系统,会在通信、等待、协调等非有效的计算上浪费很多资源。

在大数据分析应用过程中,运用交互式视觉表现的可视化方式能帮助人们收集和接收复杂的数据。可视分析能够更加迅速、有效地简化与提炼数据流,让用户能便捷地筛选大量的数据,有助于用户更快更好地从复杂数据中得到有效信息,发现新的现象,是用户掌握复杂数据并进行深入分析不可或缺的方法。绝大多数情况下,大数据的可视化是在并行算法设计的技术基础上进行的,高效地利用有限的计算资源,快速地处理和分析既定数据集的特征。数据流线化、任务并行化、管道并行化和数据并行化是大数据并行可视化工作中主要涉及的 4 种基本技术[②]。

---

①　朱志伟.基于大数据的 35 kV 变配电站智能监控整体解决方案的实现[J].电气技术,2018,19(07):63-67.

②　程学旗,靳小龙,杨婧,徐君.大数据技术进展与发展趋势[J].科技导报,2016,34(14):49-59.

二、大数据可视化的优点

视觉对话是大数据可视化的本质。大数据可视化在智能图形化的帮助下,清晰有效地传达与沟通信息,将技术与艺术完美结合。用图形和色彩将数据直观地展现出来,从而深入洞察十分稀疏且复杂的数据集是数据可视化的主要作用。有的人会将数据可视化描述为"数据呈现"。但这并不确切,因为数据可视化并非无条件地涵盖所有数据,在可视化的施行过程加入了制作人对问题的思考、理解、甚至是假设。大数据可视化通过显而易见的方式,帮助制作人获得关于客观数据的引导或者验证。

一方面,大量数据是可视化施行的主体条件;另一方面,可视化让大数据更加灵活。两者相辅相成,帮助用户从数据中提取信息、从信息中收获价值。

（一）用户接受速度快

人脑对视觉信息的处理要比文字信息快 10 倍。把复杂的数据用图形呈现出来,可以确保人脑的理解要比书面报告更快。

（二）显示维度广

可视化分析将数据每一维的值分类、排序、组合,再最终显示出来,可以帮助用户看到表示对象或事件的数据的多个属性或变量。

（三）信息的展示更直观

大数据可视化报告是用一些简短的图形替代复杂信息。用户可以轻松地理解不同的数据源所展示出来的丰富信息。很多研究已经表明,在学习和工作的时候,图文结合能够帮助读者更充分地了解所要学习的内容,图像更容易理解,更有趣,也更容易让人们记住。

第二节 大数据可视化分析基础

一、大数据可视化的分类

传统的数据可视化通常是在二维空间展现,起源于统计图形学,与信息图形、视觉设计等现代技术相关。与传统的数据可视化不同的是,大数据可视化更关注高维的、抽象的数据,与所针对的数据类型密切相关。按照分类方式的不同,大数据分析的分类也有所不同[1]。

---

① 徐晨光.图标可视化技术在聚类算法中应用方法研究[D].北京交通大学,2015.

（一）按照数据类型进行分类

1. 多变量高维度数据可视化

世界中复杂的问题和对象数据常常是用多变量高维数据描述的,如何将它们用恰当的方式把有效的信息呈现在平面,这是大数据可视化一直研究的重要内容。将高维数据降维到低维度空间,采用相关联的多视图来表现不同维度,是一个极具意义的切入点。

2. 时空数据可视化

时间属性和空间属性是描述事物状态或者运动行为的两个必要元素,因此,对时间变化数据和地理信息数据的大数据可视化的研究非常重要。对于前者,通常具有线性和周期性两种特征;对于后者,合理选择和布局图形上的可视化元素,尽可能呈现更多有效的信息是关键所在[①]。

3. 文字信息数据可视化

各种文本、跨媒体数据都蕴含着大量有价值信息,但却很难被读者捕捉和理解,从这些非结构化数据中提取结构化信息并进行可视化,也是大数据可视化的重要部分。

4. 层次与网络结构数据可视化

网络结构数据是数据世界中常见的数据类型。网络之间的连接、层次结构、拓扑结构等都属于这种类型。层次与网络结构数据通常使用点线图来可视化,如何在空间中合理有效地布局节点和连线是可视化的关键[②]。

（二）按照数据可视化受益者的不同进行分类

1. 业务数据可视化

业务数据可视化,也就是通常所说的商业智能（BI）。商业智能就是借助一些可视化工具,比如 DataFocus,可对企业数据进行分析和展示。它主要与企业内部数据对接,通常形成一套解决方案。

2. 个人数据可视化

个人数据的可视化非常丰富,可以是在互联网上找到的数据,也可以是通过发放问卷得到的一些统计数据。这些数据的分析可以通过编写一些代码来获得。

（三）按照数据可视化分析的数据进行分类

1. 统计数据可视化

统计数据可视化是指对统计数据的分析和显示。统计数据一般都存储在数据库

---

① 王瑞松.大数据环境下时空多维数据可视化研究[D].浙江大学,2016.
② 李秋生.旅游数据的查询与可视分析技术研究[D].西南科技大学,2016.

中,以表的形式进行存储,统计数据的分析就是对这些数据库表进行分析,比较常见的可视化库有 ECharts。

2. 关系数据可视化

关系数据可视化主要实现类似于流程图或漏斗图的数据。数据的正面和背面之间有一定的关系,可能是相似的点和线之间的关系。例如,地理空间数据可视化通常包含省、城市、经纬度等信息,可与地图结合显示。

二、大数据可视化技术

数据可视化技术综合运用计算机图形学、图像、人机交互等技术,将采集、清洗、转换、处理过的符合标准和规范的数据映射为可识别的图形、图像、动画甚至视频,并允许用户与可视化数据进行交互和分析。

本节首先从方法层面介绍满足通用数据可视化基本要求的通用技术;然后根据大数据的特点,介绍相关的大规模数据可视化和时间序列数据可视化。

(一)通用数据可视化技术

在数据可视化技术的应用过程中,大多不是技术驱动,而是目标驱动。图 10-2 中显示了一种应用广泛的数据可视化方法,即根据目标对数据进行分类。数据可视化的目标是抽象的比较、分布、组成和关系。

按目标分类的 4 种常用数据可视化方法如下:

(1)对比。比较不同元素或不同时间的值。

(2)分布。查看数据分布特征是常见的数据可视化方法之一。

(3)构图。查看数据的静态或动态组合。

(4)关系。查看变量之间的相关性,常与统计相关性分析方法结合使用,通过用户专业知识和场景需求的可视化组合来判断多个因素之间的影响关系。

(二)大规模数据可视化

大规模数据可视化一般认为是处理规模达到 TB 或 PB 级别的数据。经过数十年的发展,大规模数据可视化经过了大量研究得到长足发展,这里重点介绍其中的原位可视化和并行可视化。

1. 原位可视化

数值模拟过程中产生可视化,缓解大规模数值模拟的输出瓶颈。根据不同的输出,原位可视化分为图像、分布、压缩和特征。输出是图像的原位可视化,在数值模拟过程中,数据被映射到可视化,并保存为图像。输出是分布式数据的原位可视化,根据用户定义的统计指标,在数值模拟过程中计算并保存统计指标,然后将统计数据可

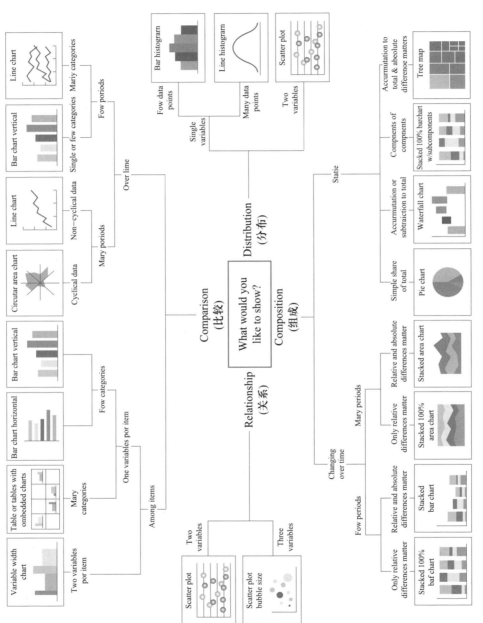

图 10-2　数据可视化

视化。输出是压缩数据的原位可视化,利用压缩算法降低数值模拟数据的输出规模,并将压缩后的数据作为后续可视化处理的输入。以输出为特征的原位可视化,采用特征提取方法,在数值模拟过程中提取特征并保存,将特征数据作为后续可视化处理的输入。

2. 并行可视化

并行可视化包括 3 种并行处理模式,分别是流水线并行、任务并行和数据并行。流水线并行采用流方式读取数据片段,将可视化过程划分为多个阶段,计算机并行执行各个阶段,以加快处理过程。任务并行将可视化过程划分为独立的子任务,同时运行的子任务之间不存在数据依赖关系。数据并行是一种"单个程序,多个数据"的方法,它将数据划分为多个子集,然后并行执行,以子集粒度处理不同的数据子集。

(三)时间序列数据可视化

时间序列数据可视化是从数据的角度帮助人类观察过去、预测未来,如建立预测模型、进行预测分析、分析用户行为等。下面介绍时序模型图的类型。

图 10-3 中,面积图可以显示定量值在一定时期内的变化和发展,是最常用的显示趋势的图表;气泡图可以将一个轴上的变量设置为时间,也可以将数据变量随时间的变化动画化;蜡烛图经常被用作交易工具。

图 10-4 中,甘特图通常被用作项目管理的组织工具;热图通过颜色变化来显示数据;直方图适用于显示连续时间间隔或特定时间段的数据分布。

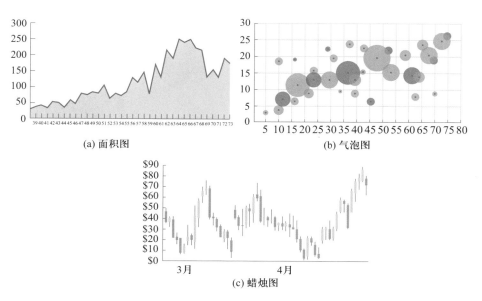

图 10-3 时序模型图类型一

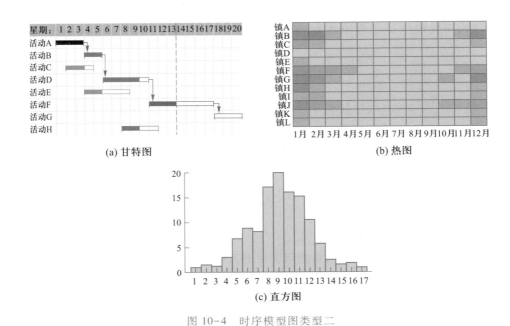

(a) 甘特图　　　　　　　　　　　　　(b) 热图

(c) 直方图

图 10-4　时序模型图类型二

图 10-5 中,折线图用于显示连续时间间隔或时间跨度内的定量值,最常用于显示趋势和关系;南丁格尔玫瑰图绘制在极坐标系统上,适用于周期性时间序列数据;OHLC图经常被用作交易工具。

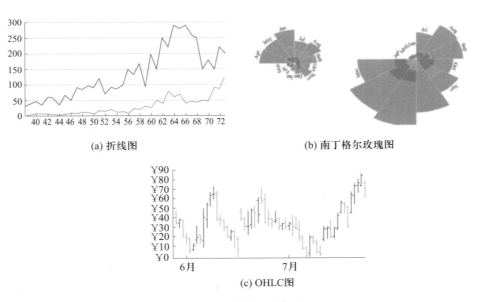

(a) 折线图　　　　　　　　　　　　　(b) 南丁格尔玫瑰图

(c) OHLC图

图 10-5　时序模型图类型三

图 10-6 中,螺旋图沿着阿基米德螺线绘制基于时间的数据;堆叠面积图的原理与简单面积图相同,但可以同时显示多个数据系列;量化波形图可以显示不同类型数据随时间的变化。

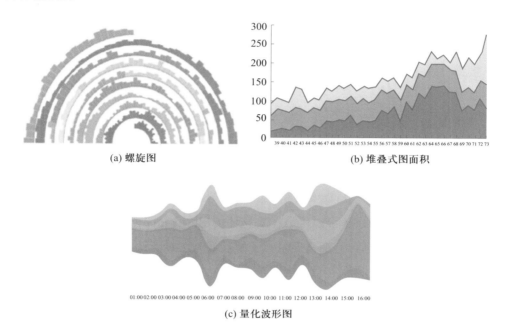

(a) 螺旋图

(b) 堆叠式图面积

(c) 量化波形图

图 10-6 时序模型图类型四

此外,对于具有空间位置信息的时间序列数据,上述可视化方法往往与地图相结合,如轨迹地图。

第三节 大数据可视化的应用

一、科学研究数据可视化

可视化是计算机科学的一个分支,致力于通过视觉表示来分析数据。科学可视化利用从工程、气候科学和生物医学等领域收集的数据的空间特性,通过集成现代硬件来促进可视化分析,对计算机图形具有很强的依赖性,但最终是将数据转换为可以呈现的形式。其最终目标是能够洞察复杂的科学数据。

例如,在中国科学院的指挥大厅中,有两套专为暗物质探测任务进行数据展现和分析的可视化系统——卫星态势监控可视化系统和数据管理监控可视化系统。卫星态势监控可视化系统运行在指挥大厅的大屏幕上,呈现的是卫星运行态势,包括结合二三维地图,可视化卫星的位置、运行轨迹,高能粒子经过探测器的三维"着火图",地面接收站的通信范围与状态等;大屏同时呈现卫星载荷状态以及地面站信息接收状态。数据管理监控可视化系统运行在数据处理间的大屏上,主要呈现数据处理过程、探测事例统计、内部流转实时监管等。"悟空"每天传回约 16G 数据量,科学家团队对数据展开分析研究,挖掘数据背后的规律与价值,探索宇宙的秘密;同时直观了解卫星的实时运行态势,数据可视化技术作用首当其冲。

二、设备仿真运行可视化

通过图像、三维动画与计算机程序控制技术和实体模型的集成,实现了设备的可视化表达,让管理者了解设备的位置、外观和参数,大大降低劳动强度,提高管理效率和管理水平。它是"工业 4.0"中所涉及的"智能生产"的具体应用之一。

例如,军工领域战场设备可视化是在战场环境中对作战区域内随时间推移而不断动作并变化的作战实体进行可视化展示。了解敌我双方的兵力部署,进而指挥部署我方的兵力应对和决策。

卫星运行可视化可以了解大范围卫星态势,并对卫星的轨道、在轨姿态、卫星所执行的任务进行可视化呈现,主要包括飞行、变轨、扫描、数据传输等。除此之外,对卫星回传的数据、卫星自身的状态,也有针对性的可视化分析和监测。

三、宏观态势可视化

宏观态势可视化是在特定环境中对随时间推移而不断变化的目标实体进行觉察、认知、理解,最终展示整体态势。此类大数据可视化应用通过建立复杂的仿真环境,通过大量多维度数据的积累,可以直观、灵活、逼真地展示宏观态势,从而让非专业人士很快掌握某一领域的整体态势、特征。

例如,全球航班运行可视化系统,通过将某一时段全球运行航班的飞行数据进行可视化展现,大众可以很清晰地了解全球航班整体分布与运行态势情况;卫星分布运行可视化,通过将宇宙空间内所有卫星的运行数据进行可视化展示,大众可以一目了然宇宙空间的卫星态势。

四、数据统计分析可视化

数据统计分析可视化可用于商业智能、政府决策、公共服务、市场营销等领域,这是媒体和公众提及最多的应用领域。

（一）商业智能可视化

商业智能可视化负责直接与决策者进行交互,是一个可视化的、交互式的应用程序,可以实现数据的浏览和分析等操作,协助决策者获取决策基础、进行科学数据分析、做出科学决策是非常重要的。因此,商业智能可视化系统对于提高组织决策的判断、整合,优化企业信息资源和服务,提高决策者的工作效率具有重要意义。

（二）智能硬件数据可视化

智能硬件是继智能手机之后的一个科技概念,通过软硬件结合的方式,让设备拥有智能化的功能。智能化之后,硬件具备了大数据等附加价值。智能硬件已经从可穿戴设备延伸到智能电视、智能家居、智能汽车、医疗健康、智能玩具、机器人等领域。而硬件采集上来的数据需要可视化将其价值呈现。例如可以通过使用智能技术来追踪个人的健康状况、情感状况,优化行为习惯等。

（三）数据统计分析和大数据可视化

数据统计分析和大数据可视化普遍应用于政府部门。例如,电子政务云平台,提供对政务信息、互联网信息、民众舆情等的筛选和挖掘,将科学分析和预测的结果进行快速、直观的展示,提高政府决策的科学性和精准性,提高政府在社会管理、宏观调控、社会服务等方面的预测和预警能力、响应能力及服务水平,降低决策成本。将大数据技术用于电子政务,逐步实现立体化、多层次、全方位的电子政务公共服务平台和数据交换中心,推进信息公开,降低企业和公众办事成本。

第四节　大数据可视化的发展趋势

一、传统可视化方法的不足

（1）"所有数据都必须可视化"。不要过于依赖可视化,有些数据不需要可视化方法来表达其信息。

（2）"只有好的数据才应该可视化"。简单的可视化可以帮助发现错误,就像数据可以帮助发现有趣的趋势一样。

（3）"可视化总是能做出正确的决定"。可视化并不能代替批判性思维。

（4）"可视化将意味着准确性"。数据可视化并不着重于显示一个准确的图像,而是它可以表达出不同的效果。

可视化方法可通过创建表格、图标、图像等直观地表示数据。大数据可视化并不是传统的小数据集。在大数据可视化中,许多研究人员在显示实际数据之前,使用特征提取和几何建模来大大减少数据量。当我们在进行大数据可视化时,选择合适的数据是非常重要的。传统的数据可视化方法大多不适用于大数据,用一些从传统可视化发展而来的方法来处理大数据是远远不够的。

二、数据可视化方法的发展

(一)传统的数据可视化方法

传统的数据可视化方法,包括表格、直方图、散点图、多边形图、直方图、饼图、面积图、流程图、泡沫图等,以及多个数据系列或图形组合,如时间线、维恩图、数据流图、实体关系图等。此外,一些数据可视化方法如今经常被使用,但不像以前的方法那样广泛。它们是平行坐标、树状视图、锥树状图、语义网络等。

平行坐标用于绘制多维单个数据。平行坐标在显示多维数据时非常有用,图10-7为平行坐标。树状视图是一种有效的可视化层次方法。每个子矩形的面积表示一个测量值,其颜色通常用于表示另一个测量值的数据,图10-8显示了选择流媒体音乐和视频的树状视图,流媒体音乐和视频是在社交网络社区中获得的数据。锥树状图也是一种显示层次数据的方法,如三维空间中的组织,其分支呈锥状。语义网络是表示不同概念之间逻辑关系的图形,它生成一个有向图,组合结点或顶点、边或弧,并标记每条边。

(二)交互式可视化

可视化并非仅仅是静态形式,而应当是动态的、交互的。交互式可视化可以通过缩放等方法进行细节概述。它的步骤如下:

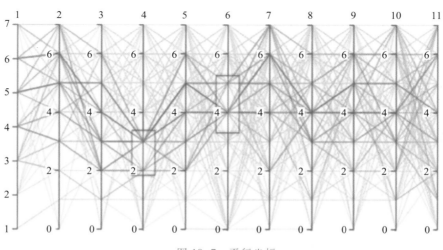

图 10-7   平行坐标

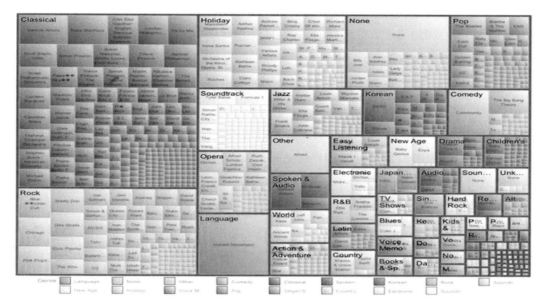

图 10-8　用树状视图跟踪查看社交网络流媒体服务的选择

（1）选择。交互式根据用户的兴趣选择数据实体或完整的数据集，以及它的子集。

（2）链接。在多个视图中找到有用的信息。

（3）过滤。帮助用户调节显示的信息数量，并且专注于用户感兴趣的信息。

（4）重排或再映射。空间布局是最重要的视觉映射，重排信息的空间布局对产生不同的见解非常有效。

（三）网络可视化

新的数据库技术和前沿的网络可视化方法也是减少成本的重要因素，也有助于完善科研的进程。随着网络时代的到来，数据时时都在更新，大大减弱了可视化的时效性。这些"低端"可视化通常用于商业分析和政府数据的开放，但它们对科研没有太大的帮助。许多科学家使用的可视化工具都不允许连接这些网络工具。

三、大数据可视化面临的挑战

基于可视化的方法有四个"V"的挑战。

- 体量（Volume）：使用数据量很大的数据集开发，并从大数据中获得意义。
- 多源（Variety）：开发过程中需要尽可能多的数据源。
- 高速（Velocity）：企业不用再分批处理数据，而是可以实时处理全部数据。
- 质量（Value）：不仅为用户创建有吸引力的信息图和热点图，还能通过大数据获取知识，创造商业价值。

高效的数据可视化是大数据时代发展过程中的关键部分。大数据的复杂性和高维性催生了几种不同的降维方法。然而,它们可能并不总是适用。高维可视化越有效,识别潜在的模式、相关性或异常值的概率就越高。大数据可视化还有以下挑战:

- 视觉噪声:在数据集中,大多数对象之间具有很强的相关性。用户无法把它们分离作为独立的对象来显示。
- 信息丢失:减少可视数据集的方法是可行的,但是这会导致信息丢失。
- 大型图像感知:数据可视化不仅受限于设备的长宽比和分辨率,也受限于现实世界的感受。
- 高速图像变换:用户虽然能观察数据,却不能对数据强度变化做出反应。
- 高性能要求:在静态可视化几乎没有这个要求,因为可视化速度较低,性能的要求也不高①。
- 可感知交互的可伸缩性:可视化每个数据点会导致过度绘制,并降低用户的识别能力。从大型数据库查询数据会导致高延迟并降低交互速率。

大数据可视化面临许多的挑战,下面是一些解决方法:

- 满足高速需要:一是改善硬件,可以尝试增加内存和提高并行处理的能力。二是许多机器会用到的,将数据存储好并使用网格计算方法。
- 了解数据:请合适的专业领域人士解读数据。
- 访问数据质量:通过数据治理或信息管理,确保干净的数据十分必要。
- 显示有意义的结果:将数据聚集起来到一个更高层的视图,在这里小型数据组和数据可以被有效地可视化。
- 处理离群值:将数据中的离群值剔除或为离群值创建一个单独的图表。

四、大数据可视化的最新进展

(一)方法的进展

大数据可视化可以借助多方位呈现数据、关注海量数据的动态变化、过滤信息(包括动态查询过滤、星图显示、紧密耦合)等多种渠道实现。根据不同的数据类型(大容量数据、变化数据、动态数据),可视化方法有如下进展:

- 树状图式:根据分层数据的空间填充可视化方法。
- 圆形填充式:树状模式的直接替代。它使用圆作为原始形状,并能够从更高级的层次结构引进更多的圆。

---

① 崔迪,郭小燕,陈为.大数据可视化的挑战与最新进展[J].计算机应用,2017,37(007):2044-2049.

- 旭日型：基于树形图可视化基础转换为极坐标系统。可变参数由宽度和高度变成半径和弧长。

- 平行坐标式：通过可视化分析，将不同地方的多个数据因素展开。

- 蒸汽图式：一种堆叠区域图，其中数据围绕一条中心轴展开，并伴随着流和有机模式。

- 循环网络图式：数据按照各自的相关比率，围绕一个圆形排列，并用曲线相互连接。数据对象的相关性通常用不同的线宽或颜色饱和度来测量。

（二）可视化工具的进展

用传统的数据可视化工具来处理大数据可视化已经落后了。以下是可视化交互式大数据可视化的方法。首先，可以使用一个设计空间来可视化多种类型的数据，该设计空间由一组可扩展的直观数据摘要组成，这些直观的数据摘要是通过数据简化（如聚合或抽样）获得的。通过将多源数据块与并行查询相结合，可以开发出应用于特定区间的交互查询方法（如相关性和更新技术）。而在基于浏览器的可视化分析系统imMens 中使用了一种更先进的方法来处理数据并渲染 GPU（图像处理器）。

很多大数据可视化工具都运行在 Hadoop 平台上。该平台的惯用模块包括：Hadoop Common，HDFS（Hadoop Distributed File System），Hadoop YARN 和 Hadoop MapReduce。这些模块在分析大数据信息方面效率很高，但缺乏一些可视化过程。下面是一些具有数据可视化功能的软件工具：

- Pentaho：支持商业智能功能的软件，如分析、控制面板、企业级报告和数据挖掘。

- Flare：将 Adobe 视频播放器中运行的数据可视化。

- JasperReports：一个从大型数据库生成报告的新软件层。

- Dygraphs：一个快速、灵活的开源 Java 描述语言图形集合，可以查找和处理不透明的数据。

- Datameer Analytics Solution and Cloudera：同时使用 Datameer 和 Cloudera 可以更快、更简单地使用 Hadoop 平台。

- Platfora：将 Hadoop 中的原始大数据转换成交互式数据处理引擎，同时还具有把内存数据引擎模块化的功能。

- ManyEyes：IBM 公司开发的可视化工具，它是可供用户上传数据并实现交互式可视化的公共站点。

- Tableau：一款商业智能软件，支持交互式和直观数据分析，内置内存数据引擎来加速可视化处理。

本 章 小 结

可视化可以是静态的也可以是动态的。交互式可视化通常会带来新的发现,并且比静态数据工具更有效。因此,交互式可视化为大数据打开了无限可能。可视化工具和网络(或 Web 浏览器工具)之间互动的关联和更新技术推动了科学进程。基于 Web 的可视化使人类能够及时捕获动态数据,实现实时可视化。

复习思考题

1. 大数据分析可视化分析内涵是什么?

2. 对数据可视化的三种类型进行对比分析。

3. 简述数据可视化的起源。

4. 请你设想在当前的发展趋势下,未来大数据可视化分析技术可能会有哪些新的应用场景?

5. 总结数据可视化的意义。

6. 如何理解可视化在大数据技术中的地位?

7. 常见的统计图表有哪些类型?

8. 数据可视化工具主要包含哪些类型? 各自的代表性产品是什么?

9. 试述数据可视化的重要作用。

10. 请举出几个数据可视化解决现实问题的典型案例。

即测即评

第四篇　发展焦点篇

第十一章　大数据安全

本章主要知识结构图:

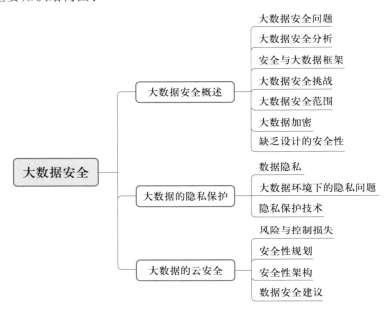

大数据时代来临,各行业数据规模呈 TB 级增长,拥有高价值数据源的企业在大数据产业链中占有至关重要的地位。在实现大数据的集成后,如何确保网络数据的完整性、可用性和保密性,不受信息泄露和非法篡改的威胁,保障大数据时代的信息安全,已成为政府机构、事业单位信息化健康发展所要考虑的核心问题。在我国数字经济发展进入"快车道"的时代背景下,如何开展大数据安全治理,提升全社会的"信息安全感"已成为普遍关注的问题。本章包括大数据安全概述、大数据的隐私保护和大数据的云安全三个方面的内容。

第一节　大数据安全概述

一、大数据安全问题

从安全的角度来看,了解任何新技术的利弊是非常重要的。对于依赖于更新的 IT 基础设施的组织来说,大数据是一种新技术。大数据的显著特点之一是其基本上使用开源代码来工作,像 Java 编程语言,这意味着防范后门入侵者非常重要。它需要来自用户的身份验证和多位置数据访问,这加大了连接到安全基础设施的难度。此外,在安全性方面,日志文件和审计是重要手段。安全问题对于正在部署大数据的组织来说,是一个挑战。

为更好地了解用户和业务,大数据支持代码、网络日志、点击流数据和社交媒体内容的保存。但是,如果被其他人非法获取,可能会对组织造成致命影响,导致大数据安全事件的产生。通过分析云计算和大数据的区别,大数据基础设施的安全责任并不局限于云计算。在云计算中,安全是提供云服务的第三方平台关注的问题,而在大数据中,IT 基础设施是基于组织的,它支持保存数据的每一个细节,以确保组织的数据安全,这为大数据安全带来了诸多问题。

二、大数据安全分析

随着信息技术时代的发展,大数据安全分析显得尤为重要。在此之前,安全信息和事件管理(Security Information and Event Management, SIEM)被广泛用于通过日志系统进行安全保护,这对于 IT 组织来说是可靠的。大数据技术为传统 SIEM 的升级改造提供了新的契机,有助于为信息基础设施提供加强安全性的工具。通过大数据安全分析可以解决检测和预防潜在威胁的挑战,有助于提出预防建议,从而使信息基础设施更加安全。在大数据方面,对日志进行系统分析,通过阻止组织内的安全事件,有利于减少数据的丢失,比如入侵检测和预防系统,大数据带来了比以前的技术更实用、更好的方法来保护信息基础设施安全。

三、安全与大数据框架

与拥有大量数据的关系数据库相连接的数据仓库 Hadoop 是处理大数据的较好选择。无论大数据结构如何,Hadoop 的设计确保其能够提高处理大量数据的效率,其核心在于用于创建 Web 搜索索引的 Map-Reduce 框架,其 Hadoop 分布式文件系统允许集群中的每台服务器在不取消不同进程的情况下避免发生故障,并与现有框架并行,保证了安全性。

四、大数据安全挑战

大数据为技术人员创造了广阔的就业前景,也为众多用户(无论他们是科学家、行业专家还是营销人员)提供了新的体验。大数据为各种用户提供了一个新的解决方案来保证系统的安全和完善。然而,值得注意的是,如果没有计划好的安全解决方案,大数据安全可能会成为一个巨大的挑战,对于那些计划在其组织中部署大数据的规划者来说也是如此。

五、大数据安全范围

从数据源、大数据框架和大数据分析三个不同领域,可以看出大数据安全的范围十分广泛。由于大数据以不同的形式提供了各种各样的信息,而且随着需求的变化,数据源的安全性也越来越重要。表格和表单会随着需求而动态变化,这给数据安全以及相关实务的安全性带来了挑战。大数据框架 Hadoop 与 MongoDB 是安全的,但是开源代码和对日志和审计中的小事件的忽视可能造成大漏洞,需要提供确保组织安全的大数据框架。如今,大数据分析已成为组织的有力工具。管理层需要不同类型的统计图表和趋势特征的分析结果。从云计算转向大数据的组织在市场上日益常见。在大数据分析领域,安全保障完全由大数据基础设施设计师和开发人员负责。

六、大数据加密

传统加密方法的局限性给大数据加密带来了巨大挑战。从数据库导出到大数据环境中的数据,如何通过数据库设计来保证安全性。事实上,不同的调整方法本身导致了对大数据安全的极大关注,需要一个大规模的计划来确保大数据的安全性。

与传统加密方法不同,Vormetric 数据安全体系结构在大数据框架中具有强大的功能,在系统过程中提供加密、密钥管理和访问控制。它可以提供粒度控制、健壮的加密和分析支持。它使安全性能够利用来自分布式数据源的集中控制,并通过遵从性进行优化。它易于使用,提供了一个支持数据保护的大数据框架。数据来源可能是数据仓库、系统日志和不同的应用程序,如电子表格等,但需要在大数据框架中提交,为了保证安全性,可以采用 Vormetric 透明加密和应用加密。

在大数据中,有图形、自动报表和辅助查询等多种形式,这些输出包含了对组织非常重要的敏感信息。它是入侵者的潜在目标。为了保证大数据的安全性,Vormetric 提供了透明易用的应用程序加密套件服务,可实现集中式密钥管理和应用程序层加密的控制。

七、缺乏设计的安全性

大数据平台可用来获取不同类型的格式和数据,设计一个安全机制非常有必要,否则就很难利用通道中的各个结点来保证多种格式和数据的安全。在安全方面,大数据面临着匿名性、复杂多样性、信息泄露、安全支出低、技能差距大等诸多安全问题。

简言之,安全性是大数据技术中的重要关注点。大量的数据安全模式规划对组织数据管理是有效的。一个小错误可能导致大的安全事故,给组织带来巨大的损失,因此应重视设计确保数据安全的整体方案。

第二节　大数据的隐私保护

根据身份盗窃资源中心(ITRC)发布的《2021 Data Breach Report》显示,2021 年共记录了全球 1862 起数据隐私泄露事件,刷新了 2020 年 1 108 起的最高纪录。根据 IBM Security 的《数据泄露成本报告》显示,2021 年至 2022 年间,数据泄露的全球平均成本从 424 万美元增加至 435 万美元(见表 11-1)。

表 11-1　数据泄露事件案例

公司	数据泄露事件	备注
索尼电脑娱乐公司	2011 年,由于没有在其"Play Station"网络上使用最新版本的数据安全软件,导致数百万个游戏玩家的个人数据(包括密码和信用卡号码)失窃	25 万英镑的罚款
英国航空公司	2018 年,英国航空公司的数据泄露事件,导致约 50 万名乘客的个人基本信息和付款记录等数据被黑客窃取,其中,至少有 7.7 万张支付卡持有者的姓名、账单地址、电子邮箱地址、信用卡支付信息(包括卡号、有效期和信用卡验证码)可能遭到泄露	2.3 亿美元的罚款
万豪国际集团	2018 年 11 月,万豪国际集团公开披露一起数据泄露事件,该事件导致 3.83 亿位酒店客户信息被黑客窃取。万豪国际集团在 2016 年 9 月收购了喜达屋连锁酒店,可经调查显示,自 2014 年 7 月以来,黑客就一直驻留在喜达屋的网络当中,并从其客户预订数据库内窃取了详细的客户信息	1.23 亿美元的罚款
Captial One 银行	2019 年,Captial One 银行遭受数据泄露,影响 1 亿名美国人和 600 万名加拿大人。该公司宣称,一名"外部人士"(后来确认是前亚马逊网络服务软件工程师佩吉·汤普森)通过公司网络应用防火墙(WAF)中的配置漏洞,获取了 Capital One 信用卡客户和信用卡产品申请人的个人信息	8 000 万美元的罚款
亚马逊公司	2021 年 7 月,亚马逊在提交给监管部门的文件中称,卢森堡数据保护委员会(CNPD)已对其作出创纪录的 7.46 亿欧元(约合人民币 57 亿元)的罚款决定,原因是违反了欧盟的数据保护法	7.46 亿欧元的罚款
脸谱	2021 年 9 月,由于未能清楚、公开和诚实地处理用户数据,向用户说明他们的信息将如何被使用,脸谱旗下的社交软件 WhatsApp 被爱尔兰数据保护委员会(DPC)处以 2.25 亿欧元(约合人民币 15.81 亿元)的罚款	2.25 亿欧元的罚款
Medibank	2022 年 11 月,Medibank 在数据泄露事件中,有超过 390 万用户信息被曝光。2023 年 6 月,澳洲审慎局勒令其增持 2.5 亿澳元的资本。	2.5 亿澳元的资本增持

由表 11-1 可见,当今世界数据隐私问题十分严重。

一、数据隐私

下面将以一个银行领域的例子来说明数据隐私的概念。像银行这样的企业组织,在其运营过程中要收集大量客户的私人信息。如果客户想在银行开立账户或购买理财产品,需要填写银行规定的申请表并提交。开户后,客户可以进行不同的金融业务。银行通过申请表收集私人信息,如姓名、地址、出生日期、父亲姓名以及出生城市等(识别个人或有助于唯一识别个人)并以电子格式存储。客户账户中的余额或贷款金额是私人的敏感信息。除客户外,该资料只供银行的授权雇员知悉。在这种情况下,银行有必要使这些信息远离不需要了解客户交易或详情的银行员工、其他客户、任何未经授权的人和外部世界。这类私人的敏感数据的其他例子包括医疗记录中的数据属性、姓名、出生日期、联系方式、疾病等。实体或组织在收集、存储和保存个人数据时,有义务保护个人数据。

数据安全和隐私是密切相关的术语。数据安全性用于表示机密性、可用性和完整性。数据隐私是指收集个人隐私和敏感数据的实体必须将其用于收集目的。这也意味着,未经规定的法律程序,实体不得出售、披露或外包数据。当未经授权的用户能够从不同来源的可用数据中查看个人敏感信息或识别个人身份时,就会发生数据隐私侵犯。在前述表 11-1 里索尼公司侵犯数据隐私的例子中,未经授权的用户利用安全系统存在的缺陷访问了敏感数据和私人信息。但是,即使没有利用任何安全缺陷,也可能发生此类违规行为。具有隐私保护的数据挖掘试图在不牺牲数据效用的前提下保护个人隐私,旨在克服在大数据环境中从不同来源挖掘敏感数据所带来的数据隐私问题。

二、大数据环境下的隐私问题

传统的数据生命周期包括以下几个阶段。

(1)数据创建。许多不同的活动(如访问网站、互联网交易等)可以创建数据。

(2)数据维护。创建的数据存储在不同的存储设备中并被用于分析和形成报告。

(3)数据共享。存储的数据可以与不同的实体共享。

(4)数据存档。生成时间较早的存储数据(例如,一年前创建的数据)被复制和存档,以便安全保存和重用存储空间。

(5)数据保留。数据持有人需要根据法律要求保留特定时间段的数据。

(6)数据删除。在某些情况下,可以从不同的存储设备中删除数据。

随着时间的推移,存储此类数据的成本已经降低。在大数据环境中,会出现不同的隐私问题,因为这些数据可以与出于不同目的发布的数据集或可用于查询的数据集相关联。

大数据环境下的主要隐私和安全问题,在于保证个人的隐私数据不会被查看数据的用户、收集私人信息和敏感数据的实体(即大数据持有者)或第三方云服务提供商等实体滥用。大数据环境中的一些数据隐私问题总结如下。

（一）捕获大量敏感数据的风险增加

在大数据环境中,由于包含一些敏感的和私有的数据,且这些数据是公开的、可以通过互联网访问的、可以与其他用户和组织共享的,使得隐私泄露的风险显著增加。如何访问、存储和管理与用户相关的私人信息和敏感数据面临新的挑战。在过去几年中,有许多记录在案的一系列数据安全违规事件,其中数据隐私违规是由合法访问敏感数据集的用户和未经授权的用户造成的。

未经授权用户(即对手)可能有意访问大量私人信息和敏感数据(如金融数据、身份数据等),导致滥用数据,或更改数据的行为发生,使得分析结果具有误导性。为了获得数据隐私,攻击者可以利用大数据平台背后基础设施中的软件、硬件设计缺陷。此类数据泄露可能导致组织品牌受损、客户流失、合作伙伴失去信任或忠诚度,还可能造成知识产权和市场份额的损失。如果组织不遵守隐私条例,还可能会受到法律处罚。

（二）个人数据控制权的失去

传统数据环境下,数据流通能被组织或个人控制。与传统的数据环境不同,组织运用新一代信息技术来收集、存储和处理数据,不受单个人员的控制。在分布式的大数据环境中,许多自治实体控制数据,很难保持对来自不同来源的人员信息流的控制。在一些国家,存在隐私监管要求,其中规定了数据绑定和数据最小化等要求。由此可见,这些要求在大数据环境下很难实现。

（三）敏感数据集的长期可用性

多年来,存储数据的成本不断降低。在小型便携式设备上存储大量数据是可能的。法规规定了在一定时间段内要保存数据。同时,还存在保留数据的业务需求,因为从这些数据中获得的知识在商业上是有用的。研究人员还发现,构建大型数据集很容易,同时此类数据集对于研究很有用。由于这些原因,政府、企业和研究人员已经建立了几乎永久性的大型数据集。这些数据集中的身份属性不会随时间发生显著变化。除了身份属性外,这些数据集还包含个人行为模式的记录、生活方式的细节、世界观以及在不同时间点(如情绪状态)发送给他人的信息和反应。在现实中,这样的世界观和生活方式可能会随着人们的生活环境发生改变。但在大数据世界,数据存储在交叉连接的数据库中,可以通过电子方式进行搜索,并不能保证此类数据在所有来源中被删除。

（四）数据质量、完整性和出处问题

在部分情况下,大数据环境中数据的质量和完整性值得怀疑。因为数据可以从不同来源收集,这些来源可能不可信。需要背景知识和数据变化历史知识来正确分析此类数据和解释结果。通过应用不同的数据挖掘算法对大数据进行分析的分析师,如果不考虑数据收集的质量、完整性和背景环境,就无法实现业务优化或有效运行任何有价值的数据驱动流程或操作。

（五）不同来源数据集的关联风险

大数据环境下,由于低成本计算能力的实用性,使其可以分析、聚合、链接不同来源的大型数据集。单一的数据集可能不会泄露任何私有信息。但是,当两个或多个数据集组合在一起时,用户的隐私可能受到威胁。在分析数据以识别隐藏模式时,通常会对来自不同来源的数据进行关联,这可能会增加识别和取消匿名的风险。

独立数据集不包含任何能够识别数据主体的信息(例如,没有任何身份的医疗保健信息)。在许多情况下,此类数据集可被视为不包含在现有数据保护规则中,因为它们不包含可识别信息。在某些情况下,研究人员可能会发现新的敏感数据集。数据实体通常不同意共享此类信息,但通过将匿名化的数据集与公开的或其他保密的现有数据集相关联可实现信息的共享利用。

例如,相关研究已表明,使用公开的数据可以准确猜测个人的社会保障号码。已有研究者使用美国社会保障局免费提供的死亡主文件、数据代理等来源的个人数据、社交网络上的个人资料来预测社会保障人数。在一家名为 Target 的公司工作的统计学家,能够以 87% 的置信度预测女性顾客是否怀孕,这种预测利用顾客的购买历史来识别他们的行为模式。从这一分析中获得的结果,用来向那些被认为是期望父母的顾客提供有关新生儿相关商品的个性化广告。

三、隐私保护技术

本节介绍数据挖掘应用程序中的大数据隐私保护技术——匿名技术。匿名技术主要从统计披露控制的角度来保护隐私。该技术通过数据库中的随机映射或加密机制,去除或替换客户身份证号、联系电话等敏感数据值。使用匿名技术有效地实现了大数据隐私保护。

下面介绍常用的隐私保护技术:K-匿名、L-多样性和 T-邻近性,以及其他隐私保护。

（一）K-匿名

K-匿名技术被用来克服由于关联不同数据集而引起的隐私泄露问题。K-匿名的

概念是由学者 Sweency 于 2002 年提出的。在这项技术中,假设一个组织已经构建了包含私人信息和敏感数据的数据集,并提出了一种方法来准备数据发布,精确地保证在发布数据时不能重新确定主题,并且发布仍然有助于数据分析和研究目的。K-匿名模型要求发布的数据中,指定标识符(或准标识符)属性值相同的每一等价类至少包含 k 个记录。

对 K-匿名性最常见的三种攻击如下。

1. 同质化攻击

某个 K-匿名组内对应的敏感属性的值完全相同,这使得攻击者可以轻易获取想要的信息。例如,表 11-2 中 A、B 条数据的敏感数据(疾病)是一样的,攻击者只要知道表中某一用户的性别是女,邮政编码是 567*,就可以确定她有胃病。

表 11-2 用户数据表示例 1

组号	性别	年龄	邮政编号	疾病
A	女	*	567*	胃病
B	女	*	567*	胃病
C	男	*	567*	心血管病

2. 背景知识攻击

即使 K-匿名组内的敏感属性值并不相同,攻击者也有可能依据其已有的背景知识以高概率获取其隐私信息。例如,表 11-3 中 A、B 条数据的敏感数据(疾病)是不同的,攻击者无法确定用户是胃病还是脑出血。但是攻击者知道用户在某个省份,而这个省份的胃病发病率很低,那么他就可以确定用户有脑出血。

表 11-3 用户数据表示例 2

组号	性别	年龄	邮政编号	疾病
A	女	*	567*	胃病
B	女	*	567*	脑出血
C	男	*	567*	心血管病

3. 未排序匹配攻击

当公开的数据记录和原始记录的顺序一样的时候,攻击者可以猜出匿名化的记录是属于谁。例如,如果攻击者知道在表 11-4 中 A 是排在 B 前面,那么他就可以猜到要攻击的表 11-5 中 A 是排在 B 前面的,从而知道 A 有心脏病。

表 11-4   用户数据表示例 3

组号	性别	年龄	邮政编号
A	女	34	567*
B	女	25	567*
C	男	67	567*

表 11-5   用户数据表示例 4

组号	性别	年龄	邮政编号	疾病
*	女	*	567*	心脏病
*	女	*	567*	脑出血
*	男	*	567*	胃癌

（二）L-多样性

为了克服 K-匿名模型的缺点,学者们提出了 L-多样性的概念[①],并表明即使数据发布者不知道攻击者拥有的背景知识类型,L-多样性也可以提供数据隐私。多样性模型可以看作是匿名性模型的一个扩展,可以提供对 K-匿名性攻击的保护。L-多样性的主要思想是敏感属性的值在一个组中得到很好地表示。研究表明,现有的 K-匿名算法可以扩展到具有 L-多样性的数据集。

在 L-多样性模型中,使用了泛化和抑制技术来降低数据表示的粒度,使得数据中的任何给定记录映射到其他记录。粒度的减少是一种折中,它会导致数据挖掘算法的结果在一定程度上失去有效性,从而获得一些隐私。例如,在某些情况下,攻击者可以利用疾病罕见阳性指标的知识来推断值。这种指标比一般的负面指标能提供更多的信息。在某些情况下,可以从满足 L-多样性属性的匿名数据集中推断出敏感信息。L-多样性属性确认了每个组中敏感属性值的"多样性",且这些值在语义上是接近的。

如表 11-6 所示,在每一个等价集中,包含至少 3 个以上不同的属性值,那么这部分公开数据就满足 3-diversity 的属性。要实施 L-多样性模型,除了上述的不可区分属性方式,通常还可以引入其他的统计方法来实现:

---

① Machanavajjhala A,Kifer D,Gehrke J,et al. L-diversity:Privacy beyond k-anonymity[J]. ACM Transactions on Knowledge Discovery from Data (TKDD),2007,1(1):1 – 47.

表 11-6　用户数据表示例 5

年龄	性别	邮政编号	疾病
2*	男	567*	心脏病
2*	女	567*	心脏病
2*	女	567*	心脏病
2*	女	567*	流感
2*	男	567*	糖尿病
>=40	女	5690*	骨折
>=40	男	5690*	流感
>=40	男	5690*	甲亢
>=40	男	5690*	流感
3*	女	567*	心脏病
3*	男	567*	糖尿病
3*	女	567*	骨折

（1）不可区分 L-多样性。在同一个等价类中至少出现 L 个不同的敏感属性值。

（2）基于概率的 L-多样性。在一个类型中出现频率最高的值的概率不大于 1/L；

（3）基于熵的 L-多样性。在一个等价类中敏感数据分布的熵至少是 log(L)；

（4）递归(C,L)-多样性。通过递归的方式,保证等价类中最经常出现的值的出现频率不要太高。

（5）递归(C1,C2,L)-多样性。通过递归的方式,保证等价类中经常出现的值的出现频率不要太高,同时保证等价类中频率最低的敏感属性出现的频率不能太低。

L-多样性也具有一定局限性。敏感属性比例的严重不均衡导致 L-多样性难以实现。例如某疾病检测报告,敏感属性只有"阳性"和"阴性",分别占比 1% 和 99%,阴性人群并不在乎被人知道结果,但阳性人群可能很敏感。如果在一个等价类中均为阴性,是没有必要实现可区分的 2-Diversity。偏斜性攻击,如果在上述例子中,我们保证了阳性和阴性出现的概率相同,虽然保证了多样性,但是泄露隐私的可能性会变大,因为 L-多样性并没有考虑敏感属性的总体分布。

（三）T-邻近性

邻近性模型考虑敏感属性在表和类中的分布[①]。T-邻近性的性质涉及敏感属性在任何等价类中的分布与敏感属性在整个表中的分布是接近的。此属性可以防止敏感属性的值泄露,但不能防止身份泄露。

（四）其他隐私保护方法

设计任何隐私保护方法(机制),必须考虑效用和隐私的权衡。通常的做法是提供隐藏个别特定数据的数据集,以便进行数据挖掘。隐藏个别特定数据可能会导致数据效用的某些损失。可以看出,不透露任何私人信息的数据集可能对研究目的没有用处。因此,必须实现效用和隐私的平衡。设计数据隐私机制的目的是使数据集保持有用,保护个人隐私。一方面,为了设计隐私保护机制,必须准备不同类型的数据挖掘算法列表和将在数据集上生成的统计报告。然后,输出必须以这样一种方式进行转换,即不泄露任何私人信息。需要考虑的另一个方面是如何应用不同的数据挖掘算法。应用这种数据挖掘算法有两种情况。在第一种情况下,数据集(不会透露任何私人信息)被发布,数据挖掘算法可能被应用。在第二种情况下,数据集可用于交互式查询和分析,并返回受干扰的结果。即使攻击者知道所使用的隐私保护方法,也不可能推断出答案。假设一个人的年龄是 X,报告的答案是 Y,那么攻击者就不可能从 Y 中推断出 X 的值。接下来将介绍几种重要的数据隐私保护方法。

1. 聚合

在这种技术中,数据的粒度被降低,并且可以针对不同的属性进行聚合。通过将潜在的敏感记录(具有较高的泄露风险)转换为具有较低泄露风险的记录,可以使用这种技术降低泄露风险。例如,假设一个城市只有一个人具有特定的人口特征组合,而一个市有许多人具有这些特征。在这种情况下,数据可以在市一级而不是在县一级发布,这将减少泄露的风险。

2. 抑制

发布数据的组织可以从发布的数据集中删除敏感值。如果特定属性的值被抑制,则将创建缺少值的数据集。在某些情况下,可能无法分析此类数据集。例如,可以考虑抑制高于某个阈值的收入值的情况。那么,根据公布的数据对收入分配的任何估计都将有偏差,平均值和中值将远低于实际值。

---

① Li N,Li T,Venkatasubramanian S. T-closeness: Privacy beyond k-anonymity and l-diversity[C]//2007 IEEE 23rd international conference on data engineering. IEEE,2007:106-115.

3. 数据交换

在这种技术中,发布数据集的组织交换某些选定记录的数据值,然后发布数据集。将具有较高泄露风险的记录的年龄、种族、性别等属性值与具有较低泄露风险记录的相应值进行切换后,即可发布数据集。任何将已发布数据集中的数据与任何其他已知数据集进行匹配的用户都不会得到正确的结果。使用这种技术的组织不会透露交换值的数量和使用的算法。高层交换会破坏数据中不同变量之间的关系。

4. 添加随机噪声

在数字数据中加入随机噪声的技术被许多组织广泛使用。在数字数据中加入随机噪声可以降低扰动数据完全匹配的可能性,保护隐私。添加随机噪声所提供的保密保护程度取决于噪声分布的性质。如果从具有较大方差的分布中抽取随机数相加,则可以提供更高级别的保护。添加大方差的随机噪声会在数据和查询答案中引入错误。它可以扭曲不同的统计指标,如回归系数。通过将重尾分布(如拉普拉斯分布)中的随机噪声添加到查询答案中,可以提供诸如差分隐私之类的强隐私保证。

5. 合成数据

在这种技术中,有更高的泄露或识别风险的实际数据值被概率分布模拟的值所取代。使用这种技术的组织确保概率分布与实际数据分布紧密匹配,还尝试在原始数据中再现尽可能多的关系。在这种技术中,数据中所有变量的值都可以被模拟值替换,或者值的子集可以被替换。为了创建合成数据,需要构建数据的详细模型,或者将数据转换为不同的空间(例如傅立叶变换)。获得的数据的交替表示被扰动。合成数据集是由扰动数据创建的。例如,美国人口普查局 2015 年发布数据集采用合成数据生成技术,以确保不泄露任何隐私或敏感信息。

6. 频繁项集挖掘

频繁项集挖掘是数据挖掘中基本的问题之一。已有研究提出了两种从敏感事务数据中发现 k-频繁模式的有效算法。学者们提出了能够保护数据隐私的数据挖掘算法,基于 Apriori 的差分隐私算法,精确量化了效用权衡。

7. 差分隐私

差分隐私以克服前面讨论的数据隐私技术的一些限制。差分隐私提供了强大的隐私保护保证。主要原则是攻击者不应看到数据库中的小更改。在这种技术中,对数据库执行的任何查询的实际结果都是在添加适当的随机噪声后返回的。不同领域的研究人员对其进行了研究,如 FIM、地理空间数据和空间众包等。在当今的信息时代,大量的数据被收集、创建、存储和处理以获取决策所需的知识。差分隐私技术为此提供了强有力的隐私保障。

8. 联邦学习

联邦学习是一种分布式机器学习技术,其核心思想是通过在多个拥有本地数据的数据源之间进行分布式模型训练,在不需要交换本地个体或样本数据的前提下,仅通过交换模型参数或中间结果的方式,构建基于虚拟融合数据下的全局模型,从而实现数据隐私保护和数据共享计算的平衡,即"数据可用不可见""数据不动模型动"的应用新范式。2021 年 3 月,IEEE 正式发布联邦学习首个国际标准"IEEE 3652.1 - 2020 - IEEE Guide for Architectural Framework and Application of Federated Machine Learning"。

第三节 大数据的云安全

云已经成为大数据存储与处理的理想平台:一个看似无限的计算资源池,可以按需付费,根据需要快速进行调配和伸缩。尽管云是大数据存储与处理的理想选择,但使用云带来了新的安全挑战,而这些挑战在使用内部部署解决方案或私有数据中心时不存在。

这些挑战很多源于用户在迁移到云时放弃了对基础架构、流程和数据处理的控制权。相反,这些用户信任云提供商,以确保其数据是安全的,并且在需要时可以使用该服务。

美国国家标准技术研究院(NIST)将云计算定义为"一种用于使人们能够对共享的可配置计算资源池进行无处不在的方便的按需网络访问模型"。它是一项非常适合许多大数据用例的技术,无须支付硬件先期投资,同时在按需付费的环境中提供敏捷性、可扩展性和可靠性。随着云对大数据和其他计算活动的优势持续被个人和组织见到,云计算行业也在逐年增长。Gartner 指出,2022 年全球云收入从 2021 年的 4 080 亿美元增长至 4 740 亿美元。

尽管云带来很多好处,但由于多种原因,用户可能会犹豫不决。首先,网络空间安全形势正变得日益严峻。根据 Imperva 发布的最新报告,自 2017 年以来,全球网络攻击泄露数据记录的数量平均每年增长高达 224%。仅 2021 年 1 月报告的泄露数据记录(8.78 亿条)就超过了 2017 年全年(8.26 亿条)。其次,这些网络威胁不仅来自网络犯罪分子,还来自试图进行间谍活动的国家情报部门。在这种网络安全形势下,用户对于通过公共互联网将数据发送出去以供第三方在远程位置进行接收、存储和处理感到非常谨慎。

云可以从根本上改变系统的体系结构,并且需要了解新的风险和控制措施以减轻风险。如果没有云专业知识,部署的安全性将很难评估,用户的数据将失去一定程度的控制和透明度。图 11-1 中可以看到这种失控和风险增加的趋势。

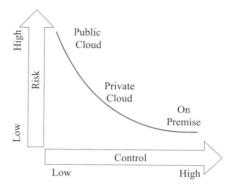

为向基于云的大数据操作人员提供实用的安全指引,以便在提高控制的同时降低风险。为了实现这个目标,本部分首先介绍大数据云用户面临的风险和控制减弱的 13 个领域;然后,阐释实用的解决方案和技术,这些方案和技术可以用来降低风险并将控制权交还给用户。

图 11-1 迁移到云时风险与控制之间的关系①

一、风险与控制损失

(一) 合规性

在传统的数据中心中,组织可以控制数据的存储位置和处理方式,根据需要实施控制措施,以符合当地法律和法规要求。当转移到公共云时,确保运营符合法规要求变得更具挑战性。与云相关的一个主要例子是个人数据保护。尽管数据保护法律可能会因国家或地区而异,但它们通常为跨地理边界的个人数据移动创造了条件。在公共云环境中,用户失去了对其数据存储和处理地理位置的直接控制和可见性。在可能使用个人数据的大数据环境中,如果用户未做出特定的努力来重新获得对数据位置的控制权,则用户将面临风险。实现这种风险的一个实际例子可以从无效的《欧盟—美国安全港协议》中找到。该协议以前允许美国公司在美国传输和存储欧盟公民数据。法院将其判定为无效后,任何在基于美国的云服务中处理和存储欧盟公民数据的组织都有违反数据保护法律的风险。作为进一步的挑战,在使用公共云提供商的组织是否能够完全遵守欧盟《通用数据保护条例》(General Data Protection Regulation,GDPR)法规的问题上存在不确定性。该法规设定了检测和报告安全漏洞的要求和参数,由于云取证的问题,一些人认为可能难以满足这些要求和参数。

随着大数据在包括健康和支付领域在内的多个监管领域中的应用,客户必须遵守各自领域的法律和法规。

(二) 法律要求和电子取证

电子取证现已成为法律程序的核心,云对法律程序的发现阶段提出的挑战已有详

---

① Saxena T,Chourey V.A survey paper on cloud security issues and challenges [C]//2014 Conference on IT in Business,Industry and Government (CSIBIG). IEEE,2014:1-5.

细记录,但是从云用户运行大数据流程的角度来看,主要关注的问题是保持对法律数据请求的可见性并保持必要时做出回应和挑战的能力。否则,可能会导致进一步的法律诉讼,这会损害组织的财务状况和声誉。

对组织和云提供商的法律要求正在变得越来越严格。美国《云法案》中可以找到一个现实的例子。此法案使美国执法部门可以直接向位于美国的云提供商提出法律要求的数据,而无论其物理存储位置在哪。它还允许各国与美国政府签订行政协议,使它们能够利用这种简化的方法快速访问由美国的云提供商存储的数据。该法案引起了许多隐私问题,并强调用户需要保持可见性并控制其数据的法律方面。

（三）治理

公司治理有很多定义,但最容易被视为构成组织运作方式的政策,是流程和内部控制。当大数据运营转移到公共云时,用户不再完全控制其运营方式。用户的声誉和开展业务的能力与云提供商的行动和选择相关联。用户必须相信云提供商将采取审慎的业务决策,并以稳定可持续和合乎道德的方式进行运营。云提供商的业务风险与用户共担,因为云上的错误决策可能会影响用户运营。这些影响可能是运营上的、声誉上的,或者在最坏的情况下,云提供商可能会陷入财务困境并停止运营。因此,至关重要的是,任何希望将大数据操作迁移到云中的组织都必须意识到并减轻治理风险。

（四）可移植性

使用内部大数据解决方案时,可以完全控制数据格式和所用软件。如果另一种产品可以产生更好的结果,则可以开始移植数据。在公共云环境中,数据（包括元数据）可能以专有格式存储。云提供商可能无法提供简便的方法来批量导出数据。

如果云提供商未提供良好的可移植性,则提供商之间的实例、配置、代码、数据和元数据的可移植性也会受到威胁。不同的技术、服务水平、协议、接口（API）、安全功能和数据格式被认为是可移植性差的重要原因,尤其是对那些部署大数据的操作人员。

差的可移植性可能导致锁定,组织无法更改云提供商或将操作恢复到本地。组织会发现自己无法利用最新技术,无法通过迁移到其他提供商来利用更好的服务水平或降低成本。这会在短期和长期内妨碍大数据部署的有效性。

（五）灾难恢复

诸如硬件故障、人为错误、恶意攻击或自然灾害之类的灾难事件可能导致关键业务系统被破坏以及数据丢失、泄露或不可用。在传统的信息环境中,组织可以完全控制对灾难场景的处理,使最关键的系统变得更强大,同时设计灾难恢复计划以满足组织的特定需求和优先级。

在云环境中,组织可以为更高层次的弹性进行架构设计,但必须相信云提供商在基础架构和元结构层具有适当的计划和控制,并向用户保证他们已经制定了灾难恢复计划,但是可能缺少具体的细节。用户能接受与故障解决时间有关的一定程度的不透明性。由于没有与前线故障解决团队的直接沟通,用户必须等待官方更新,因为他们会筛选提供商的命令链以进行公开发布。缺乏对故障细节的可见性可能会妨碍组织管理停机时间的能力。用户可能很难估计中断将持续多长时间,因此很难判断是否将应急计划付诸行动。

（六）事件响应和取证

使用公共云服务的用户可以在其环境中构建一些安全事件检测和取证功能。由于云很大程度上是由软件定义的,因此可以记录许多活动,例如用户访问、API 调用、网络活动和文件活动。尽管这对取证有用,但用户对于可以生成的日志类型或提供的格式几乎没有发言权,因为用户使用云供应商提供的内容。日志记录也仅限于用户环境,系统管理程序日志或任何与云元结构有关的记录将无法用于用户检查。对于云基础架构级别的漏洞,组织必须依靠云提供商来检测事件,进行调查并传达调查结果。每个组织可能对检测的及时性以及报告的频率和细节有不同的期望。这可能与供应商能够或愿意提供的事件响应水平不符,导致缺乏可视性和控制力,并最终导致管理风险。

（七）应用程序和工具

云提供商经常为用户提供大数据工具。这些工具可用于交互分析、大数据处理、数据仓库、仪表板等。尽管这些工具使组织能够快速启动大数据操作,但用户对其配置、编码或维护的方式几乎没有控制权或可见性。用户只能相信,应用程序已进行安全编码,定期进行测试并根据需要进行了更新。不安全编码所带来的安全挑战已得到充分证明,因此用户必须将这种担忧纳入其风险评估之中,并在可能产生高风险的情况下寻求潜在的缓解措施。

（八）数据安全

选择使用公共云环境时,组织必须相信可以安全地处理其数据。通常考虑三个阶段的数据安全性:

（1）静止:存储数据时。

（2）传输中:当数据在组件之间通过网络传输时。

（3）正在处理中:正在处理数据。

在每个阶段,用户都相信数据的机密性、完整性以及可用性将受到保护。加密是确保数据安全的常用操作,但是仅加密并不能消除对信任的所有需求。例如,加密密钥通常存储在云提供商的密钥管理系统（KMS）中。用户能为这些密钥设置访问控制策略,但是最终由云提供商来管理这些系统。此外,用户必须对数据进行解密处理。在考虑数据安全性时,用户还必须考虑物理和人身安全领域,如何对数据进行物理保护? 如何审查、培训和监控员工?

（九）供应链与外包

使用内部解决方案的组织可以根据自己的政策、审查流程和风险承受能力来选择供应商、设备和承包商。使用云服务的组织必须相信提供商已精心选择了分包商,并且监视其是否遵守安全程序。同样,用户无法表达对特定硬件或软件供应商的要求,必须信任供应商的判断和处理。一些较大的提供商会生产自己的设备,这些设备的公开细节通常很少,并且可能会限制此类设备的外部检查（例如安全测试）。这种可能由于默默无闻而造成的安全问题,往往具有高风险。因此,用户必须相信此类设备已经过安全设计、可靠性测试和定期维护。

（十）容量规划

当将大数据运营转移到公共云时,用户必须相信提供商具有足够的备用容量来吸收需求的尖峰。如果多个用户的需求激增可能会导致资源耗尽和性能下降,云提供商必须在拥有足够资源但又不要过剩之间取得平衡。对于主要的云提供商而言,很少会遇到重大的容量问题,但必须注意到,故障转移架构中的常见模式可能会导致潜在的问题。

（十一）账务

本地解决方案通常提供可预算、可预测的成本,购买硬件,并且维护到位。迁移到云涉及从可预测的前期投资转换为服务时潜在的不可预测的费用。通过采用按使用付费的模式,组织已接受资源消耗的意外增长可能导致无规划的费用增加。使用激增是合理的,但也可能是软件消耗大量资源（例如内存泄漏）、配置错误或拒绝服务攻击。例如,在 2015 年,一家组织因拒绝服务攻击而面临来自云提供商的 3 万美元的每日账单。云计费在很大程度上对用户而言是不可观察的、异步的,并且通常是许多单个事件的集合。这会使用户难以了解他们的使用产生了多少成本,并且限制了他们将成本分解为特定事件和资源使用的能力。

（十二）边界

拥有传统本地信息系统的组织可以完全控制外围环境。他们可以通过控制哪些系统面向互联网,并通过防火墙规则或物理隔离来限制对敏感系统的访问,从而降低风险。这是安全性的堡垒方法,受信任的内部不受不可穿透的墙壁的攻击。随着云的普及,这种传统的堡垒式安全方法及其所有相关控件（如防火墙和入侵检测系统）的安全性已逐渐降低。

在云中,资产高度分散并在多个用户之间共享。凭据和访问管理成为保护环境免受入侵者的关键,用户必须根据需要配置访问控制,但在基础架构级别上也没有可见性或对其进行控制。因此,用户相信控制这些系统的软件功能强大、安全且维护良好。

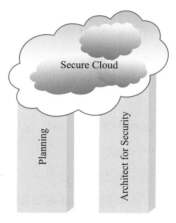

（十三）连接性

显然,将大数据运营转移到公共云不仅会带来收益,还会带来风险。客户放弃了许多领域的控制权,取而代之的是信任供应商,同时接受了增加的风险。

安全的大数据云部署基于两个支柱:安全性规划和架构,如图11-2所示。

图11-2 安全云使用的两个支柱

二、安全性规划

在云中开始大数据操作之前,用户必须规划安全性。规划可以说是用户可以进行的最重要的活动,将有助于告知以后有关实施哪种安全控制措施的决定。规划使组织能够牢记清晰的目标,在遇到意外的体系结构或决策时可以参考。

云安全联盟(CSA)提出了一种云安全流程模型,该模型可用作规划和将大数据应用程序部署到云中的高级路线图。该模型强调计划的重要性,以便可以识别风险并实施控制。该模型的可视化表示如图11-3所示。

图11-3 云安全流程模型①

CSA模型并未涵盖计划的各个方面,但是对于那些试图将大数据运营转移到云环境中的人而言,它可以充当高级框架。具体架构取决于组织的规模和所使用的数据,但至少用户应考虑以下几点:

（1）数据分类。了解将要转移到平台中的数据及其安全分类。是否允许机密数

---

① Mogull R,Arlen J,Gilbert F,et al. SECURITY GUIDANCE for critical areas of focus in cloud computing,v4. 0 [J]. Tokyo,Japan：Cloud Security Alliance,2017.

据,诸如姓名、电话号码等个人信息。如果对数据没有详细的了解,则在将数据转移到平台、放入数据池并与其他数据混合以获得新结果时,可能会很快失去对它们的可见性和控制力。

（2）角色。大数据的吸引力在于,可以通过从数据池中找到新的含义来产生新的见解,但仍应采用最小特权原则。了解数据分类后,应考虑如何给系统用户分配角色。例如,具有安全检查权限的数据科学家可以访问所有类型的数据,而外部人员只能访问不太敏感的数据。同样,仅出于设计和测试目的,设计仪表板的人可能会被限制为只能访问一组虚拟数据。

（3）数据沿袭。对于要上传的每个数据集,记录其原始来源和所有者,考虑是否需要采取技术措施来跟踪数据的转换。在拥有许多部门和负责实体的大型组织中,追溯数据并回溯到初始源可能会很困难。

（4）风险评估。风险评估可以识别用户在某些情况下的意愿。例如,如果某些数据集泄露、被篡改或不可用,会有什么影响?可以接受多少停机时间?一旦用户清楚地知道自身愿意接受多少风险,这将影响要实施的控制措施的种类。

了解了平台的要求后,用户可以开始调查合适的云提供商。在此过程中的关键是研究提供商的合同和服务协议。

用户与提供商之间的合同是用户获得提供商运作方式的重要方式之一。云标准消费者委员会（CSCC）将云服务协议定义为“一组文档或协议,其中包含管理云客户与云服务提供商之间关系的条款”。合同非常有价值,因为它规定了各方的责任,例如,亚马逊提供的云计算 IaaS 和 PaaS 平台服务的客户协议声明他们将采取合理和适当的措施,旨在帮助用户保护内容免遭意外或非法损失、访问或泄露。同时,协议规定,用户必须采取适当的措施来保护和备份数据,从而承担一些责任。这减少了由谁负责某些方面的不确定性,并为用户提供了有关提供商将如何采取行动的具有法律约束力的保证。

服务水平协议（SLA）列出了云提供商承诺提供的服务水平,并包括诸如保证正常运行时间和性能水平之类的指标。在实践中,检测违反 SLA 的责任落在用户上,用户必须识别出违规并提交索赔和支持证据。补偿通常以服务积分的形式出现,目的是在发生违规行为时仍能保持用户的忠诚度。

合同为用户提供可见性,但很少控制。公共云提供商可以通过提供适合大多数用户的固定服务来降低成本。因此,在大多数情况下,用户应仔细阅读相关协议并确保它们符合计划阶段确定的要求。这将为用户提供有关云提供商承诺要做的事情或选择其他提供商必须填补的空白。

然而,大多数云 SLA 只专注于可用性和性能,而不是安全性。云 SLA 中包含的现有指标通常以 SMART(S = Specific、M = Measurable、A = Attainable、R = Relevant、T = Time -
bound)原则为中心(即任何指标都应是"具体""可度量""可实现""相关性"和"有时
限")。这适合诸如正常运行时间、网络延迟和可用存储,但是寻找与机密性、完整性相
关的 SMART 度量标准是一项挑战,对研究人员提出了多方面的问题。在服务的基础
上,有人则提出了使用定量策略树和分层流程技术对云安全性进行定量推理的方法。

安全性指标实施到云协议中需要云提供商的支持。但如果提供了,它将成为客户
衡量和比较可用性承诺以及安全性承诺的有用资源。但在此之前,用户必须求助于其
他方法来获得安全保证,例如评估标准。

诸如 ISO 27001 之类的评估标准已经确立为服务提供商展示对信息安全的承诺,
向用户提供保证并证明组织已具备一种标准化的信息安全标准的手段。以下是以某种
形式涉及云计算的标准:

(1) ISO/IEC 17789:2014,指定 ISO/IEC 云计算参考架构。

(2) ISO/IEC 27017:2015,也称为 ITU - T X. 1631,该标准提供了指南,以支持为云
服务客户和云服务提供商实施信息安全控制。

(3) ISO/IEC 27018:2014,在公共云中保护个人身份信息(PII)的行为准则。

(4) ISO/IEC 27001:信息安全保证的公认标准。

(5) ITU - T X. 1601:描述了云计算的安全框架。

(6) ISO/IEC 19086:2016,描述了云 SLA 的标准。

(7) ISO/IEC 27036 - 4:2016,定义了支持实施有关使用云服务的信息安全管理的
准则。

(8) HIPAA 合规性:美国健康保险可移植性和责任法案,用于保护健康数据。

(9) SOC:系统和组织控制审核。

(10) PCI DSS:支付卡行业数据安全标准,适用于存储、处理或传输持卡人数据或
敏感身份验证数据的实体。

(11) 国家特定方案:例如 FedRAMP、美国国防部的 SRG、澳大利亚政府的 IRAP、
西班牙的 ENS 等。

云提供商知道用户将其纳入评估标准中的价值,某些主要提供商已在各自的网站
上显示其通过的认证标准。但是,必须注意的是,云提供商所持有的认证不一定适用于
其所有服务。因此,用户需要确保所使用的特定服务在所提供认证的范围内。

诸如 ISO/IEC 之类的标准化机构正在不断更新和发布新标准。例如,ISO/IEC NP
TR 23613 当前处于提议阶段,涉及云服务计量和计费元素。但是,有人认为更新和发
布新标准的过程还不够快,无法覆盖随着云服务发展步伐的加快而可能出现的新威胁。

为了解决这个问题,有人呼吁转向持续审核,提供商必须不断证明其合规性。

用户选择了合适的云提供商后,便可以开始考虑第二个支柱:安全性架构。

三、安全性架构

云提供商负责确保服务的基础架构和元结构的安全,但是设计和保护自己的环境始终是用户的责任。这是云安全的第二个支柱:安全性架构。

(一)主要功能

公有云提供商保护底层硬件和虚拟化系统的安全,而用户则使用基于 Web 的软件界面(有时称为管理平面)将虚拟资产构建和连接在一起。尽管用户无法控制基础硬件,但其具有完全可见性并可以控制在其之上构建的虚拟基础架构。这使用户能够设计其大数据部署以提高安全性。安全性架构意味着用户以增强安全性的方式创建虚拟基础架构。虚拟基础架构设计的核心是虚拟私有云(Virtual Private Cloud,VPC)的概念。VPC 是用户的虚拟环境,最初可以认为是一个空的数据中心。利用软件定义的网络,VPC 可以填充虚拟机、防火墙、路由器、负载平衡器等。VPC 提供了安全设计的机会:

1. 高可用性

VPC 使自动故障转移和负载平衡相对简单,但是用户必须设计其环境才能利用这些功能。

2. 隔离

由于所有内容都是软件定义的,因此可以将服务高度隔离。一个 VPC 可能只包含一个执行非常具体任务的实例。此 VPC 可能配置为没有网络连接,而仅允许一项其他服务在特定端口上对其进行访问。如果环境受到破坏,这会减小攻击面。

3. 防火墙

软件定义的防火墙比物理防火墙更精细。可以利用防火墙来严格控制 IP 地址的传递,将这些地址精确地传递给特定的用户和资源。默认情况下应使用拒绝原则,并明确允许的内容,直至特定角色和资产。

4. 模板化

虚拟基础架构是一种软件结构,因此可以将已知的良好配置保存为模板。如果发生安全漏洞或意外更改,只需将环境回滚到之前的良好配置即可。模板在其他方面也很有价值。如果所有内容都是通过验证的模板构建的,则用户不太可能获得孤立资产(即用途或所有权不明确的实例或存储),因此更容易控制计费,估算成本。

5. 日志记录和警报

由于客户的虚拟基础架构中的所有内容均基于软件和 API,因此有机会进行大量日志记录和警报。文件和网络活动、用户操作、基础架构更改和资源消耗都可以得到监控,并自动生成警报。甚至可以利用诸如预算警报之类的功能来提高可见性,成本意外上升可能表明存在安全漏洞或配置错误。用户需要构建此功能,但是良好的日志记录可以很好地反馈到运营中。

6. 私有连接

依靠公共互联网访问云会导致大量信任被多个第三方使用。拒绝服务攻击、故障和高延迟都可能降低性能及可用性。为了减少信任公共互联网的需求,一些提供商提供了专用的端到端连接,这些连接根本没有利用公共互联网。在风险评估确定无法接受降级或中断通信的情况下,应考虑这一点。

(二)其他功能

根据风险级别(由风险评估定义),用户可能希望利用云提供商提供的一些其他功能:

1. 数据丢失防护(DLP)

许多云提供商都提供本机 DLP 工具来监视文件的移动和访问。DLP 可以为移动和访问数据提供大量可见性和控制力,但是与所有工具一样,用户必须设计其系统才能利用它。

2. 用户/实体行为分析(UEBA)

UEBA 使用机器学习和统计模型来查找异常的用户或实体活动。这使对云活动的审核不仅从被动变为主动,还可以发现恶意活动,并在发生恶意活动时将其阻止。它正在越来越多地作为主要云提供商提供的本机工具,并且可以将有价值的可见性返回到异常行为。

3. 法律合规工具

云提供商通常提供可帮助增强对法律合规性的控制和可见性的工具。例如,将合法保留权置于存储服务上,从而可以将其保留并视情况使用。

4. 加密

考虑云中的数据安全性,尤其是大数据时,加密是构建环境的关键之一。默认情况下,云提供商会在传输过程中和静态时提供加密。这种加密在很大程度上对用户是不可见的:加密、解密和密钥管理是自动进行的。在数据不敏感的情况下,提供商管理的加密将可能是合适的,管理简单,成本低廉并为防止数据被盗提供了足够保护。

（三）安全解决方案

在数据敏感的情况下,用户可能希望通过实施安全解决方案来加强控制。

1. 用户持有的密钥

云提供商现在提供让用户持有和管理自己的密钥。数据仍在云中进行加密和解密,但是密钥随每个 API 请求一起发送,并且仅保存在易失性内存中,直到请求的操作完成为止。

2. 基于云的硬件安全模块（HSM）

云提供商提供了将密钥存储在基于云的 HSM 中的功能。用户可以对关键生命周期进行独占控制。提供商在必要时仍可以使用密钥。

3. 用户端加密

用户在将数据上传到云之前或在云的应用程序层之前对数据进行加密。解密是在内部或在应用程序层使用由用户定义和控制的过程和密钥进行的。云提供商不参与此过程。

4. 代理加密

用户使用受信任的第三方在数据到达云之前对其进行拦截和加密。

这些安全解决方案虽然适用于保护静态数据,但无助于保护处理中的数据。正在处理的数据必须为纯文本格式,因此在此阶段可将其提供给提供者。如果用户认为这是不可接受的风险,则同态加密（HE）具有缓解这一风险的潜力。HE 旨在允许对加密数据进行计算,而无须先对其解密。由于数据从未以明文形式暴露给云提供商,因此这将大量控制权交还给用户。尽管研究不断取得进步,但 HE 仍不是一种适用于常见云计算任务（例如大数据处理）的技术,但将来可能会成为可行的控制方法。

（四）身份管理

安全云架构重要的方面还有身份管理和访问控制。强大的身份管理和访问控制通常是阻止未经授权的一方访问诸如管理平面之类的关键。云提供商提供了本机 IAM 解决方案,尽管这些解决方案通常功能强大且安全,但是寻求重新获得某些控制权和可见性的用户可能更喜欢将身份数据保留在内部或受信任的第三方。云中通常有三种身份管理方法:

1. 云身份

身份数据在云环境中被完全存储和管理,通常称为身份即服务（IDaaS）。IDaaS 需要对身份提供者的信任,但成本很低。

2. 同步身份

身份数据是在内部或受信任的身份提供者处管理的,但是所有身份数据（包括密码)都已同步到云环境。身份验证在云中进行。由于客户保留了对数据本身的控制权并在本地维护,因此减少了所需的信任量。

3. 联合身份

云服务不存储或无法访问任何身份数据。身份验证和授权在内部或在受信任的身份提供者处进行,身份提供者将结果通知云(例如,通过 SAML 断言)。这种方法对云提供商的信任程度最低。

与网络安全的所有方面一样,用户的选择应取决于他们的风险评估。在低风险情况下,云身份可能是最佳选择;在高风险情况下,联合身份才是合适的选择。

(五)访问控制

关于访问控制,云提供商在此处提供高级别的粒度,用户应利用此粒度来实现计划阶段确定的角色。基于属性的访问控制(ABAC)可以在谁可以访问数据以及在上下文中(例如一天中的时间、使用的设备等)提供高粒度。当使用敏感数据或来自不同组织的大量用户时,这可能很有价值。但是,基于角色的访问控制(RBAC)也可能适用于用例相对简单且数据敏感度较低的情况。与大多数安全领域一样,用户必须在可用性和安全性之间找到自己的平衡点。默认情况下,最小特权和拒绝的核心网络安全原则在所有情况下均保持不变。如果用户已经知道如何对数据进行分组以及将存在的角色类型,则可以从一开始就正确、安全地实施访问控制。

一旦用户设计了他们的部署,就需要以渗透测试的形式进行一些安全测试。渗透测试是确保信息系统网络安全的一项重要活动。它可以包括技术方面(例如测试登录门户的健壮性)、社交元素(例如调用和询问密码)以及试图破坏站点的物理安全性。转移到云环境后,用户通常放弃对在存储和处理其敏感数据的系统上进行此类测试的能力的控制。相反,云服务的用户必须相信云提供商正在执行必要的测试。

一些云提供商确实允许对其服务进行有限形式的渗透测试。例如,谷歌表示它对在其系统上进行渗透测试的用户开放,并通过"谷歌漏洞奖励计划"积极鼓励进行此类测试。该程序仅限于技术渗透测试,并且进一步仅限于特定类型的攻击。拒绝服务测试通常不被任何云提供商允许,因为公共云的多租户性质意味着有可能影响多个用户。

该领域的发展是虚拟渗透测试的概念。这涉及用户将工具上传到其基于云的虚拟环境,然后在用户的虚拟网络层自动执行一组特定的安全测试。其他专门针对云环境的测试产品和服务已开始出现。尽管提供了这些服务,但是用户很少会获得在他们自己的虚拟环境之外进行测试的许可。这意味着在测试这些方面,用户仍必须在很大程度上信任云提供商可以解决所有问题。

四、数据安全建议

审视风险领域以及可用来减轻风险的各种解决方案,对于组织而言,确定在特定情况下使用哪些解决方案可能是一项挑战。规划和设计安全性始终是必要的,但是挑战在于如何在安全性、可用性以及成本之间取得平衡。尽管争取最大的安全性可能很诱人,但网络安全始终是风险与回报之间的平衡。如果确定的风险较低,组织不应寻求实施所有解决方案。这不仅会在实施方面造成高昂成本,而且还会扼杀大数据所赖以生存的高效率和高性能。相反,组织应根据自己的具体情况确定关键领域并采取缓解措施,将风险降低到可接受水平。例如,如果正在处理的数据是敏感的健康数据,则进行广泛的控制是合理的,可寻找符合要求的提供商以及调查受信任执行环境的使用。但是,如果数据是来自地理位置分布的 IOT 设备(例如温度传感器)的传感器信息,则安全要求可能会低得多。因此,尽管在所有情况下都必须进行计划,但是其他控件的使用将在很大程度上取决于所讨论的用例和所产生的风险评估。

尽管当今有许多解决方案可供使用,但是人们仍在继续提出和开发新方法来保护云安全。同态加密(HE)是最有前途的领域之一。如今,HE 方案对于实际应用而言效率太低,但提高效率的工作仍在继续。微软的研究人员对神经网络可以为解决效率问题带来的好处进行了挖掘。他们开发了一个密码网,是一个使用同态加密在可接受的时间内对加密数据进行加密预测的神经网络。该系统被验证在研究加密的输入图像流的同时,每小时可以进行 5.1 万次预测,准确率达 99%,适用于某些实际案例。例如,在不危害患者隐私的情况下分析云中的医学扫描结果,并提高了预测速度。需要预先确定和知道进行预测所涉及的数学的复杂性,定制的神经网络可以处理这种复杂性。其他工作在 HElib 软件库(实现同态加密的库)中实现了效率改进,可以实现 30 至 75 倍的速度提高。在这一领域可以进一步研究,以使 HE 达到商业上可行的状态。

认证领域也需要进一步发展。研究人员指出,由于云服务发展迅速,因此在固定时间点获得的认证可能并不代表服务的当前状态。这导致人们呼吁转向持续审核,并提出了使证书与云环境和用户所面临的挑战更加相关的新方法。

云提供商本身也一直在积极地为用户提供新的方式来获得更大的可见性和控制力。例如,亚马逊最近使 Security Hub 可用,它是一个单一的窗格,可概览所有用户名及其关联的安全警报。随着云提供商争夺用户,预计这些功能将继续发展。

本 章 小 结

本章探讨了将大数据操作迁移到公共云时组织所面临的安全挑战。有人提出,风险增加,而控制减少。本章提出降低这些风险有两个基本支柱:安全性规划和架构。需要强调的是,并非所有大数据运营都应针对最高安全级别。组织的方法应基于风险,并且仅当解决方案正在减轻特定的不可接受的风险时才被应用。

复习思考题

1. 大数据安全面临的主要挑战有哪些?

2. 大数据安全范围包括哪些?

3. 数据属性可分为哪两类?

4. 在过去十年中,数据隐私面临严峻挑战的主要原因有哪些?

5. 云计算主要有哪四种服务模式?

6. 常用的隐私保护技术有哪些?

7. 大数据云安全的风险与控制损失主要包含哪些方面?

8. 在云安全联盟(CSA)的安全流程模型中,第一步是确定要求,该步骤应考虑哪些方面?

9. 在数据更敏感的情况下,客户可能希望通过实施其他解决方案来加强控制,主要有哪些选项?

10. 云中通常有哪三种身份管理方法?

即测即评

第十二章　大数据交易

本章主要知识结构图：

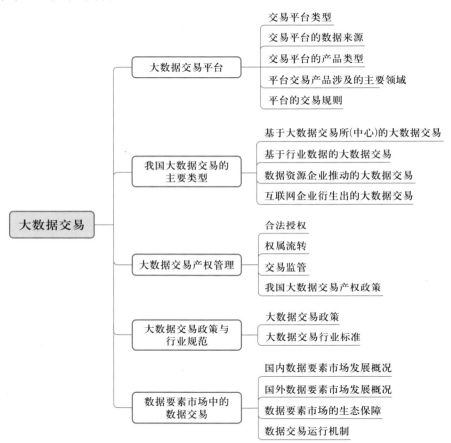

随着大数据技术的成熟和发展,大数据在商业上的应用越来越广泛,有关大数据的交互、整合、交换、交易活动日益增多。大数据交易的数据包括政府、医疗、金融、企业、电商、能源、交通、商品、消费、教育、社交、社会12类。近年来,大数据交易所、大数据交易平台应运而生,其主要功能有:为数据商开展数据期货、数据融资、数据抵押等业务,建立交易双方数据的信用评估体系,增加数据交易的流量,加快数据的流转速度。本章将从大数据交易平台、我国大数据交易的主要类型、大数据交易产权管理、大数据交易政策与行业规范、数据要素市场中的数据交易等方面展开大数据交易的介绍。

第一节 大数据交易平台

目前,大数据的应用已经扩展到各行各业,世界各国都在积极应对大数据全球化的趋势。但是海量数据的跨部门、跨行业共享和流通仍不够完善,"信息孤岛"现象依然存在,大数据无法充分发挥其价值。大数据交易平台的出现为用户提供了一个数据流通、共享的通道,因此其建设与完善至关重要。已有的关于大数据交易平台的研究,主要从技术、管理和安全方面来探讨其建设与发展,尚缺乏对国内外大数据交易平台的系统调研分析。以下主要从交易平台类型、交易平台的数据来源、产品类型、平台交易产品涉及的主要领域、平台的交易规则五个方面进行介绍①。

一、交易平台类型

大数据交易平台的类型包括第三方数据交易平台和综合数据服务平台两种。第三方数据交易平台业务简单明确,通常提供数据出售、数据购买、数据供应方查询以及数据需求发布等服务,平台主要负责对交易过程的监管,对平台工作人员的专业要求不高。

综合数据服务平台为用户提供特定需求的数据服务,有一定的技术能力和专业知识水平的要求。该类型平台业务相对复杂,涉及数据的加工处理,能够为用户提供个性化的服务。但是在该类型平台上的交易,其数据的所有权,包括原始数据和加工处理之后数据的所有权等的分配问题就成了数据交易过程中的难点。

国内大数据交易平台大多提供综合数据服务,能够在一定程度上满足用户的个性化需求,同时也对数据处理、交易过程的监管提出了更高的要求。对大数据交易平台进行有效的法律监管,是保证交易过程安全的前提。国外的大部分数据交易平台仅仅提供一个数据供应方和数据需求方之间交易的通道,该类型平台的数据都是由数据供应方提供,所以对数据供应方及其提供数据的审核是保证交易过程安全的基础。作为第三方交易平台,虽然不涉及数据的处理、加工、存储等,但平台对交易数据的质量和交易过程安全也有监管的责任和义务。

二、交易平台的数据来源

交易数据来源是否合法、数据质量是否有保证,对大数据交易平台的持续发展是至

---

① 王卫,张梦君,王晶.国内外大数据交易平台调研分析[J].情报杂志,2019,38(02):181-186,194.

关重要的。该指标有助于对大数据交易平台数据丰富性和质量做出基本判断。交易数据的来源有以下几种：①.政府公开数据；② 企业内部数据，该类型的数据一般是由企业内部产生、沉淀下来的数据；③ 数据供应方提供数据，该类型的数据一般是由数据供应方在数据交易平台上根据交易平台的规则和流程提供自己所拥有的数据；④ 网页爬虫数据，该类型的数据是企业利用一定的技术手段，在各个网页爬取的数据；⑤ 合作伙伴数据，该类型的数据主要是指企业的合作伙伴产生、沉淀的数据。

国内的交易平台数据来源较为广泛，如贵阳大数据交易所、贵州数据宝网络科技有限公司、陕西西咸新区大数据交易所等综合数据服务平台，其数据来源主要包括政府公开数据、企业内部数据、数据供应方提供的数据、网页爬虫数据以及合作伙伴数据等；中关村数海大数据交易平台、重庆大数据交易市场、华中大数据交易所、上海大数据交易中心等第三方数据交易平台则主要是通过数据供应方提供数据。

多种数据来源可以使得交易平台数据更加丰富，同时也增加了数据监管的难度。在计算机技术飞速发展的时代，信息收集变得容易，信息滥用、个人数据泄露情况屡见不鲜。数据采集过程中个人隐私安全的保障以及数据所有权及利益的分配都是棘手的问题。因此在数据来源广泛的情况下，更要加强对交易平台的安全监管。国外的大数据交易平台，Factual、Infochimps 以及 Qlik Data market 的数据主要有数据供应方提供数据、政府公开数据、网页爬虫数据等，其他第三方数据交易平台则是由数据供应方提供数据。数据来源渠道集中，有利于交易平台对数据来源渠道的监管，从源头控制数据的质量。第三方数据交易平台数据质量直接由数据供应方负责，数据供应方的质量对平台发展有着重要影响。例如国内京东万象数据平台的数据来源中有合作伙伴数据，浏览其网站，发现其合作伙伴涉及多个领域，包括数据分析师、大海洋、环境云、汇法网等，通过合作伙伴获取数据，有利于数据的长期获取。国外的大数据交易平台还有数据社区提供数据以及传统的线下采集数据两种方式，数据社区是若干个社会群体或组织聚集在大数据领域内形成的一个相互关联、相互沟通的大集体，通过数据社区可以及时了解用户需求，更新数据；而传统的线下数据采集方式，数据的全面性无法保障，且耗时较长，面对大量且更新较快的数据，该方式则很难满足需求。国外数据社区为交易平台提供数据，促进了大数据交易平台的发展，而国内并没有通过这种方式来进行数据采集，这可能与我国数据社区的发展以及规则制度有关。大数据人是中国大数据第一社区，专注于大数据、大数据技术、大数据应用案例和数据可视化等，此外还有云栖社区、海数据社区等，但国内缺乏对数据社区的统一规范要求，其提供数据的准确性和有效性无法确定。

三、交易平台的产品类型

了解交易平台的产品类型,有助于用户根据需求选择交易平台,节约查找平台的搜寻成本。该指标有助于用户判断大数据交易平台提供的服务。不同的交易平台根据自己的目标和定位,提供不同的交易产品类型,根据交易产品类型,一方面可以体现该交易平台提供数据的丰富性,另一方面也可以使用户根据自己所需要的产品类型合理地选择交易平台。

交易产品的类型主要有以下几种:API、数据包、云服务、解决方案、数据定制服务以及数据产品。

(1)API是应用程序接口。

(2)数据包可以是原始数据,也可以是运用一定的技术手段处理之后的数据。

(3)云服务是基于互联网相关服务的增加、使用和交互,通常通过互联网来提供实时的、动态的资源。

(4)解决方案是指在特定的情景下,利用已有的数据,为需求方提供处理问题的方案,比如数据分析报告等。

(5)数据定制服务是指如果数据需求方在交易平台上没有找到自己所需要的数据,可以向交易平台提出自己的需求,交易平台对该需求进行确认,之后利用相应的技术有针对性地去采集数据,满足用户的需求。

(6)数据产品主要是对数据的应用,比如数据采集的系统、软件等。

API、数据包、云服务以及数据定制服务为数据需求方提供的是数据,需求方获得数据后可以根据自己的需要对数据进行分析、处理。API以在线的方式提供数据,数据包则以离线的方式提供数据,云服务提供实时、动态数据,保证了数据的时效性,数据定制服务则满足数据需求方的个性化需求。解决方案和数据产品是对数据的增值,侧重对数据的应用,直接为需求方提供满足其需求的分析结果或者数据产品。

交易平台的产品类型和平台的类型是相互联系的。国外的大数据交易平台第三方数据交易平台居多,其产品类型多是API和数据包。而国内提供的交易数据类型相对多样,其在提供API和数据包的基础上还有数据处理结果,比如数据产品、数据定制服务、云服务和解决方案等。多样化的产品类型一方面可以满足用户的特殊需求,另一方面也可以使数据尽可能地发挥其价值,但其对技术也提出了更高的要求,比如数据挖掘、数据分析算法等。在对数据处理、加工、分析的过程中,要注重数据的隐私安全,交易的数据产品的权利转移也需要有明确的规定。

四、平台交易产品涉及的主要领域

不同用户需要或提供数据涉及的领域不同,了解交易平台提供产品涉及的主要领域,有利于用户有针对性地选择交易平台。该指标有助于用户对交易平台提供行业服务全面性的分析。大数据交易平台上都有对产品所在领域的分类,分类模块有的在网站的最左侧(比如华中大数据交易所),有的在网站的上方(比如数据堂)。根据类目来看,大部分数据领域分类模块都在二级类目,通常在产品分类、数据商城等类目下。了解交易平台产品涉及的主要领域,有利于用户在短时间内根据需求所属领域选择合适的交易平台。

本书将金融、财务等数据归属于经济领域,科研、知识库等数据归属于教育领域,社交、文娱等数据归属于人文领域,位置数据归属于地理领域,海关、汽车等数据归属于交通领域,短信、电子通信等数据归属于通信领域,人像识别、语音识别、应用开发等数据归属于人工智能领域,企业、房产、电子商务等数据归属于商业领域。

国内外大数据交易平台产品涉及的主要领域有:政府、经济、教育、环境、法律、医疗、人文、地理、交通、通信、人工智能、商业、农业、工业等。国内外交易平台基本上都涉及多个领域,现在很多学科也在交叉发展,科研、商业等也在跨领域发展,当用户所需要或者提供的数据是跨领域时,提供多领域产品交易的平台则更具有优势,尤其是涉及多领域数据的分析服务。交易平台提供的多领域数据既可以为平台收集、处理、加工数据提供便捷,也可以为用户节省查找数据的搜寻成本。但是这种交易平台的针对性较弱,当用户仅仅需要或者提供某一个领域的数据时,对交易平台的选择就要从多方面考虑。

国外的 Factual 主要提供有关位置的地理数据,Quand 主要提供经济领域的数据,这两个大数据交易平台的针对性比较强,主要提供某一个领域的数据,这样一方面有利于用户对该领域数据的查找和交易,另一方面也可以增强大数据交易平台的针对性,重点关注某一个领域,会对该领域相关数据的掌握更专业。交易平台产品类型涉及主要领域的广和专,各有利弊,用户对平台的选择,主要与用户需求涉及的领域有关。但国内的大数据交易平台,目前还没有针对单一领域的交易平台,这可能与我国各个领域的发展状况、大数据交易的发展现状以及不同领域对大数据交易的需求有关。

我国大数据交易的发展仍处于初级阶段,缺乏对大数据交易统一的标准和规范制度,对各个领域的数据需求尚无准确的把握,而且各个领域对大数据的应用也处于探索的过程。随着大数据交易的不断完善与发展,建立特定领域的数据交易平台是数据交易平台未来发展的方向。

五、平台的交易规则

大数据交易平台的交易规则是对交易过程的监管,是数据交易安全的保障,同时也是规范大数据交易平台交易过程的基础。对交易平台的交易规则进行分析,是判断该交易平台是否有安全保障的标准之一。平台的交易规则是对在交易平台用户的行为规范,是安全有效进行交易的保障,也是大数据交易平台对各个用户进行监管的依据。由于大数据具有大量、多样、高速的基本特征,对大数据交易过程的监控比对普通商品交易过程要复杂,数据隐私风险更大;而且国内大数据交易存在交易额度低、质量低、层次低、风险高的"三低一高"现象,因此大数据交易平台交易规则的制定对大数据交易是非常重要的。

大部分数据交易平台都有明确的交易规则的设置,比如贵阳大数据交易所的《贵阳大数据交易观山湖公约》、华中大数据交易所的《华中大数据交易平台规则》等,这些交易规则中都明确介绍了用户具有的权利和应该履行的义务、责任,以及交易过程的具体实施。但多数交易平台的交易规则是在用户协议、服务条款或者商家指南中提出,而且在调查样本中,国外的大数据交易平台的交易规则基本都是在服务条款模块。从网站设计的角度考虑,这样不利于用户的查找,单独的交易规则模块更能使用户快速、清晰地找到交易规则。部分大数据交易平台网站上没有交易规则的信息,陕西西咸新区大数据交易所、Mashape 和 Data plaza 的网站中有相应的服务条款,但是服务条款中没有设置交易规则。

国内大数据
交易平台

第二节　我国大数据交易的主要类型

从我国的大数据交易水平来看,仍然处于初级阶段,主要表现在以下四个方面:一是当前的数据交易内容主要基于原始数据的简单处理,对数据金融衍生品、数据模型、数据预处理等内容仅在小范围内交易;二是数据供给与需求难以匹配,导致数据交易难以满足社会有效需求,从而使数据的成交率和成交额不高;三是数据开放进程缓慢,导致数据变现能力与数据交易整体规模在一定程度上被影响;四是数据交易过程中缺乏必要的法律保障和全国统一的规范体系,无法有效破解数据定价、数据确权等问题。

我国大数据交易的类型主要有四类:一是基于大数据交易所(中心)的大数据交

易;二是基于行业数据的大数据交易;三是数据资源企业推动的大数据交易;四是互联网企业衍生出的大数据交易(见表12-1)。

表 12-1 中国数据交易平台四大类型

类型	代表单位
基于大数据交易所(中心)的大数据交易	贵阳大数据交易所、长江大数据交易所、东湖大数据交易平台
基于行业数据的大数据交易	贵阳现代农业大数据交易中心、中科院深圳先进技术研究院"交通大数据交易平台"
数据资源企业推动的大数据交易	数据堂、美林数据、发源地
互联网企业衍生出的大数据交易	腾讯、阿里巴巴、京东、百度

一、基于大数据交易所（中心）的大数据交易

目前我国大数据交易的主流模式是基于大数据交易所(中心)的交易模式,典型的代表有贵阳大数据交易所、长江大数据交易所、东湖大数据交易平台等。这类交易模式主要呈现以下两个特点:一是坚持"国有控股、政府指导、企业参与、市场配置"的运营原则;二是采用国资控股、管理层持股、主要数据提供方参股的混合所有制股权模式。该模式保障了数据的权威性,同时激发了不同交易主体的积极性,扩大了参与主体范围,从而实现数据交易从"分散化"向"平台化"、从"商业化"向"大众化"、从"无序化"向"标准化"转变,将不同行业领域不同主体的分散数据资源汇集到一个统一的平台中,通过统一规范的标准体系,实现各个地区、各个行业之间的数据对接、共享和交换。

二、基于行业数据的大数据交易

一些行业(如交通、金融、电商等)的数据交易,由于领域范围小,数据流动更方便,因此起步相对较早。同时,由于行业数据标准较易实现,因此较易对行业领域交易数据进行统一采集、统一评估、统一管理、统一交易。2015年11月,中科院深圳先进技术研究院北斗应用技术研究院与华视互联共同成立全国首个"交通大数据交易平台",致力于利用大数据解决交通问题,促进智慧城市的建设,并且将逐步建立交通大数据供应商联盟,构造良性的交通大数据生态系统。

三、数据资源企业推动的大数据交易

近年来,国内出现了许多渐具市场规模和影响力的数据资源企业,如数据堂、美林数据、爱数据等。与政府主导下的大数据交易模式不同,数据资源企业往往是以盈利为目的来推动大数据交易,相比于其他类型交易平台,数据变现的意愿更强烈。数据资源企业以数据作为其生产经营的根本,在数据交易产业链中兼具数据代理商、数据服务商、数据供应商、数据需求方多重身份。经营过程中往往选用自采、自产、自销模式并实现"采产销"一体化,再通过相关渠道将数据变现,从而形成一个数据产业链的完整闭环。正由于数据资源企业这种自采、自产、自销的新模式,导致其所有的数据资源具有独特性、稀缺性,一般交易价格较高。

四、互联网企业衍生出的大数据交易

一些拥有技术优势和数据规模优势的互联网企业(如百度、腾讯、阿里巴巴等)在大数据交易领域快速占领市场,并衍生出相应的数据交易平台。这种大数据交易往往是基于公司本身业务衍生而来,与母体企业存在强关联性。一部分数据交易平台数据主要来源于"母体",作为子平台服务于"母体";也有一部分数据交易平台能够脱离"母体"独立运营,但即便如此也会受到"母体"影响。例如京东万象作为京东的子平台,其交易的数据、服务的主体与电商一脉相连。京东万象的交易数据品类较为集中,尽管京东万象是为了打造全品类数据资产交易而产生的,但目前平台的相关数据仍是以金融行业为主,而金融数据又能够有效促进现代电子商务的发展。

第三节 大数据交易产权管理

大数据交易有一个完整的生命周期,各交易平台在交易前,应确保数据合法性、授权合法性,交易数据不侵犯个人隐私,交易后应保证数据权属合法流转,进行数据确权,平台还应该监管整个交易流程的安全性与平等性[①]。

一、合法授权

在大数据交易前,数据供应方应完成对数据的采集、清洗及整合加工,并将可供交易的数据提供给平台。产权清晰是数据流动的前提,大数据交易前应确保数据不具有

---

① 陈一.我国大数据交易产权管理实践及政策进展研究[J].现代情报,2019,39(11):159-167.

产权争议,数据供应方所采集的数据必须是合法的、经过授权的,即数据来源合法、数据交易类型合法、授权主体的交易资格合法。在交易平台交易的数据可分为个人数据、企业数据和政府数据。对于企业掌握的个人数据,企业拥有协议条款规定范围内对个人数据的使用权。"知情并同意"是数据搜集时被普遍认可的权利,企业应在协议条款中告知用户数据可能会被交易,这样企业才可将自己掌握的数据合法交易。

二、权属流转

在数据合法且无产权争议的前提下,数据持有方可通过平台出售数据。交易双方经过需求匹配后实施数据交易,数据权属随即发生变化。大数据产权转让,可分为使用权、收益权、所有权 3 种交易模式。大数据的使用权交易主要通过租赁、检索等形式实现,如企业可以将数据库销售给多个消费者。收益权交易,主要指大数据购买者对数据使用后获得的利润与大数据提供商进行分割。所有权交易,则拥有对相关数据的支配、处置和获益的权利。大数据交易主要是数据和货币的流通过程,对数据权限的分配是交易过程的关键,如果数据权限分配不明确,不仅影响数据产品的后续使用,还极有可能使双方产生纠纷。在交易中,合同应明确规定买方对数据的使用权限,明确数据使用或处理后产生的衍生数据的知识产权归属,明确双方对于数据使用或处理后产生成果的归属、保护方式以及相关权利的边界,明确数据的权利限制,禁止权利滥用。

三、交易监管

大数据交易平台在数据交易中应该充当"中立者"的角色,不受外界因素的影响和干扰。在交易进行中,平台应为数据交易提供安全的运行环境,防止第三人未经授权对数据进行截取、搜集或接入,防止数据泄露、损坏、被篡改等侵权行为产生。目前我国各大数据交易平台并未形成统一的交易流程,甚至有些交易平台没有完整的数据交易规范。部分交易平台对数据授权、权属流转的限定也十分模糊,严重阻碍了我国大数据交易实践进程。

四、我国大数据交易产权政策

新技术的产生,新产业的发展,离不开政策拉动,完善的政策体系能够纠正市场失灵、防范政府失灵、弥补系统失灵、修正伦理失范。知识产权的创造、运用、保护和管理活动本质上还是一种经济活动,政府通过公共政策引导实施过程,实现协调经济关系和促进经济发展的政策目标。表 12-2 列举了我国有关数据产权的相关政策。

表 12-2　大数据交易产权的相关政策

编号	政策名称
1	工业和信息化部关于印发大数据产业发展规划(2016—2020年)的通知
2	国家发展改革委办公厅关于请组织申报大数据领域创新能力建设专项的通知
3	国土资源部(现自然资源部)关于印发促进国土资源大数据应用发展实施意见的通知
4	国家发展改革委关于进一步加强大数据发展重大工程项目统筹整合的通知
5	国家发展改革委办公厅关于组织实施促进大数据发展重大工程的通知
6	贵州省大数据发展应用促进条例
7	贵州省人民政府关于促进大数据云计算人工智能创新发展加快建设数字贵州的意见
8	云南省人民政府办公厅关于重点行业和领域大数据开放开发工作的指导意见
9	青海省人民政府办公厅关于促进和规范健康医疗大数据应用发展的实施意见
10	山西省人民政府关于印发山西省促进大数据发展应用若干政府政策的通知
11	广东省人民政府办公厅关于促进和规范健康医疗大数据应用发展的实施意见
12	河北省人民政府办公厅关于促进和规范健康医疗大数据应用发展的实施意见
13	内蒙古自治区人民政府关于印发促进大数据发展应用若干政策的通知
14	云南省人民政府办公厅关于促进和规范健康医疗大数据应用发展的实施意见
15	山东省人民政府关于促进大数据发展的意见
16	湖北省人民政府办公厅关于促进和规范健康医疗大数据应用发展的实施意见
17	上海市人民政府关于印发《上海市大数据发展实施意见》的通知
18	陕西省发展和改革委员会关于组织实施促进大数据发展重大工程有关工作的通知
19	广东省人民政府办公厅关于印发《广东省促进大数据发展行动计划(2016—2020年)》的通知
20	青海省人民政府办公厅关于印发促进云计算发展培育大数据产业实施意见的通知
21	贵州省大数据产业发展领导小组办公室关于加快大数据产业发展的实施意见
22	贵州省人民政府印发《关于加快大数据产业发展应用若干政策的意见》《贵州省大数据产业发展应用规划纲要(2014—2020年)》的通知
23	国务院关于印发《促进大数据发展行动纲要》的通知

第四节　大数据交易政策与行业规范

一、大数据交易政策

2018年的政府工作报告中指出,五年来,我国"推动大数据、云计算、物联网广泛应用,新兴产业蓬勃发展,传统产业深刻重塑",建议2018年"实施大数据发展行动",发展壮大新动能,尤其是"注重用互联网、大数据等提升监管效能"。自2015年8月31日国务院印发《促进大数据发展行动纲要》开始,中国的大数据产业迎来发展高峰期,该纲要率先指明了数据交易的宏观发展方向。此后《大数据产业发展规划(2016—2020年)》等文件进一步明确了大数据交易的发展目标、建设路径及保障机制等。大数据交易的长远发展规划被写进了国家"十三五"信息化规划和战略性新兴产业发展规划中,这更加明确了大数据交易的战略地位,表12-3列举了大数据交易的相关政策。

表 12-3　大数据交易相关政策

发布日期	文件名称	政策摘要
2015.9	国务院关于印发《促进大数据发展行动纲要》的通知	引导培育大数据交易市场,鼓励产业链各环节市场主体进行数据交换和交易,建立健全数据资源交易机制和定价机制,规范交易行为;加快建立大数据市场交易标准体系
2016.1	国家发展改革委办公厅《关于组织实施促进大数据发展重大工程》的通知	探索建立大数据交易平台和制度;规范大数据交易行为形成大数据交易的流通机制和规范程序
2016.12	国务院关于印发"十三五"国家战略性新兴产业发展规划》的通知	加强大数据基础性制度建设,强化使用监管,建立健全数据资料交易机制和定价机制,保护数据资源权益
2016.12	国务院关于印发"十三五"国家信息化规划》的通知	完善数据资产登记、定价、交易和知识产权保护等制度,探索培育数据交易市场
2017.1	工业和信息化部国家发展改革委关于印发《信息产业发展指南》的通知	促进大数据交易流通;研究制定数据交易流通的一般规则,开展第三方数据交易平台试点示范
2017.1	工业和信息化部关于印发《大数据产业发展规划(2016—2020年)》的通知	开展第三方数据交易平台建设试点示范
2017.5	国务院办公厅关于印发《政务信息系统整合共享实施方案》的通知	形成覆盖全国、统筹利用、统一接入的数据共享大平台
2019.8	《关于促进平台经济规范健康发展的指导意见》	加强政府部门与平台数据共享,探索建立数据资源确权、流通、交易、应用开发规则和流程,加强数据隐私保护和安全管理
2019.8	《信息技术—数据交易服务平台—通用功能要求》	有力促进了数据交易产业规范化发展
2019.8	《金融科技(FinTech)发展规划(2019—2021年)》	打通金融业数据融合应用通道,切实保障个人隐私、商业秘密与敏感数据,强化金融与司法、电信等行业的数据资源融合应用

续表

发布日期	文件名称	政策摘要
2019.12	《推进综合交通运输大数据发展行动纲要(2020—2025年)》	力争到2025年基本构建综合交通大数据中心体系,为加快建设交通强国,助力数字经济勃兴提供坚强支撑
2020.2	《工业数据分类分级指南(试行)》	阐述了工业数据的基本概念,介绍数据分类、数据分级、数据分级管理情况
2020.2	《关于做好个人信息保护利用大数据支撑联防联控工作的通知》	鼓励有能力的企业在有关部门的指导下,积极利用大数据,分析预测确诊者、疑似者、密切接触者等重点人群的流动情况,为联防联控工作提供大数据支持
2020.4	《关于公布支撑疫情防控和复工复产复课大数据产品和解决方案》	"'一网畅行'疫情防控和复工复产大数据系统"等94个疫情防控和复工复课大数据产品和解决方案入选
2020.5	《关于工业大数据发展的指导意见》	推动工业数据全面采集,加快工业设备互通,推动工业数据高质量汇聚,统筹建设国家工业大数据平台,推动工业数据开放共享,激发工业数据市场活力,深化数据应用,完善数据治理

目前,在国家政策的带动下,全国各地积极行动,加快大数据部署,相继出台大数据发展计划,纷纷支持建立大数据交易体系和交易场所。引导制定数据确权、数据资产、数据服务等交易标准,完善数据交易流通的定价、结算、质量认证等服务体系,规范交易行为,开展规模化的数据交易服务,健全数据交易流通的市场化机制。国家和地方政府的政策和标准,为大数据交易产业提供了良好的发展环境,极大地促进了大数据的深度挖掘和流通应用。

二、大数据交易行业标准

2016年2月4日,国务院批复同意建立由国家发改委牵头的促进大数据发展部际联席会议制度,以更好地落实《促进大数据发展行动纲要》,推动大数据标准体系建设等相关工作开展。

2017年4月6日,全国信标委大数据标准工作组总体专题组组织管理的两项数据交易领域国家标准《信息技术—数据交易服务平台—交易数据描述》(送审稿、项目计划号:20141200-T-469)和《信息技术—数据交易服务平台—通用功能要求》(送审稿、项目计划号:20141201-T-469)顺利通过国家标准审查会专家审查。这两项标准由北京软件和信息服务交易所与中国电子技术标准化研究院牵头,近20家业内单位共同参与编制完成,于 2017 年年底报批。

《信息技术—数据交易服务平台—交易数据描述》规定了数据交易服务平台中有关交易数据描述的相关信息及描述方法,包括必选信息和可选信息两部分,适用于数据交易服务平台。《信息技术—数据交易服务平台—通用功能要求》规定了数据交易服务平台的通用功能要求,包括框架及应具备的基本功能和扩展功能,适用于数据交易服务平台的功能设计及运行维护。

2019 年 10 月 24 日,中共中央政治局就区块链技术发展现状和趋势进行第十八次集体学习。中共中央总书记习近平在主持学习时指出,区块链技术应用已延伸到数字金融、物联网、智能制造、供应链管理、数字资产交易等多个领域,要加快区块链和人工智能、大数据、物联网等前沿信息技术的深度融合。在数字资产交易方面,贵阳大数据交易所基于区块链技术推动数据确权、数据溯源,打造基于区块链的数据交易所,实现数据资产的可信交易,已发布《大数据交易区块链技术应用标准》,推动区块链技术广泛应用于大数据交易产业。

2023 年 8 月 25 日,由浙江省政府批准设立的浙江大数据交易中心,首次上线发布"产业数据流通交易专区"。该交易专区包括工业大数据、产业金融大数据、产业链大数据等数据领域,以及工业制造、城市治理、金融科技、企业服务等应用场景。未来,该专区将围绕数据产品运营、场内合规交易运营、多方联动互联互通、数商联盟体系运营等方面开展建设,充分释放数据潜在价值,促进数据流通应用,保障专区市场长效发展。目前,浙江省产业大数据有限公司、网易、同花顺等一批企业入驻了交易专区。

第五节　数据要素市场中的数据交易

数据要素是一个经济学概念,对数据要素市场相对准确、清晰地认识和界定,是探索和培育数据要素市场模式和方向的重要前提,也是值得各界商榷的难点所在。

一、国内数据要素市场发展概况

(一)发展概况

当前,我国数据要素市场处于高速发展阶段。"十三五"期间,我国各要素市场规模实现不同程度的增长,以数据采集、数据储存、数据加工、数据流通等环节为核心的数据要素市场增长尤为迅速。据国家工信安全中心测算数据,2020 年我国数据要素市场规模达到 545 亿元,"十三五"期间市场规模复合增速超过 30%,"十四五"期间这一数值将突破 1 749 亿元,整体上进入高速发展阶段。

在技术融合层面,以联邦学习、数据沙箱为主的新技术不断助力我国数据要素市场发展。在区域发展层面,数据要素市场区域分工协作格局逐渐形成,北京、上海、广州、深圳等城市依托自身人才与技术优势,大力发展数据流通交易与数据技术研发等高精尖业务;而围绕中心经济带的欠发达地区,则利用人力密集特点开展数据标注、清洗等传统数据服务。通过技术创新及统筹发展,我国数据要素市场的产业生态初见雏形。

（二）政策脉络

充分发挥数据要素市场化配置是我国数字经济发展水平达到一定程度后的必然结果,也是数据供需双方在数据资源和需求积累到一定阶段后产生的必然现象。2014年,"大数据"第一次写入政府工作报告,标志着我国对大数据产业顶层设计的开始。在"十三五"期间,大数据相关的政策文件密集出台,为数据作为生产要素在市场中进行配置,提供了政策土壤,也推动了我国大数据产业不断发展,技术不断进步,基础设施不断完善,融合应用不断深入。各个地方积极先行先试,探索出了一条适合我国大数据产业发展的路径。

2020年4月,中共中央、国务院印发《关于构建更加完善的要素市场化配置体制机制的意见》,将数据列为生产要素,明确指出了市场化改革的内容和方向。数据要素市场的培育将消除信息鸿沟、信任鸿沟,促进数据资源要素化体现,推进各方对数据资源的合作开发和综合利用,实现数据价值最大化,以新动能、新方向、新特征开启数据生态体系培育新征程。根据国家互联网信息办公室发布的《数字中国发展报告（2022年）》显示,我国大数据产业规模已经达到1.57万亿元。数据在国民经济中的地位不断突出,要素属性逐渐凸显。

2023年3月,中共中央、国务院印发《党和国家机构改革方案》,部署组建国家数据局,负责协调推进数据基础制度建设,统筹数据资源整合共享和开发利用,统筹推进数字中国、数字经济、数字社会规划和建设等,由国家发展和改革委员会管理。在此之前,北京、上海、重庆、贵州、福建、山东、浙江、广东等18个省市自治区相继成立数据管理局。组建国家数据局有利于解决数据行政管理职责多头管理、交叉分散问题。2023年8月21日,财政部发布《企业数据资源相关会计处理暂行规定》。规定适用于企业按照企业会计准则相关规定确认为无形资产或存货等资产类别的数据资源,以及企业合法拥有或控制的、预期会给企业带来经济利益的、但由于不满足企业会计准则相关资产确认条件而未确认为资产的数据资源的相关会计处理。规定将有助于进一步推动和规范数据相关企业执行会计准则,准确反映数据相关业务和经济实质,推进会计领域创新研究,强化数据资源相关信息披露,有助于为有关监管部门完善数字经济治理体系、加强宏观管理提供会计信息支撑。

二、国外数据要素市场发展概况

(一)美国

美国发达的信息产业提供了强大的数据供给和需求驱动力,促进了其数据交易流通市场的形成和发展。美国在数据交易流通市场构建过程中,通过数据交易产业推动政策和法律制定,开放的政策和法律又进一步规范了数据交易产业的发展。

首先,建立政务开放机制。美国联邦政府自 2009 年发布《开放政府指令》之后,便通过建立"一站式"的政府数据服务平台加快开放数据进程。联邦政府、州政府、部门机构和民间组织将数据集统一上传到该平台。政府通过此平台将经济、医疗、教育、环境与地理等方面的数据以各种可访问的方式发布,并将分散的数据整合。开发商还可通过平台对数据进行加工和二次开发。

其次,发展多元数据交易模式。美国现阶段主要采用"C2B"分销、"B2B"集中销售和"B2B2C"分销集销混合三种数据交易模式,其中"B2B2C"模式发展迅速,占据美国数据交易产业主流。所谓数据平台 C2B 分销模式,即用户将自己的数据贡献给数据平台,以换取一定数额的商品、货币、服务、积分等对价利益。数据平台"B2B"集中销售模式,即以中间代理人身份,为数据的提供方和购买方提供数据交易撮合服务。数据平台"B2B2C"分销集销混合模式,即以数据平台安客诚(Acxiom)为代表的数据经纪商,收集用户个人数据并将其转让、共享给他人。

最后,平衡数据安全与产业利益。在数据保护等方面,目前美国尚没有联邦层面的数据保护统一立法,数据保护立法多按照行业领域分类。虽然脸谱(Facebook)、雅虎(Yahoo)、优步(Uber)等公司近些年来均有信息失窃案件发生,但由于硅谷巨头的游说使得美国联邦在个人数据保护上进展较为缓慢。

(二)欧盟

欧盟委员会希望通过政策和法律手段促进数据流通,解决数据市场分裂问题,将27 个成员国打造成统一的数字交易流通市场;同时,通过发挥数据的规模优势建立单一数字市场,摆脱美国"数据霸权",建立欧盟自身"数据主权"以促进数字经济发展。

首先,建立数据流通法律基础。2018 年 5 月,《通用数据保护条例》(GDPR)在欧盟正式生效,特别注重"数据权利保护"与"数据自由流通"之间的平衡。这种标杆性的立法理念对中国、美国等全球各国的后续数据立法产生了深远而重大的影响。但由于GDPR 的条款较为苛刻,推出后使得欧盟科技企业筹集到的风险投资大幅减少,每笔交易的平均融资规模比推行前的 12 个月减少了 33%。

其次,积极推动数据开放共享。2018 年,欧盟提出构建专有领域数字空间战略,涉及制造业、环保、交通、医疗、财政、能源、农业、公共服务和教育等多个领域,以此推动公共部门数据开放共享、科研数据共享、私营企业数据分享。

最后,完善顶层设计。欧盟基于 GDPR 发布了《欧盟数据战略》,提出在保证个人和非个人数据(包括敏感的业务数据)安全的情况下,有"数据利他主义"(Data altruism)意愿的个人,可以更方便地将产生的数据用于公共平台建设,打造欧洲公共数据空间。

（三）德国

德国提供了一个"实践先行"的思路,通过打造数据空间构建行业内安全可信的数据交换途径,排除企业对数据交换不安全性的种种担忧,引领行业数字化转型,实现各行各业数据的互联互通,形成相对完整的数据流通共享生态。数据空间是一个基于标准化通信接口并用于确保数据共享安全的虚拟架构,其关键特征是数据权属。它允许用户决定谁拥有访问其专有数据的权利并提供访问目的,从而实现对其数据的监控和持续控制。目前,德国数据空间已经得到包括中国、日本、美国在内的 20 多个国家及118 家企业和机构的支持。

（四）英国

英国采用开放银行战略对金融数据进行开发和利用,促进数据的交易和流通。该战略通过在金融市场开放安全的应用程序接口将数据提供给授权的第三方使用,使金融市场中的中小企业与金融服务商更加安全、便捷地共享数据,从而激发市场活力,促进金融创新。开放银行战略为具有合适能力和地位的市场参与者提供了六种可能的商业模式:前端提供商、生态系统、应用程序商店、特许经销商模型、流量巨头、产品专家以及行业专家。其中,金融科技公司、数字银行等前端提供商,通过为中小企业提供降本增效服务来换取数据;而流量巨头作为开放银行业链的最终支柱,掌握着银行业参与者所有的资产和负债表,控制着行业内的资本流动性。目前,英国已有 100 家金融服务商参与了开放银行计划并提供了创新服务,数据交易流通市场初具规模。

（五）日本

日本从自身国情出发,创新"数据银行"交易模式,最大化释放个人数据价值,提升数据交易流通市场活力。数据银行在与个人签订契约之后,通过个人数据商店(Personal Data Store,PDS)对个人数据进行管理,在获得个人明确授意的前提下,将数据作为资产提供给数据交易市场进行开发和利用。从数据分类来看,数据银行内所交易的数据大致分为行为数据、金融数据、医疗健康数据以及行为偏好数据等;从业务内容来看,数据银行从事包括数据保管、贩卖、流通在内的基本业务以及个人信用评分业务。数据银行管理个人数据以日本《个人信息保护法》为基础,对数据权的界定以自由流通为原则,但医疗健康数据等高度敏感信息除外。日本通过数据银行搭建起个人数据交易和流通的桥梁,促进了数据交易流通市场的发展。

三、数据要素市场的生态保障

《中华人民共和国国民经济和社会发展第十四个五年规划和 2035 年远景目标纲要》提出,发展数据要素市场,激活数据要素潜能。

《"十四五"数字经济发展规划》进一步提出到 2025 年初步建立数据要素市场体系,并对充分发挥数据要素价值作出重要部署。《关于构建数据基础制度更好发挥数据要素作用的意见》,明确提出要建立数据交易场所与数据商相分离的市场运行机制,围绕促进数据要素合规高效、安全有序流通,培育一批数据商和第三方专业服务机构,并提出建立数据要素市场信用体系。

数据要素市场除包含数据采集、数据存储、数据加工、数据流通等直接面向数据要素进行处理的环节外,还需数据要素市场各主体为数据交易流通提供有效保障,构建良好的市场生态。数据要素市场生态保障主要包括数据资产评估、登记结算、交易撮合、争议仲裁及跨境流动监管等环节。

（一）数据资产评估

数据资产评估是指通过第三方评估机构或企业对数据所有者在生产、运营过程中所产生的数据进行内在价值和使用价值的评估,以便为数据要素流通交易提供基础性参考。例如,中关村数海数据资产评估中心与 Gartner 合作推出全球首个数据资产评估模型,为企业提供数据资产登记确权和评估服务。

目前,数据资产评估多采取市场法、收益法、成本法等资产评估方法。由于数据资产存在无形化、虚拟化的特性,因此数据要素流通交易直接产生的收益或所需的成本存在较难核算的问题。同时,我国数据要素市场仍处于培育期,交易规模尚小,给数据资产评估提供的范例较为有限。因此,数据资产评估整体上存在标准模糊、执行困难的问题,亟须建立数据要素市场资产评估机制架构。

（二）登记结算

登记结算是指在数据作为资产的前提下,为数据所有者及采购方提供名册建立与维护、数据交易结算等服务。登记结算机构为数据交易双方建立数据持有及交易资质名册,提高数据交易效率,规避数据交易风险。同时,登记结算机构通过现金结算、票据转让及转账结算等方式,为数据所有权变更、技术服务采购等交易过程提供交易场所。例如,贵阳大数据交易所创立大数据登记确权结算服务,将数据视为和房产、股票等一样的实际资产,通过交易所的数据平台,尝试登记数据所有权,然后对数据的使用权、运营权等进行公开竞价,以实现数据的登记确权及变现。

由于数据要素存在容易获取、易复制性、交换或散布成本低等特点,使得国内数据登记结算机构面临着数据被攻击、窃取或盗用的风险,一旦产生数据泄露,将直接造成数据所有者或购买者的利益损失。因此,数据登记结算机构需进一步完善"数据可用不可见"等技术的落地应用,相关部门亦需制定数据登记结算监管机制,保障数据登记结算过程的安全性。

（三）交易撮合

交易撮合是指为数据交易双方提供交易信息查询、信息匹配、供需对接及交易竞价等第三方服务。交易撮合机构将数据所有者及购买者等多方信息整合起来,并通过分析与评估将有效信息反馈给交易双方,以促进数据交易的达成。例如,华东江苏大数据交易中心在其官方网站开通供需撮合平台,通过咨询匹配、需求分析、定制方案与双方协作四个步骤为各类经济企业提供一站式服务,搭建起数据所有者与购买者的沟通桥梁。

基于数据要素市场规模,目前我国数据交易撮合机构存在着数量较少、单打独斗的问题。同时,仍有相当数量的企业对数据资源重要性的认识程度不够,参与数据要素市场交易的积极性有待提高。因此,我国数据要素市场需继续提升数据开放程度,扩大交易撮合机构规模,盘活数据要素市场资源。

（四）争议仲裁

争议仲裁是指当数据交易双方针对数据交易过程及结果产生民事争议时,对数据交易争议进行裁决并协调双方矛盾。数据交易争议双方在争议发生前或发生后依自愿原则将争议提交至争议仲裁机构,争议仲裁机构依据相关法律法规对争议的是非曲直做出判断,争议双方有义务执行争议仲裁结果。例如,深圳大数据仲裁中心为数据交易提供电子证据固化、在线公证保全和网络裁判等权威数据证明及争议解决方案,为数据要素市场创造法制化、公平化、便利化的交易环境。

作为新兴领域,我国数据要素市场在解决争议仲裁问题时还面临着法律法规存在空白、监管制度不健全、判例较少等问题。同时,数据要素无形化、虚拟化所带来的权属界定困难等问题,也给数据交易争议仲裁带来挑战。因此,行业主管部门需进一步完善数据要素市场监管体制机制,培育数据交易争议仲裁专业人才,为数据要素流通交易提供保障。

（五）跨境流动监管

跨境流动监管是指对跨越国界或产生第三国访问的数据传输、处理及存储过程进行监督管控,以维护本国数据安全。跨境数据流动监管机构通过构建系统化制度体系,开展数据跨境流动双方信息采集及分析,对数据跨境流动进行审查和管理。例如,北京国际大数据交易所依托数字贸易试验区积极推进跨境数据的安全流通,以此来吸引跨国企业和国际机构加入,旨在建立扎根中国、面向国际的国家级数据资源流通与监管生态体系。

由于各国数据立法进展不同,以及对数据要素重视程度存在差异,因此数据跨境流动监管面临着标准不统一、执行困难等问题,给国家数据安全带来挑战。因此,我国数据要素市场应完善数据跨境流动监管法律法规,扩大数据开放共享程度,积极融入国际数据跨境流动体系,并参与数据跨境流动国际法规制度制定,提升国际话语权。

四、数据交易运行机制

数据要素市场需要在政府及第三方机构的监管下,制定合适的市场定价机制及收益分配机制,以实现数据从数据所有者到数据购买者的流通交易,并使数据所有者、购买者、平台方均获得一定收益,从而保证数据要素市场实现可持续发展。

(一)定价机制

数据要素市场定价机制基于对数据自身价值的评估。目前资产价值评估主要包括市场法、收益法及成本法等方法,而由于数据自身的无形化、虚拟化等特性,使得上述资产价值评估方法存在局限性。对于市场法,其基于数据资产在市场中的交易价格计算作为交易对象的数据所代表的价值,从而进一步为数据要素市场交易提供价格参考。市场法的优势在于通过交易价格易于得到数据价值判断的依据,且数据价值与交易价格呈正相关。然而,数据交易作为新兴市场交易量较小,往往不能为市场定价提供指导。同时,数据价值评估反作用于市场交易定价,新兴市场存在的不规范交易等情况,使得数据要素市场定价机制陷入"先有鸡还是先有蛋"的问题中。对于收益法和成本法,其基于数据要素市场中由于数据交易而带来的利润或需要的成本。收益法与成本法的优势在于通过利润或成本可以体现数据价值的本质,并为数据价值提供具象化的表征。然而,数据要素所有者往往难以界定由于数据交易所带来的利润或创造数据价值所需的成本,利润或成本的量化浮动范围较大,影响数据交易定价。

基于上述资产价值评估方法,同时考虑到数据资产的无形化及虚拟化特性,国内数据要素市场在实践中探索定价机制,目前主要存在数据所有权交易定价和数据使用权交易定价两大类,又可细分为第三方平台预定价、协议定价、拍卖定价、按次计价(VIP会员制)及实时定价五种大数据交易定价机制。

1. 数据所有权交易定价

数据所有权交易是指数据交易双方直接产生数据所有权属变更的交易,如数据集的交易等。数据所有权交易定价可参考资产评估方法,确定交易过程中数据资产的价值。

(1)第三方平台预定价。若数据来源方无法将数据产品定价,大数据交易平台可以委派第三方的大数据交易专业人员进行评估定价。第三方专业人员基于大数据交易平台特点,根据数据种类、数据覆盖度、数据量、数据完整性、数据实时性、数据时间跨度、数据稀缺性、数据深度等数据质量评价指标,给出评价结果,然后通过评价结果和同类同级数据集或产品历史成交价,对数据产品的价格给出一个合理的区间,数据所有者在交易前,对交易数据在此价格区间再次进行定价。

（2）协议定价。数据交易价格由数据买卖双方协商产生。大数据交易平台成为一个交流平台,用作促进数据交易双方的沟通,使双方对数据价格达成一致,并实现交易的达成。这种定价方式具有很强的目的性,在不违反法规政策的情况下,双方沟通机会多,对价格的确定有高自由度,且成交率高;缺点是可能会经过一个漫长的博弈使整个协议达成,增加了时间成本。

（3）拍卖定价。即交易数据通过拍卖来确定价格。现今各大数据交易平台的交易数据都至少经过了脱敏等预处理,以此来限制数据交易双方对所成交数据最终使用价值的准确定价。于是,交易双方通过拍卖对交易数据进行最终定价成了一种合理的选择。拍卖定价强调对数据产品及服务的一次性交易,是针对数据产品或技术所有权的直接交易。

2. 数据使用权交易定价

数据使用权交易是指数据交易双方不产生数据所有权的变更,而主要通过调用数据集达到训练算法模型等目的,如 API 技术服务等。数据使用权交易定价更多地将数据交易视为服务形式,并参考服务业定价机制。

（1）按次计价。基于数据调用模式,数据买方每调用一次数据就付费一次。这种方式实际上仅出售了数据的使用权。这一定价方式由大数据的提供者决定计价标准,而中介商,则是大数据交易平台或大数据技术服务商,来对数据进行传输。部分企业在按次计费的基础上延伸了 VIP 会员制,即购买 VIP 会员即可获得免费接口一定时间范围内的调用次数。按次计价定价方式强调对 API 的多次调用,是针对数据产品或技术使用权的多次交易,因此大数据交易平台的盈利模式能够在定价方式与权利归属中的交易权方式的结合中得到更好的体现。

（2）实时定价。基于数据样本量和单一数据指标项价值,通过交易系统自动定价,价格实时浮动。采用此种定价机制的数据商品价格受市场供求关系和市场环境的影响,数据价值随着市场供需的变化而波动。此外,数据的商品价值和使用价值也会随着时间变化出现波动,这也会对交易数据的最终定价造成影响。若交易数据处于市场需求低、数据价值低的时间段,相应的数据交易价格也会较低。

（二）收益分配机制

收益分配机制即基于定价方式和数据权利归属的数据价值实现机制,大数据交易平台和数据卖方的价值实现是大数据交易的关键。

1. 大数据交易平台收益分配机制

目前我国政府类大数据交易平台,大多扮演着数据交易中介的角色,主要交易来源于不同数据所有者提供的数据。在我国,大数据交易平台的收益分配机制主要有两种:交易分成和保留数据增值收益权。

（1）交易分成收益分配机制。大数据交易平台在数据交易完成后与数据卖方按约定分成。大数据交易平台作为数据交易中介,会在达成数据所有权或使用权交易后收取相应的中介费用。如贵阳大数据交易所按 4∶6 与数据供应商分成,并视具体数据价值,对数据买方进行适当收费。该机制符合市场规律,目前被国内普遍采用。

（2）保留数据增值收益权分配机制。即大数据交易平台依据数据保留增值收益权进行收费。数据具有丰富的价值,大数据交易平台作为数据中介机构需要在交易前准确预测数据交易后能否产生增值价值并保留数据增值收益权。

2. 大数据交易卖方收益分配机制

大数据交易卖方是数据所有者,根据定价方式和权利归属的不同,其收益分配机制主要包括一次性交易所有权、多次交易使用权和保留数据增值收益权三种机制。

（1）一次性交易所有权收益分配机制。即在数据交易中一次性转移数据所有权、使用权、处分权、收益权。这一模式主要适用于协议定价和拍卖定价。协议定价方式通过数据交易双方对价格的博弈,最终协调得出一个双方认同的交易价格;而在拍卖定价方式下,数据卖方虽然根据自身对数据价值的评估给出了起拍价、加价幅度等相关拍卖规则,但最终定价是由参与竞拍的多个买家决定。所以面对协议定价和拍卖定价方式下的一次性交易所有权收益分配机制,数据卖方的利润空间由于被动的最终定价权而被压缩了。

（2）多次交易使用权收益分配机制。即只交易数据的使用权而不一次性转移数据所有权,以此带来更多的收益。数据交易双方约定只针对数据使用权进行交易,数据卖方能够反复对数据进行交易以获取更多的利益,尤其是在按次计价定价方式或 API 技术服务模式下。因此目前数据服务商在进行数据交易时,首选使用多次交易使用权收益分配机制。但由于数据产品具有低成本可复制性、便捷可传递性的特点,在该模式下,数据卖方如何使数据交易变得安全、保密、可控,以及避免数据被大规模复制使用,成为这一收益分配机制实现的关键。

（3）保留数据增值收益权分配机制。数据卖方对于数据的来源和数据采集、处理、分析过程十分清楚,因此能直接准确地评价数据的价值,并预测数据交易后是否有增值收益的可能性。基于上述优点,数据卖方能更准确地判断是否保留收益权,以及合同约定的比例。

（三）政企合作机制

现阶段我国 90% 的可用数据由政府所有,因此政府如何激活数据要素、推动数据服务,是数据要素行业繁荣的关键。各地在数据服务方面,也进行了多种尝试,当前政府在推动数据服务方面,仍是以政企合作为主。目前主流政企合作模式可根据企业参与程度不同,分为以技术服务为主、企业代理运营与政企合资模式。

1. 以技术服务为主的合作模式

以技术服务为主的合作模式是指企业根据政府的需求通过计算机与大数据技术为其提供数据服务产品（例如搭建平台和系统）,系统交付后合作即终止,不参与后续的数据运营,仅作为技术合作方进行产品技术的更新,以及平台的运维。这种模式的优点在于企业的整体模式较轻,可以在多地进行大规模复制,二次开发成本较低,利润率可观。但该模式缺点为单一项目额度较低,同时后期企业参与程度较低,产品与运营分离导致数据服务产品的实际效用也较低,很难形成示范级的项目。

2. 企业代理运营模式

长期合作中的企业代理运营模式是指企业根据政府的需求为其提供产品、运营等一套解决方案,但不占有股权,在管理上接受政府或相关单位的指导,类似"官督民办"形式。该模式在早期大数据交易所建立时,有大量的案例,如华东大数据交易所就采取该模式。但伴随着该模式效率较低,各地大数据交易所,以及数据运营公司都在积极吸引社会资本参与,并且有一些数据交易所已经完全私有化。

3. 政企合资模式

政企合资模式是指企业以技术入股方式占有股份,负责产品、运营等,提供一整套解决方案,政府以资金入股,占主要股权,企业与政府双方强绑定。其优点是可以盘活数据资产,将是未来合作的主流方向。投资为亿级规模,该模式可以在政府对数据进行掌控的情况下,保证企业的活力与积极性。现阶段已经有一些企业,通过与地方合资成立公司的形式,通过运营经验赋能的方式服务于当地业务。

本 章 小 结

本章主要从交易平台类型、交易平台的数据来源、产品类型、平台交易产品涉及的主要领域、平台的交易规则五个方面介绍了大数据交易平台。系统性地总结国内外大数据交易平台,并从我国大数据交易类型、基于大数据交易所的大数据交易、基于行业数据的大数据交易、数据资源企业推动的大数据交易、互联网企业衍生出的大数据交易等方面介绍了国内大数据交易平台。从合法授权、权属流转、交易监管以及大数据交易产权政策等方面介绍大数据交易产权管理,梳理分析了有关数据产权的目前政策中对大数据交易产权的管理现状。介绍了大数据交易政策以及交易行业标准,总结了我国主要大数据交易政策以及行业标准。从国内外数据要素市场发展概况、数据要素市场的生态保障以及数据交易运行机制等方面,介绍了数据要素市场中的数据交易。

复习思考题

1. 大数据交易平台有哪些类型?

2. 大数据交易平台的数据来源有哪几种?

3. 大数据交易平台的产品类型有哪几种?

4. 我国大数据交易主要有哪四种类型?

5. 大数据产权转让有哪三种交易模式?

6. 国外数据要素市场发展的主要特征是什么?

7. 数据要素市场生态、保障主要包括哪些环节?

8. 目前数据资产定价机制主要有哪几种类型?

9. 大数据交易的收益分配机制有哪些类型?

10. 数据服务的政企合作机制有哪些类型?

即测即评

第十三章　大数据治理

本章主要知识结构图：

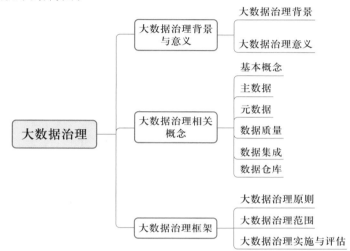

在数据量激增的时代,企业的高效运营不仅需要管理数据的系统,还需要完备的规则系统和规章流程。大数据治理涵盖了与数据有关的内容,技术、流程、人员等都需要统一规划和评价,使得整个数据生命周期中的数据具有较高的完整性、可用性、一致性、合规性和安全性,才能将数据价值最大化。

第一节　大数据治理背景与意义

一、大数据治理背景

大数据是描述海量数据集的术语,其具有庞大、多样和复杂的结构。大数据的来源十分广泛,包括互联网、在线交易、用户生成内容和社交媒体,以及通过传感器网络或商业交易(如销售查询和购买交易)有目的地生成的内容。此外,基因组学、医疗保健、工程、运营管理、工业互联网以及金融等领域也都增加了大数据的普及。新数据源的出现导致了半结构化数据和非结构化数据呈爆发式增长,这些数据需要使用强大的计算技术来揭示极其庞大的社会经济数据集内部和外部的趋势以及关联机理。从这种数据中收集到的新见解,可以有效地补充具备静态特征的官方统计数据、调查和档案数据,增加集体经验的深度和洞察力。传统的人力难以处理当下的海量数据,如何有效管理并最大化挖掘这些数据的价值是亟须探讨的话题。

目前存在的数据治理难题主要有四个。一是信息孤岛现象严重。大多企业将数据作为战略资源,认为独享数据就拥有了核心竞争力,主观上拒绝数据共享,从而形成一个个"数据孤岛"。同时,由于一些数据涉及个人隐私、商业秘密,不便于进行企业间的共享。此外,阻碍数据共享的因素还有不同机构使用的数据接口不一,导致数据资产自成体系,难以共享。二是数据质量良莠不齐。由于缺乏统一的数据治理规则,不同企业的数据收集与处理方法各异,存在不规范和不科学等问题,难以保障数据的一致性,影响了数据的后续利用效果。三是融合应用困难。从海量数据中挖掘价值,需要高新技术和先进设备的支持,而很多企业在这方面投入不足,海量数据资源无法盘活,数据潜力得不到充分释放。四是缺乏治理体系。目前企业的数据治理意识还不够,违规采集数据、非法利用数据等现象频发,用户权益得不到安全保障。图 13-1 为数据治理背景图。

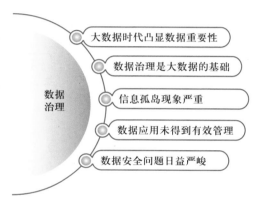

图 13-1 数据治理背景图

二、大数据治理意义

在如今飞速发展的信息时代,人们的生活被大量数据所包围,同时也无时无刻产生新的数据。但企业目前还不具备对这些数据进行及时收集、整理并转化为辅助运营决策的能力;对数据的有效挖掘和利用程度亟待提高;在大数据的安全质量、隐私保护等方面正面临着严峻挑战。

企业的数据治理能力直接关系着企业的数据管理水平,进而影响着企业效益。不完善的大数据治理计划、不成熟的大数据治理规范、不统一的大数据治理过程以及不协调的跨部门合作,都是促使大数据治理流程复杂紊乱的原因。因此,企业需要一个统筹全局的大数据治理计划,以保证大数据被方便、快捷、安全、可靠地应用于经营决策。

大数据治理是在企业采集数据、利用数据并进行数据存档的整个数据生命周期中制定的数据标准、数据监控、数据所有权与具有指导性的政策方针,其关键在于将数据视为企业的一项资产。"更好的数据意味着更好的决策",这句话反映了准确可信且具有一致性的基础数据是一个可靠的大数据治理计划的前提。企业在制定大数据计划时,需要对数量巨大、种类繁多、模糊性高、价值密度低的数据资源进行充分识别与分析,各利益相关者的共同参与将有利于部分错误在数据治理初期被排除,确保大数据计划的正确形成与顺利实施。

随着新一代信息技术的不断发展、应用和普及,人们通过手机、电脑等多种网络终端设备,实现了足不出户就能获取海量信息。大数据与各行各业的深度融合快速推进企业的数字化转型,大数据治理也为全球经济的发展增添了新的活力。大数据已成为一个国家的基础设施和战略资源,大数据治理成为国家提升治理能力的重要推手,大数据治理水平也将成为衡量国力强弱的新指标。

大数据治理最重要的作用是能够推进大数据的服务创新,从而带来更大的商业价值与社会价值。此外,科学有效的大数据治理有助于提高数据的质量与可信度,降低企业管理成本,加强合规监管与安全控制,提升企业的大数据管理与决策水平。

第二节　大数据治理相关概念

一、基本概念

"治理"与"管理"是容易混淆的两个概念,它们代表着完全不同的活动。治理是有关管理活动的指导、监督和评估,而管理则是根据治理制定的决策来执行具体的计划、建设和运营①。数据管理的三个关键点为职责、过程与规范:职责的定义是企业数据管理业务能否开展的关键点,如果企业不能清晰透彻地定义和分配职责,还会造成员工不健康履职,进而导致企业资金浪费、设备损毁等情况出现;过程描述了数据管理的全部周期;规范明确了数据管理全部内容执行的标准和范畴。数据治理则具有更丰富的内涵,其核心是通过数据治理计划,确保组织高层有效安全地利用数据生成决策。为了保证数据策略的正确性,在数据产生、使用和销毁的整个生命周期过程中,数据治理对所有行为进行规范性控制,保证数据资产得到妥善管理和安排,使数据资源得到最优化利用,主要体现在评估、指导和监督方面。数据治理的核心内涵是数据资产的决策权和职责分工,更关注通过什么样的手段才能做出最有利数据发挥价值的决策,而职责的分配是保证数据合理策略得到有效实施的重要手段;贯穿数据治理整个过程的规范必须是遵循客观规律、可执行可重复,并能得到广泛认同的标准。

数据治理领域专家桑尼尔·索雷斯在其著作《Big Data Governance:An Emerging

---

① 　张宁,袁勤俭.数据治理研究述评[J].情报杂志,2017,36(05):129-134,163.

Imperative》中提出了业界公认的大数据治理定义,主要包含六个部分:第一,大数据治理应被纳入信息治理范畴;第二,大数据治理直接反映在政策条例中;第三,海量数据信息需要优化管理;第四,大数据隐私保护十分重要;第五,大数据必须创造商业价值;第六,大数据治理必须协调不同功能部门的目标和收入。该定义将大数据的隐私保护与商业价值视为大数据治理重点,明确了大数据治理的核心内容是多个利益相关部门共同参与政策制定,并希望大数据治理能被国际信息治理组织纳入信息治理范畴,形成标准化管理条例。

中国信息技术治理标准负责人张绍华等在 2016 年出版的《大数据技术与应用——大数据治理与服务》中将大数据治理提升到了体系框架的高度,给出了更全面的定义,可从四个方面进行解释:第一,大数据治理的关键决策领域包含组织、战略、大数据生命周期、大数据质量、大数据架构与大数据安全隐私;第二,参与大数据治理决策的团队可分为四类,分别是大数据利益相关者、大数据治理委员会、大数据管理者与数据专家;第三,为确保大数据治理决策的有效性和持续性,必须建立一套涵盖组织架构、标准体系、执行流程、制度规范等方面的保障体系;第四,大数据治理要以提升大数据各项技术指标、催生大数据服务、创造商业价值和社会价值为终极目标。

接下来从大数据治理目的、权利层次、解决的实际问题 3 个方面解读大数据治理的概念。

首先,大数据治理和数据治理的目的是一致的。大数据治理和数据治理都是为了鼓励发生期望行为,特别是管理风险和实现价值,即如何最大化大数据价值,同时确保遵守相关法律法规与行业条例,保障用户隐私安全。从价值和风险的角度,大数据治理就是在不断变化的环境中建立价值和风险的平衡机制[①]。数据治理与大数据治理拥有相同的目的,也存在很多差异。这是由于大数据强调多源数据融合,隐私性和安全性问题更大,同时企业需要投入大量成本来处理海量、异构的数据,因而效益是大数据治理的研究重点。相比之下,数据治理不需要过多关注治理效益,而更注重提升效率;而且数据治理的对象多为企业内部数据,相比大数据治理,具有安全性更高、隐私风险更小的优点。

其次,大数据治理和数据治理具有不同层次的权利。大数据治理同时涉及企业内部和外部数据,可以发生在企业内、企业间,或者行业与社会层面。数据治理的价值主要体现在企业内部的数据融合。针对企业内部层次,主要参照公司治理方案,多涉及经营权的分配;而外部大数据治理更注重解决不同利益相关者的所有权如何合理分配问

---

① 郑大庆,范颖捷,潘蓉,蔡会明.大数据治理的概念与要素探析[J].科技管理研究,2017,37(15).

题,例如拥有、利用、处理和获益权利。

再次,大数据治理与数据治理具有相同的治理对象。从治理是研究决策权和责任归属这一角度出发,大数据治理和数据治理的对象并无差别。权责分配要遵循匹配原则,即主体在决策的同时也需要承担相应责任。不同类型、不同时期以及不同行业的公司里通常运转着不同的治理模式,但都遵循包含管理者和普通员工在内的所有行为者完全服从责权对应的基本原则,这也是评价治理绩效高低的常用标准。

最后,大数据治理和数据治理能够处理一致的实际问题。关于决策权和责任的归属,通常涉及四大问题:① 决策范围如何划定,才能确保实现大数据的有效利用与管理;② 哪些人可以拥有决策权;③ 决策内容如何产生;④ 如何闭环监控决策环节,使其良性运转。以上四大问题都是数据治理和大数据治理需要处理的问题,其中在后者的治理过程中,由于大数据的本质特征会导致更广的治理范围,需要更多样的处理技术以及更大的资本投入,因而治理过程会更为复杂。

二、主数据

随着各行业内的信息化建设不断深入,"信息孤岛"问题开始出现。通常,企业内会建立多种不同规格的信息系统,它们相互独立存在,却也相互关联。由于不同系统对数据的处理规范不同,数据间的耦合度高,使得公共数据的读写、更新与删除操作变得非常复杂。一些企业尝试利用系统集成统一数据格式,但由于缺乏一致的管理规范,未到达理想目标,反而扰乱了数据集,增加了系统的维护难度。在这种情况下,主数据的概念被提出并得到了市场的认可。

对于主数据,各家给出了不同的定义。甲骨文公司提出"主数据是支持企业业务和分析的关键业务数据"。ISO 标准中定义"主数据描述了对组织起到基础作用的实体,这些实体是独立的,并且是组织进行事务处理需要参考的数据实体"。这些定义虽形式有异,但都反映了主数据的基本核心特征,即主数据是指具有高业务价值的,可以在企业内跨越各个业务部门被重复使用的数据,是单一、准确、权威的数据来源。可以得出,主数据是主要用于刻画信息之间关联性的数据。显然,主数据通常存在于不同的信息系统中,是这些信息系统的交集部分。例如网购用户的信息存在于电商信息系统中,同时也存在于金融支付系统中。这种高度集成的数据,往往同时具备一定的稳定性,即这类数据在事务处理中并不会被频繁地修改。与传统的业务数据相比,主数据具有以下 4 个特点:

(一) 一致性

随着企业信息化建设的不断深入,企业内部独立的信息系统越来越多。这些系统之间有很多数据是重叠的,而系统本身又独立存在,这很容易形成"信息孤岛"。主数据的提出很好刻画了这些重叠的数据,但同时又要求这些相同的数据具有高度的一致性。例如高校内教师的信息同时存在于图书馆数据库和学院数据库,主数据实施需要保证这些独立的系统能够读写到统一的教师信息。

（二）唯一性

由于主数据是高度集成和共享的数据,对主数据的表示必须具有唯一性。例如教师要有统一的编号,不随其在哪个系统中出现而发生变化,类似的学生要有统一的学号。由此可见,主数据的唯一性是用来分析和处理系统数据的重要维度。

（三）有效性

主数据是整个企业信息系统的基础数据,它贯穿了整个系统的全部生命周期,因此主数据必须具有长期的有效性。例如大学生学号往往伴随学生本科四年,并不会因为学校取消了某一个信息系统而注销学生的学号。同时,有效性的另一个解释是,当主数据确实失效后,往往被标记成无效而并非删除,这有利于日后信息归档等工作。

（四）稳定性

鉴于主数据的重要性,其必须具备稳定性。这种稳定性表现为无论业务过程如何变化,主数据通常不会随着业务的变化而发生改变。例如员工的工号不会伴随其部门的改变而变化。

由于主数据常用于描述具有高度关联性的实体数据,因此我们可以在许多场景抽象出主数据,具体包括基础数据、组织机构人员数据、财务数据、项目数据、物资设备数据、供应商及客户数据、知识类数据和办公类数据。基础数据是指采用国家标准的具有社会通用性质的数据,如货币、地区信息、国家信息等;组织机构及人员数据是指企业级标准的组织机构数据和企业人员数据,属于企业内部不同部门之间的共有数据,是企业内部各单位之间能否协调工作的关键因素;财务数据应符合国家及企业对财务系统的统一规范要求,对财务数据应用主数据管理,有助于企业财务集中管理,提高财务系统运转效率,降低财务风险;项目数据是指企业内部不同项目之间共同的基础数据;物料设备数据是指企业集中采购的物料设备数据,对物料设备数据应用主数据管理,有利于物料采购的集中优化配置,降低企业成本;供应商及客户数据来自企业上、下游的供应商和客户,企业不同部门通常要和同一个供应商或者客户打交道,利用主数据的统一管理,有助于企业提高服务水平,与供应商和客户建立长期良好的合作关系;知识类数据包含了企业运营管理的历史经验等信息,是企业各个部门进行管理以及对未来方向做决策的重要信息来源,主数据化将大大提高企业经验积累速度,帮助企业建立良好的企业文化;办公类数据是指各个部门之间传递的公文、表格、报表等数据,这些数据更应该标准化、规范化。

三、元数据

数据是信息在计算机中的表现形式和载体。元数据在计算机中是描述数据的数据，是数据的结构化数据，主要用于表达数据的属性。例如，高校信息门户系统中的元数据是用来描述教职工或学生特征的系统数据，诸如访问权限、唯一标志等，是数据与数据用户之间的桥梁，即数据之数据或者代表性的数据，是数据的属性，有利于信息检索。在不同的领域里，元数据有不同的定义。在软件领域，通常被定义为通过元数据值的改变来改变进程的数据，不同的位置输入不同数值的元数据，将得到与原来相同的行为。在图书馆与信息领域，元数据为描述结构化的信息资源，提供图书等信息资源的一种结构化数据。在数据仓库领域，元数据用于描述数据仓库中数据及其环境的数据，是在建设数据仓库的过程中所产生的关键数据，例如，数据源定义、目标定义、变换规则等。随着大数据时代的来临，元数据也在不断扩充，还包括对各种音频、视频、用户点击量、图片，以及各种无线传感设备数据、监控数据等新数据类型的描述。具体来说，元数据是对一个具体信息对象特征的描述，并能对这个对象进行定位、管理，且有助于它的发现与获取数据，由许多完成不同功能的具体数据描述项构成，具体的数据描述项又称元数据项、元素项或元素。元数据存在于各行各业中，应用十分广泛。

元数据对信息资源的发现、识别、开发、组织和评价有加强作用，而且对相关的信息资源进行选择、定位、调用，追踪资源在使用过程中的变化，实现信息资源的整合、有效管理和长期保存[1]。

在数据治理系统中，元数据机制主要支持五类系统管理功能：① 描述哪些数据在数据库中；② 定义要进入数据库中的数据和从数据库中产生的数据；③ 记录根据业务事件发生而随之进行的数据抽取工作时间安排；④ 记录并检测系统数据一致性的要求和执行情况；⑤ 衡量数据质量。

元数据在系统运行中起着极其重要的作用，它描述了系统中的各个对象，遍及系统的所有方面，是整个信息系统的核心。在系统管理员看来，元数据是系统中所有运行过程和内容的完整知识库以及文档；在用户看来，元数据是系统的信息地图。实际上元数据是为了解决谁在什么时间、什么地点、因为什么、采用何种方式（who，when，where，why 及 how）使用系统的问题。元数据是信息数据描述的重要工具，可用于数据管理的各个方面，例如数据资源的建构、转换、利用、发布与共享。

---

① 马范玲.1999—2009 年国内文献编目研究计量分析与综述［J］.当代图书馆,2011(2).

四、数据质量

人们对"质量"的概念并不陌生,但是对"数据质量"则没有太多的认识。在ISO9000 标准中,关于质量的定义是"一组固有特征满足要求的程度"。数据是用于描述事物的材料,只有符合描述要求的数据才可以称为合格的数据;反之,则可以理解为数据质量不达标。因此,我们可以将数据质量理解成"数据能够合理表达事物本貌的能力"或者"描述数据与事物本质的吻合程度"。数据质量依赖多方面元素,包括数据所处的环境、业务、使用,以及操作数据人员的工作水平、数据本身的健康状况等。

伴随着大数据时代的到来,数据质量这一概念被越来越多地提出来。与普通数据相比,大数据对数据质量的依赖更高,数据质量的水平也更难控制。当然,普通数据的数据质量定义仍然适合大数据领域。大数据质量可以理解为"大数据满足需求的程度"。数据质量是一个较为抽象且难以描述的概念。通常来说,高质量的数据表现为合乎业务需求的程度更高;反之,低质量的数据则很难甚至无法满足实际的需要。具体来看,可以从多个角度来描述数据质量这一概念,每一个角度可以看作一个衡量维度,以此来勾勒出"数据质量"的全貌。

当前关于数据质量的描述维度这一概念已有许多定义。其中,麻省理工学院Richard Y.Wang 等提出的关于数据质量度量维度的研究成果广受认可。Richard 从 19 个维度描述数据质量。基于各项研究成果,将数据质量度量维度具体归纳为以下八个维度:① 真实性,即数据是否真实可靠;② 价值密度,即是否是高质量数据的集合;③ 完整度,即缺失值数据比例,数据不能过于稀疏;④ 时效性,为支撑业务需要,许多场景均要求数据具有时效性;⑤ 可读性,非结构化数据语义表达清晰且容易理解;⑥ 一致性,相同数据的值应当相同;⑦ 可接入性,即数据能够访问;⑧ 安全和隐私性,即数据是安全的、脱敏的,符合相关法律规定。

随着计算机应用逐步深入企业管理的各个领域,我们渐渐发现这样一个问题:企业的应用软件往往都是基于业务操作层面的需求,面向单一的业务设计,只满足垂直的业务流程管理需求。这些耦合度较低的业务数据,具有独立的数据定义、数据字典、表结构及产品功能设计。这将导致不同的业务领域里,存在着重复的、冗余的数据为这些业务服务,甚至同一业务对象在企业不同业务中有近似甚至不同的名称及表述方式。在激烈的市场竞争中,数据被作为企业的核心资产之一,是诸如客户关系管理、企业兼并、新产品研发等层面的关键要素。这些都依赖能保证一致性的数据。通过有效地数据治理,进一步把控数据质量,能够保证整个企业都遵循统一的数据标准;能够利用供应商数据获得更高的折扣、更优的支付条件、更具竞争力的采购合同；能够为高质量客户及供应商提供数据，以保障企业上、下游业务高效开展；能够准确预测销售量以帮助企业制订计划；能够以低成本地维护主数据，提高主数据的复用程度。这些都是数据质量管理带来的好处。

数据质量对于大数据的应用至关重要。在开展大数据分析应用时，评估数据质量是关键前提，以确保数据质量达到可接受的程度。需要特别指出的是，大数据价值的挖掘和体现必须建立在一定的数据质量基础之上，"大数据基数大，其数据质量可以忽视"的观点是不合适的。其复杂性主要表现为以下4个方面。

（一）数据来源多样、数据种类繁多

数据来源的复杂和多样性，使得数据整合的难度大大增加。一方面，各个数据源在维度上需要保持一致，不然整合就无从谈起；另一方面，数据种类多，使得来源不同的数据整合难度剧增。

（二）不受控制地重复使用

在大数据应用过程中，各种结构化或非结构化数据集被多个使用者共享和使用。不同的业务场景和不受控制的约束，意味着每种应用都有各自的数据使用方式，带来的直接后果是相同数据集在不同业务场景中的诠释不同，为数据的有效性和一致性带来了隐患。

（三）质量控制的权衡

对于来源于组织外部的大数据，很难在数据产生过程中采用控制手段来保障质量，当内外部的数据不一致时，数据使用者必须做出权衡——修正数据使其与原始数据不一致，或牺牲数据质量来保持与原始数据一致性。

（四）数据的"再生"

大数据的理念和特征拓展了数据的生命周期中的"再生"环节。传统的数据管理过程中，历史数据往往在其生命周期的后期转为冷存储或损毁。而在大数据分析和应用中，历史数据与实时数据能够有效地整合和应用，意味着在大数据生态链中，大数据质量管理将关注不同阶段的跨生命周期管理能力。

传统数据主要来源于组织内部，在业务处理流程中产生，数据采集流程在组织内能够得到有效控制，数据质量工具能整合到业务处理流程中，实现数据质量测量和验证。但在大数据环境下，来源多样、结构各异的大数据的质量管理具有较高的复杂性，主要原因可以总结为以下几个方面。

（1）数据解释，在组织内外部的数据含义和业务含义存在一定的差异。

（2）数据量在海量数据分析和处理方面，传统的关系型数据库及管理平台面临较大的挑战。

（3）控制力弱来源于外部的数据不能有效地进行质量控制，不能对错误数据进行追溯。

（4）数据清洗会导致其与原始数据不一致，影响对业务应用流程的跟踪，甚至引起对分析结果的怀疑。

（5）大数据的存储方式扩展了数据获取时间和范围，使得数据可能在数据存储期间发生变化，为数据生命力带来风险和挑战。

五、数据集成

在企业的信息化建设过程中，如果信息管理系统中的数据有大量冗余的垃圾数据和不一致数据，将造成各部门和各软件系统间数据共享的困难，这种现象称之为"信息孤岛"现象。就政府部门和大型企业的信息化而言，这一现象来源于信息平台建设的分布性和阶段性特征。为了解决这一问题，学术界将研究点聚焦到数据集成方面。

集成是指提高信息共享利用的效率，维护数据源的数据整体上保持一致。透明的方式是指用户只需关心以何种方式访问何种数据，无须关心如何实现对异构数据源数据的访问。所谓数据集成，就是将分散于若干个数据源中的数据，物理地或逻辑地集成到一个数据池中①。为了使用户能够访问这些数据源时，以透明的方式进行获取，数据集成的中心目标是要集成分布式异构数据源里相互关联的部分。数据集成系统可以支持用户使用规范一致的访问接口，处理访问请求，是对数据进行集成的系统（见图13-2）。

信息系统集成的关键和基础是数据集成，检验数据集成系统的质量关键是用户能够以高效率、低代价的成本使用异构数据。数据集成的数据主要来源于 DBMS，包括但不限于普通文件、电子邮件、HTML 文档、XML 文档等结构化、半结构化的数据。必须解决数据集成中的三个难题，才可能实现这个目标。以下是数据集成中遇到的难题。

（1）自治性。各个数据源有着很强的自治

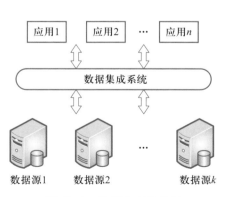

图 13-2   数据集成示意图

---

① 魏小涪,李生林,张恒.基于中间件的数字营区营房设备数据集成研究[J].自动化与仪器仪表,2014(04).

性,降低了数据集成系统的鲁棒性,即便在数据集成系统未授权的情况下,它也可以改变自身的结构和数据。

（2）异构性。数据源在被集成时,通常是被独立开发,数据模型是异构的。它的数据语义、表达形式和使用环境的异构性,在数据集成时会造成很多麻烦。

（3）分布性。数据源分布在不同地方,通过网络传输,因而传输效率和网络安全问题是需要重点解决的。

六、数据仓库

数据仓库是近年来兴起的一种新的数据库应用。随着网络技术的飞速发展,地域已经不是人和人、部门与部门之间沟通的瓶颈,人们可以在同一时间享有同一信息。我们生活的时代已经和信息紧密相连,不可分割,不仅是对数据进行简单的查询与访问,更关键的是在归纳、分析与整理后,帮助进行决策。数据仓库的诞生与发展为决策提供了强有力的智能信息支持。

数据仓库的字面意义包括两层:第一,数据,即与某个事物相关的事实信息;第二,仓库,即存储货物或商品的设施。因而,数据仓库代表着一个存储庞大数量、格式不一、层次多样的数据的集合;同时,这些数据是面向主题、集成化、随时间变化的。

（一）数据仓库的数据是面向主题的

主题是较高层次的信息系统中的数据归类、综合与分析利用的抽象概念,是对应企业中某一宏观分析领域所涉及的分析对象。面向主题的数据组织方式,就是在较高层次上对分析对象的数据信息的一个完整、一致的描述,能完整、统一地刻画各个分析对象所涉及的企业的各项数据,以及数据之间的联系。其中,较高层次是指级别更高的按照主题进行数据组织的方式。

（二）数据仓库的数据是集成的

数据仓库的数据是从原有的分散的数据库数据中抽取来的。首先,数据仓库里不同主题的源数据有重复存放在不同地方的问题,并且从不同系统收集的数据以各自特有的逻辑相互关联;其次,由于不同来源的数据之间存在格式不统一、命名与含义的重复或错乱等问题,因此原始数据必须经过规范化处理后才能存入数据仓库,这是最基础也是最关键的一个步骤。数据仓库的数据是不可更新的。数据仓库的数据多用于帮助企业实现科学决策,数据查询是常用操作,数据分析员可以在此基础之上按需对数据进行整理、分析,助力实现最终的决策方案。数据仓库里记录了过去很长一段时间的详细数据,以及处理、重组之后的导出数据,为保证数据分析结果的科学性与可溯源性,原始数据不能被篡改和更新。

（三）数据仓库的数据是随时间变化的

数据的不可更新性是对用户设置的操作权限,数据仓库里的数据并非一成不变,而是随时间的流逝不断变化的。首先,随着时间的流逝,数据仓库的内容会不断更新,变化的数据会被捕捉并以新的数据库快照增加到数据库中。其次,数据仓库中的数据在存放超过限定时间后会被删除,通常限定时间为 5 至 10 年。最后,数据仓库中除了存放原始数据外,还有大量经处理之后的综合数据,这些数据也要随着原始数据的变化而更新。

第三节　大数据治理框架

大数据治理框架主要围绕治理的原则、范围、实施与评估三方面展示大数据治理全貌与内容,如图 13-3 所示。

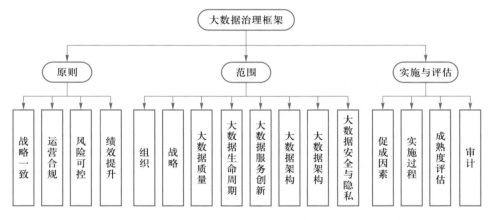

图 13-3　大数据治理框架

一、大数据治理原则

大数据治理原则是大数据治理工作必须遵循的基本法则。参考国家标准《信息技术服务治理第 1 部分:通用要求》,大数据治理原则主要包含战略一致、运营合规、风险可控和绩效提升四个部分,各个组织可以结合自身实际与特点对这些原则进行细化与深化。

（一）战略一致

大数据战略必须顺应组织的发展方向,保持与组织整体战略的一致性。组织运营者应首先明确治理目标、治理策略与治理方针,使大数据治理能够在满足全局战略目标的前提下,充分应对大数据时代的机遇与挑战;其次,持续收集并分析大数据治理的所有环节信息,确保大数据治理按照预期计划顺利进行;最后总结评估整个治理过程,使大数据治理战略在更新变化的环境中与总体战略目标保持一致。

（二）运营合规

大数据治理计划应在不违背国内外相关法律法规与行业规范的前提下推进,组织运营者应根据相关监管条例制定合规性政策,并向所有部门人员公开宣传,同时对大数据生命周期内容进行评估与审计,并将合规性评估纳入治理中,促进治理过程良性循环。

（三）风险可控

精准可靠的大数据治理计划能帮助企业降低合规风险和经济损失,组织运营者应重点关注数据隐私保护问题,制定相关政策方案,预查并跟踪关键风险,将风险限制在可控范围内。

（四）绩效提升

大数据治理需要合理并充分利用有限资源,以提供高质量的大数据服务。组织运营者应根据全局战略设置资源分配优先级,实时掌握资源需求和使用进展并进行动态调整,最后对治理过程和结果进行总结评估,确保大数据治理高效率完成预期绩效目标。

二、大数据治理范围

大数据治理范围是指企业决策层的决策领域,主要涉及七个方面,分别为组织、战略、大数据质量、大数据生命周期、大数据服务创新、大数据架构、大数据安全与隐私。

（一）组织

大数据治理组织可根据具体情况灵活设立,主要进行的治理活动为根据业务需要建立合适的职责分配模型,明确大数据治理的章程范围以及委员会成员的角色和职责。

（二）战略

大数据战略的活动内容主要包括发展大数据战略意识文化、监督指导大数据战略的执行落地、评估大数据战略的实施效果。

（三）大数据质量

大数据质量管理主要关注数据清洗后的整合、分析与利用,包含质量分析、合规性监控与问题跟踪。其中合规性监控管理是依据已有规则进行合规检查与监控,而问题跟踪主要利用自动化设备排查异常数据。大数据质量治理的关键活动包括评估大数据质量管理条例,明确管理范围、占用资源、分析规则、度量指标等;评估大数据质量服务水平,并对相关指标进行评估;监控并分析大数据质量,针对存在的问题提出整改方案;监控质量管理流程的绩效情况与合规性。

（四）大数据生命周期

大数据生命周期是大数据从产生、收集、分析、利用至销毁的整个过程。管理大数据生命周期的关键在于如何利用较低成本实现大数据的有效管理与价值创造,相关治理活动主要有评估大数据范围的定义、大数据生命周期的管理、大数据采集过程的规范要求与隐私安全、大数据挖掘方法与规范、大数据利用后的回收策略、大数据可视化权限与展示规范等。

（五）大数据服务

大数据服务通常涉及技术、信息、方案、集成、安全、培训、咨询等方面。为了实现大数据服务创新,组织可以利用大数据技术从解决问题、整合数据、价值挖掘、数据安全与隐私保护等角度开展相关活动。

（六）大数据架构

大数据架构旨在为业务需求、系统设计、技术研发、模式创新、价值实现等过程提供框架支撑,可分为大数据基础资源层、管理分析层、应用服务层三部分。基础资源层是架构基础,组成元素有基础设备资源、非关系型数据库、分布式文件系统等。管理分析层是架构核心,主要包含元数据、主数据、数据仓库、大数据分析等。应用服务层是大数据的价值体现,包括大数据接口技术、大数据共享、大数据交易、大数据应用等。大数据架构治理活动涉及对大数据需求、规则、模型等的指导、对技术与模型的一致性评估、对规范执行的有效性监督。

（七）大数据安全与隐私

大数据安全与隐私管理是通过实施大数据安全策略,明确大数据的使用权限与使用方式,避免不合规的数据访问与操作,从而实现大数据的安全隐私保护。组织应对大数据生命周期进行详细的分级分类,建立风险分析与控制模型,指导并评估大数据安全隐私与合规管理的流程、规范、用户活动等。

三、大数据治理实施与评估

大数据治理实施与评估对象包括大数据治理的实施环境、实施步骤与实施效果,相关活动主要从促成因素、实施过程、成熟度评估与审计 4 个方面进行展开。

（一）促成因素

大数据治理的促成因素是指为推动大数据治理计划顺利实施的关键因素,一般包含环境与文化、流程与活动、技术与工具。组织需要同时考虑外部环境与内部环境对大数据治理的影响,前者主要包括大数据环境、技术环境、战略环境等,而后者的核心因素就是文化。大数据治理文化对分析解决问题、建立沟通渠道、加强信息安全等环节都发挥着十分重要的作用。组织可参考图13-4所示的通用模型对治理流程与活动进行优化设计,并用以指导完成治理活动,实现预期的战略目标。大数据治理技术与工具主要包括基础安全设施、识别与访问控制技术、大数据保护技术、审计与报告工具,这些技术与工具的合理运用可以大大提高治理效率,降低治理成本。

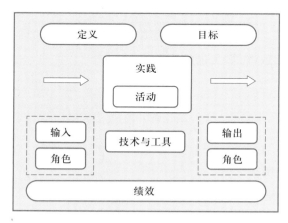

图 13-4 流程模型

（二）实施过程

在大数据治理实施过程中,必须明确需要解决的问题、解决问题的阶段与步骤以及各个阶段的关键要素,构建全局性框架体系,将抽象的大数据治理工作转为具体可执行的形式内容。

（三）成熟度评估

成熟度评估可以帮助掌握大数据治理现状,提出优化方案。优化过程主要包括初始、提升、优化、成熟和改进五个阶段。组织在初始阶段定义基础策略与规范,在提升阶段开展大数据治理活动,在优化阶段全面推进大数据治理进程并建立治理文化,在成熟阶段形成大数据治理架构和治理战略,在改进阶段通过推行统一标准实现大数据治理机制的改进。评估内容包含大数据的隐私保护、准确获取、数据共享、归档保存、标准建立、有效监管、可持续性战略等方面。在评估过程中,需要首先对评估范围、时间范围和评估类别进行定义,然后建立多部门共同参与的评估工作组,并形成绩效考核指标,最后与利益相关者讨论并总结评估结果。

（四）审计

大数据治理审计是由第三方审计人员对治理过程进行全面审查、评价并提出问题与改进建议的活动,相关审计内容主要包括大数据治理战略是否与组织战略一致、大数据组织与架构运转是否合理、大数据生命周期管理与运营活动是否合规、大数据隐私保护机制是否成熟、关键风险是否可控、运营绩效是否良好等。

本 章 小 结

在企业的数据建设与管理中,大数据治理的重要性日益凸显。本章详细阐述了大数据治理的背景、意义、相关概念以及框架结构,旨在帮助企业标准化大数据治理流程和方法,提高数据运营效率,最大化数据价值。

复习思考题

1. 目前数据治理存在哪些难题?

2. 数据管理与数据治理有何区别?

3. 什么是大数据治理?

4. 大数据治理与数据治理有何不同?

5. 主数据有什么特点,在大数据治理中发挥着什么样的作用?

6. 元数据有什么特点,在大数据治理中发挥着什么样的作用?

7. 数据质量度量可归纳为哪八个维度?

8. 数据集成中的主要难点问题有哪些?

9. 如何理解数据仓库,数据仓库的特点有哪些?

10. 大数据治理需要遵循的原则有哪几个?

即测即评

第十四章　大数据与新兴技术融合

本章主要知识结构图：

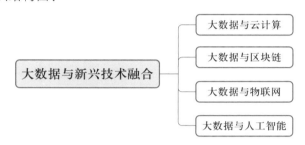

随着科技的不断创新与进步,以大数据、云计算、区块链、物联网、人工智能为代表的新兴技术已经对国家治理、经济文化、生产制造、社会民生等领域产生了深刻影响。大数据与其他技术的交叉融合发展,正推动着各行各业向数字化、网络化、智能化加速迈进。

第一节　大数据与云计算

在互联网信息时代,数据量呈爆炸式增长,传统的数据处理技术存在扩展性差、容错性弱、维护困难等多种问题。如何对数量庞大、种类丰富、更新迅速、价值密度低的大数据进行统计分析与转换利用,是挖掘数据价值的关键。大数据的意义是进行数据的有效管理和分析,并挖掘其潜在价值,这一过程需要强大的技术支撑才能完成。目前企业的经营决策已经和大数据紧密相连,由此而来的是海量待处理的历史数据、复杂的数学统计和分析模型、数据之间的强关联性以及频繁的数据更新产生的重新评估等挑战。为了使大量用户能快速访问系统并得到实时响应,这对底层平台的数据计算、传输、存储等能力提出了较高要求。在传统的数据处理技术无法满足需求的背景下,云计算技术应运而生。云计算提供了自助计算模型,是一种挖掘并延伸大数据价值的重要工具,同时其所耗成本也远低于传统方式。

云计算是一种数据密集型的超级计算方式,其概念由谷歌首席执行官埃里克·施密特于 2006 年首次提出。对云计算的解释有许多种,百度百科将云计算定义为基于互联网的相关服务的增加、使用和交付模式,通常涉及通过互联网来提供动态易扩展且经常是虚拟化的资源①；云计算安全联盟认为，云计算的本质是一种服务提供模型，通过此模型可以随时、随地、按需地通过网络访问共享资源池的资源，这个资源池的内容包括计算资源、网络资源、存储资源等，能被动态地分配和调整，在不同用户之间灵活地划分②；美国国家标准与技术学院（NIST）提出使用 NIST800-145 标准来定义云计算，该标准包含自助服务、通过网络分发服务、可衡量的服务、资源的灵活调度以及资源池化五大要素。图 14-1 所示为 NIST 提出的云计算概念图。

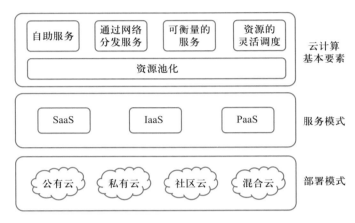

图 14-1　NIST 提出的云计算概念图

云计算是并行计算、网格计算、效用计算与分布式计算的综合发展与商业实现，具有超大规模、虚拟通用、高可靠性、高伸缩性、价格低廉的特点，在数据的存储、管理等方面具有强大的技术优势。第一，云计算系统为用户提供透明的即时服务；第二，云计算系统使许多计算机按一定规则形成集群，共同为用户提供服务，具有分布式存储和数据冗余的特点；第三，云计算系统利可以自动检测并排除失效节点，提供高质量服务；第四，云计算系统提供简单易学的编程模型，用户可以按需设计并执行自己的云程序；第五，云计算系统的商业计算机集群模式的成本开销比同等性能的超级计算机低很多；第六，云计算系统可以为用户提供多样化服务。

云计算数据管理技术的突出优点是能够快速读取数据，且数据的读取速度远高于数据的更新速度，从而实现对大数据集的高效管理。最著名的云计算数据管理技术是谷歌公司提出的 BigTable，该技术采用数据库列存储的方式进行数据管理，具有数据定位快、读取效率高等特点。如何实现数据更新提速并进一步提高数据的随机读取效率，

① 何遥.云计算推动智能家居普及[J].中国公共安全,2014(20).
② 张栋科,罗江华,吴婷婷.基于云计算的教育信息资源"校际共享"模式构建研究[J].中国教育信息化,2014(13).

是许多专家学者正在研究的热点问题。

大数据与云计算相互依附,相互成就。单台计算机无法实现对海量数据进行快速处理与分析,具有分布式计算结构和云存储技术的云计算可以很好地解决这一问题。大数据是对海量数据进行高效存储与分配,而云计算能实现具象资源的虚拟化。两者融合发展,优势互补,可以完成对互联网与本地资源的虚拟整合,满足复杂多样的数据处理需求,实现海量丰富的数据信息的密集计算与高效处理,有助于充分挖掘与利用数据信息,为各行各业的有序运转与飞速发展提供了极大便利,并进一步推动社会向智能化迈进。表 14-1 介绍了大数据与云计算在物流领域、医疗领域、教育领域与交通领域的融合应用与意义。

表 14-1　大数据与云计算的融合应用与意义

行业领域	应用与意义
物流领域	从海量数据中获取物流企业的发展现状,分析影响配送效率的主要因素,创造协同效应,促进配送路线优化,为公司决策层的合理市场预测和正确发展决策提供有效的信息与技术支撑,推动物流经济的快速发展
医疗领域	为患者提供高质高效就医、充分利用医疗社保资金等个性化服务,为人们的日常生活提供合理建议,促进健康管理,推动惠及全民健康的信息服务的发展。为临床决策提供支持、实现远程在线诊断等现代化医疗模式,为医疗科研工作提供海量准确的数据分析,为各大医药企业合理配置资源,助力科学、全面、可靠的技术与产品研发,推动健康医疗服务业的快速发展
教育领域	解决传统教育模式下学生的学业水平、学习效率、适应性发展等数据统计分析方式落后,以及考核形式单一等问题,帮助学校和教育机构为学生量身定制教育规划和分阶段实施方案,提升学生的学习效率,促进全面发展。通过线上教学,打破资源分配不均的教育现状,改善教育教学质量,使教育向个性化的方向发展
交通领域	解决智慧交通领域中存在的信息共享不及时、决策支持不高效等问题,推动信息发布由单向、无互动向智能、开放转型升级,不仅有助于交通管理部门的工作优化,同时为社会公众提供便捷服务,驱动智能交通的创新发展与产业化变革

第二节　大数据与区块链

大数据时代的到来,开启了一场人类社会的深刻革命。大数据已经对国家治理、企业决策以及个人生活产生了重大影响,但目前仍存在诸多问题,其利用程度尚有很大的进步空间。由于缺乏统一的数据标准与共享机制,在大数据实践中出现了基础数据严重丢失与无法快速流通的问题,数据的交换共享程度在信息数据化程度较高的通信、制造等行业尚且不高,在教育、医疗等行业更是远远落后于时代需求。例如,医疗行业的大数据主要来自健康体检、住院治疗、门诊治疗、妇幼保健等,而患者的个人数据还应包括公共卫生数据与居家监测数据,而在这些数据的利用过程中存在格式不统一、区域数据集中缓慢、数据安全与隐私保护等多种问题,数据的整合与利用困难重重。基础数据的丢失是造成大数据与实际业务难以深度结合的根源,能否打破数据孤岛,形成一个良好开放的数据共享系统,是大数据深度发展的关键。

区块链技术首次实际应用是比特币,给业内带来了巨大的轰动。区块链是一个分布式公共分类账本,其中包含系统中执行的所有交易。区块链具有三大基本特征。第一,去中心化。区块链无中央管理组织,授权或验证操作须在所有结点达成共识后进行,实现了分散式信任,且不再需要中间机构进行担保,大大降低了交易成本。区块链网络中的每个结点都记录有数据库的全部信息,数据的传输与接收会实时发布到整个网络,避免了数据的中心化存储,提高了系统的响应速度和安全性能。第二,可靠的信任体系。区块链中的区块通过加盖时间戳记账,区块间以哈希值形成连接,具有不可伪造和篡改的特点。用户利用区块链技术进行私人信息、数字资产的存取记录,可以实现实时、透明、可靠的交易。第三,可信任的管理机制。区块链采用"智能合约"机制进行管理,智能合约可以视为一份数字合同,或者一套自动担保程序。当满足指定的条件时,智能合约就会释放权限进行数据的转移、添加、删除等操作。从技术层面上讲,智能合约可以理解为搭建在区块链上的网络服务器,用以运行特定的合约程序。智能合约采用唯一的区块链地址进行标记,将交互双方的合约以程序代码的形式存放在区块链中,一旦条件成立,合约立即生效,使区块链系统能够良好的自我管理与运转。

区块链和大数据共生发展。体现在以下 4 方面。

第一,将区块链作为技术融入大数据共享。打破数据孤岛,形成一个开放的数据共享生态系统,是未来大数据成败的关键。而区块链作为一种不可篡改的、全历史记录的分布式数据库存储技术,在强调透明性、安全性的场景下自有其用武之地,可以有效解决当前大数据遇到的问题。这会驱使相关利益方,特别是政府或者行业联盟推动打破相关利益者的数据孤岛,形成关键信息的完整、可追溯、不可篡改并多方可信任的数据历史。

第二,将区块链作为数据源接入大数据分析平台。区块链的可追溯性源于系统详细记录了数据的采集、整理、交易、流通等过程,使数据具有超强的信任背书。这保证了数据分析结果的正确性和数据挖掘的有效性。因此,从区块链上获取数据作为大数据分析的补充是应有之义。尽管大数据的发展趋势使对大部分类型数据的精确性要求降低,但是对于某些追求正确性的重要数据,把不可篡改的区块链作为数据源就很有必要。在大数据的发展历程中,数据隐私安全问题日益凸显,数据互通共享与隐私保护之间存在明显冲突。在区块链上,通过多签名私钥、加密技术、安全多方计算技术,可以限定部分授权者享有数据访问权限。数据统一存储在去中心化的区块链或者依靠区块链技术搭建的相关平台,在不访问原始数据的情况下进行数据分析,既可以对数据的私密性进行保护,又可以安全地提供社会共享。

第三,将数据作为一种资产在区块链网络中进行交易。比特币是区块链技术的首个成功应用,在目前的第三代区块链网络上,可以将任何资产数字化后进行注册、确权、交易,智能资产的所有权是被持有私钥的人所掌握,所有者能够通过转移私钥或者资产给另一方来完成出售资产行为。如果将大数据视为一种资产,那么无疑可以通过区块链技术实现其资产的注册、确权和交易。将大数据视为资产与区块链结合,是打破数据孤岛的有效途径。若加配市场与利益分配机制,将大力推动政府、行业的大数据流通和产业化应用。

第四,区块链作为万物互联的基础设施支持大数据全生命周期。区块链作为一个去中心化的网络平台,可以包含全社会各类资产,让不同的交易主体和不同类别的资源有了跨界交易的可能性。在这个价值网络中,不但可以进行传统的商业活动,还可以进行非商业的资源分享。区块链技术可以保证资金和信息的安全,并通过互信和价值转移体系达成此前无法完成的各种交易和合作。未来区块链将类似如今的互联网成为价值互享的基础设施,大部分经济活动可以用终端用户不易察觉的方式运行在区块链上,区块链既成为各类经济活动的基础设施,同时也是各类数据产生的源头。区块链从技术层面不仅可以提供不易篡改的数据,同时也提供了不同来源、不同角度和维度的数据。大数据分析可以基于全网的分布式存储的结构化数据和非结构化数据,通过新的存储技术增大容量,区块链可以为共同的价值互联网提供高质量、经过稽核和审计的数据,而区块链本身则从大数据分析的补充数据源提升为大数据生命周期的主要数据源。

表14-2介绍了大数据与区块链在互联网征信、数据库管理及共享经济等领域的融合应用与意义。

表 14-2　大数据与区块链融合的典型应用与意义

应用领域	应用与意义
互联网征信	针对信用信息采集维度单一且采集覆盖率不高、央行征信系统与互联网数据平台数据共享不充分、征信隐私数据信息安全系数低、互联网技术与管理水平偏低、互联网征信监管难度大等问题，实现多维、广泛采集征信数据信息，加强数据隐私保护，增进数据平台对接，降低信用交易成本，提高信息使用效率等
数据库管理	针对目前用人单位各部门之间信息割裂、缺乏整合与共享，以及人才数据库由于建立标准不一而造成的难于进行信息共享与再利用的痛点问题，利用大数据的超强数据处理能力，使信息在对等网络中生成、传输、存储并保持分散，利用区块链颠覆管理员中心化运作传统，形成用户群体间的共识机制与去中心化电子交易体系，能有效过滤并追溯虚假信息，保证信息真实可靠与访问安全
共享经济	针对近年来迅速崛起的共享经济中频频暴露的信息泄露、资源浪费、与传统产业难以融合等问题，综合利用大数据与区块链的技术优势，可有效降低交易成本，实现资源最优配置，完善与保障用户信用体系，加速产业融合发展，促进全球经济信息共享

第三节　大数据与物联网

物联网概念是在互联网概念的基础上，将其用户端延伸和扩展到任何物品与物品之间，进行信息交换和通信的一种网络概念。物联网是通过射频识别、红外感应器、全球定位系统、激光扫描器等信息传感设备，按约定的协议，把任何物品与互联网相连接，进行信息交换和通信，以实现智能化识别、定位、跟踪、监控和管理的一种网络。通俗来讲，物联网实现了物体之间通过互联网的相互联系。

物联网的概念，最早出现于 1995 年出版的《未来之路》一书，由于当时受限于无线网络、硬件及传感设备的发展，并未引起重视。1998 年，美国麻省理工学院提出了物联网构想。1999 年，美国 Kevin Ashton 教授提出的基于电子物品编码系统的物联网构想，该构想的出发点是在电子物品编码、射频识别技术和互联网结合的基础上构建现代物流网络。2005 年，国际电信联盟发布《ITU 互联网报告 2005：物联网》，正式提出了"物联网"的概念。文件提出：将物品数据接入数据库或网络需要一套步骤简单、操作快捷的识别系统，而无线射频识别技术可以提供一个很好的解决方案；数据的采集与更新通常需要借助物体的物理状态，这一需求凸显了传感器技术的重要性；另外，嵌入式智能技术和小型化纳米技术也使更小的物体之间能够进行数据交互。后来，物联网又被定义为可以衔接各种传感设备与互联网的网络，物体通过传感设备完成识别和管理。传感设备与相关技术包括红外传感器、激光扫描仪、气体感应器、定位系统、射频识别等，用以完成某个物体或某段过程的电、热、声、光、位置等信息的实时采集。

相比互联网，物联网的特有优势主要体现在如下 3 个方面：

（1）全面感知。物联网上部署了海量的多种类型传感器，每个传感器都是一个信息源，不同类别的传感器所捕获的信息内容和信息格式不同，传感器获得的数据具有实时性，并按一定的频率周期性地采集环境信息，不断更新数据。

（2）可靠传递。物联网利用有线或无线方式，依托互联网实现物体信息的实时传输。这一过程涉及海量、异构的数据信息，为了完成规范化统一处理，需要设定多种协议和异构网格。

（3）智能处理。物联网不仅可以实现通过传感设备实时获取物体的状态数据，同时也能进行数据的智能处理与对物体的智能控制。物联网与云计算、模糊识别等技术的结合，能从海量信息中加工、分析出数据的潜在价值，以多种模式和手段满足用户的不同需求，大大延展了物联网的应用领域。

图 14-2 简要概括了物联网的参考模型。

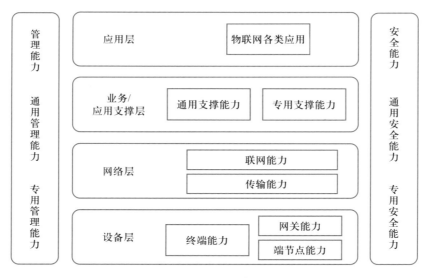

图 14-2 物联网的参考模型

物联网参考模型的核心部分可以分为设备层、网络层、业务/应用支撑层以及应用层。设备层常拥有与通信网络直接通信的终端能力、网关能力以及通过网关通信的端节点能力。网络层一般具有两种能力：联网能力和传输能力，前者使物联网具备接入控制、移动管理、授权认证等功能，后者负责管理数据传输信息并为上层提供入口链接。对应公网的通用支撑能力和对应行业的专用支撑能力是业务/应用支撑层的两大主要能力。应用层是面向用户的终端应用。此外,参考模型中还应包含管理能力和安全能力。依据行业需求,两者还可面向通用和专用两种不同情况进行细分。

大数据产生以来对社会各行各业产生了深远的影响,社会团体中的任何个体和单位都会受到数据的影响,尤其在人们使用智能设备越来越多的背景下,互联网数据也呈现多样化的终端形态。在分析消费者行为习惯时,商业领域已经能够成熟应用大数据系统为消费者提供针对性的服务,从而提高商品的售出率。例如,根据消费者的实际消费记录和搜索记录,互联网可以为消费者提供更有针对性的服务和产品,物联网的发展也可以充分利用大数据所带来的机遇和条件开展有针对性的服务,大数据本身可以促进物联网产业的扩大。

以往较多采用人工方式获取农业生产信息,数据量不大且可靠性不高,以致物联网的优势无法在农业生产作业中得到充分发挥。农业大数据分析与物联网的结合,能够在实时掌握农业生产全方位信息的同时,因地制宜,科学、有效、精准地指导生产进程,大大提高生产效率与农作物产量。此外,大数据为物联网的发展提供了强有力的数据支撑,加速了物联网的智能化演进。例如,对于当下热门的智慧城市话题,大数据与物联网的结合,实现了对车辆、航班的科学预判,以及根据道路拥堵程度合理规划行驶路径,降低了城市交通压力,实现了便捷与智能化出行。表 14-3 列举了大数据与物联网在制造、航空、勘探、能源、医疗等领域的融合应用实例。

表 14-3　大数据与物联网的融合应用实例

应用领域	应用实例
制造	在智能工厂的制造工艺方面,物联网与大数据的结合有助于缩短周期、减少废料、检测产品缺陷、提高生产质量、识别和解决机器故障、优化材料的设计与选择问题等;同时,大数据预测分析可以使物联网系统的运作更高效,并辅助解决产能规划方面的重要问题
航空	用于预测异常以及预后能力的设备集成在飞行控制系统中,物联网可以进一步在这些异常基础上关联一些相关的附加信息,如天气、颗粒物、飞行高度以及车队级别的统计数据;大数据采集功能被进一步用于实现飞机发动机的高清晰度监控;虽然传统的现场工程师能够从引擎监控快照数据,但现在全飞行数据能够作为可靠的依据进行分析;此外,还可以进行多个传感器间的大规模分析,实现故障全面、及时地检测与排除
勘探	在上游产业,结合实时生产数据与地理空间数据,有助于提高勘探效率,挖掘识别潜在生产力,发现地震等数据源并建立更优的科学模型和钻井模式,通过分析异常情况和事件预测改进钻孔准确性和安全性,减少非生产时间这一行业重要指标,提高资产利用率和预测性维护,减少停机时间;在中下游产业,可以借助分析监管实时传感器数据使得公司治理达标,通过更快的原油化验分析,缩短炼油厂的油品质量预测时间,并完善在交通和设施资产方面的预测和状态检修

续表

应用领域	应用实例
能源	如在电网运行方面,可利用大数据分析技术在存储系统和配电网的主动管理环节增加能源贸易、优化网络以及分布式智能电网等部分,形成衔接可再生能源的虚拟电厂,推动能源绿色生产,提高电网运转扩展性与灵活性
医疗	在医疗领域,大数据与物联网技术的结合能够帮助有效收集与管理医疗设备与药物,有助于提升工作效率和资源利用率,促进医疗卫生企业良性运转。大数据分析还能够提高临床指标监测质量,如体温、血糖等,辅助诊疗与预测。此外,当下科研人员正积极聚焦研究的智慧家居与智慧医疗领域都涵盖了利用移动传感设备实现远程医疗与现代化健康管理,不仅可以实时监测指定人群的各项指标,还能增加健康生活引导服务
零售	大数据与物联网在零售行业可以辅助进行消费者行为分析,结合消费者的购物喜好制定有针对性的营销方案,实现产品的精准定位,为消费者提供高质量的购买体验;另外,零售企业与商家可以利用大数据与物联网的技术优势,预测市场风向,改良供应链结构,减少库存积压,提高仓库周转效率等

第四节　大数据与人工智能

　　近年来,"大数据"与"人工智能"成为学术界、产业界的热门话题。大数据技术在信息、交通、气象、医疗、金融等领域受到广泛关注与应用。人工智能起源于1956年的达特茅斯会议,其基础定义为利用计算机程序使机器模拟或执行人类的某些智能功能。同时,作为一门综合性的交叉学科,人工智能研究的是如何使机器具有智能的科学与技术,涉及神经生理学、脑科学、逻辑学、语言学、行为学、认知学、控制论、信息论和系统论等许多学科领域。

　　大数据作为未来信息数据的发展方向,基于大数据理论的相关技术对现代人工智能技术的演进进程起到了重要的助推作用。第一,大数据采集优化智能感知。传统的数据采集过程存在采集途径单一、采集质量不高,难以真实反映现实世界特征的问题,大数据技术可以通过互联网、电信网以及物联网收集大量终端上各类传感器的实时数据,并进行实时高效存储与并行处理,为后续数据的挖掘利用提供了真实可靠的底层支持。第二,大数据分析加速智能认知。人工智能的认知发展历程包括推理、专家、直觉、计算等阶段,机器学习作为人工智能的核心技术,能挖掘大数据的潜在价值,加速智能认知,同时根据已掌握的数据资源建立对未知情景的预判机制也是智能认知的标志性应用。第三,大数据处理助推智能展示。交互性与可视化是人工智能的两大重要特征,而大数据的采集与分析处理水平直接关系着智能产品的可视化与交互效果,同时用户也可以通过人机交互来体验大数据与相关技术成果,智能展示模式的出现推动着许多行业向智能化飞速发展。

从数据视角来看,大数据是由时空序列、关联网络、图像文本、多媒体等多种元素组成的多源异构信息,在很长一段时间内,大数据分析方法一直停留在数据挖掘与分析结果可视化的层面。从决策视角来看,即大数据思维认为,大数据应作为企业的战略资产,可以帮助解决信息不对称的问题,从而驱动市场均衡变化,并催生新产业与价值创造。清华大学陈国青等人为解决大数据环境下的管理与决策问题,提出了考虑假设转变、跨域转变、流程转变的决策新范式,以及涵盖范式、分析、治理和使能四大维度的大数据研究框架,极大丰富了大数据决策理论。

以深度学习为代表的人工智能技术的发展,开启了以大数据分析方法为核心的时代。大数据与人工智能相互渗透,协同发展,诞生了"数据智能"新名词。百度公司于2014年将其定义为基于大数据引擎,通过大规模机器学习和深度学习等技术,对海量数据进行处理、分析和挖掘,提取数据中所包含的有价值的信息和知识,使数据具有"智能",并通过建立模型寻求现有问题的解决方案以及实现预测等。数据智能是融合数据挖掘、人机交互、机器学习等技术的交叉产物,可以最大化提炼数据价值,辅助企业进行任务决策,即数据智能具有不同于且优于人工智能的大数据驱动和应用场景牵引两大特征。

数据智能的出现推动了大规模产业变革,但在各行各业中发展不均衡,目前在智慧城市、智慧金融、品牌营销领域相对成熟,在智慧零售、智慧医疗、智慧交通等领域即将进入成熟阶段,而工业、农业等领域仍处于发展初期。表 14-4 介绍了大数据与人工智能在一些领域的融合应用实例。

表 14-4　大数据与人工智能的融合应用实例

应用领域	应用实例
搜索引擎	支撑百度、谷歌、雅虎等互联网搜索引擎的后台运转,从用户在网络搜索端键入的搜索需求出发,通过迅速分析互联网大数据,提供相关海量参考信息
网络安全	尤其在入侵检测方面产生了很多理论成果与实用系统,主要通过检查服务日志等途径收集网络访问的常规数据与入侵模式下的数据,并基于这两种数据构建对应的数据模型,用以实现对未来接收的访问进行正常或入侵模式的判断,增强了网络安全性、可靠性与预警性
自动驾驶	在美国国防部先进研究计划局组织的自动驾驶竞赛中,斯坦福大学的大数据与人工智能参赛车在完全无人操控的情况下,优先完成了赛事举办方指定的长达132 英里[①]的复杂比赛路段并获得冠军,在军事战略研发、降低公共交通事故发生率等方面意义重大

---

① 　1 英里＝1.609 公里。

续表

应用领域	应用实例
智能展示	催生增强现实技术与虚拟现实技术,以海量数据作为底层支撑,支持大规模场景下交互数据的实时处理与分析,使展示效果真实流畅,为用户创造更好的临场感与体验感
商业营销	利用条码识别、无人仓储、自动分拣、无人配送等大数据与人工智能融合应用技术,对产生的一系列相关数据进行分析,帮助各大企业和商家优化进货、库存策略,提高存货周转率与物流运输效率,解决包裹丢失、物流信息更新不及时等问题,大大改善物流服务质量,并通过对用户行为的分析,帮助企业决策层制定有针对性的营销计划
预测预警	在地震预警、天气预报、环境监测等方面,对卫星传回的海量数据进行快速整理并分析,大大提高预警、预报、监测的及时性与准确性
智慧服务	我国各级行政区已开展政务云建设,实现对数据的实时监测与统一管理,并通过"一网通"等云平台提供高效的民生服务;快速形成消费者画像,推动企业数据资产化、广告营销自动化,为用户提供个性化服务;创新医疗检测可穿戴、医院求助数字化模式,加速医疗行业的信息化、智能化步伐;催生数字孪生技术,通过建立实体经济的数字孪生体,实现数据资产化;在模拟决策、引导资源快速优化配置与再生等方面,提高资源优化配置效率,提高产品、企业、产业附加值,推动社会生产力快速发展

大数据使人工智能的演变进程加速向前推进,在带来诸多便利的同时,也产生了很多有待解决的问题。首先,大数据的垂直化应用有很高的专业性要求,只有深入掌握行业需求,才能有针对性地挖掘数据价值,而专业性一直是人工智能领域的一大难点。其次,多项人工智能技术存在"黑天鹅"认知瓶颈。以机器学习为例,这项技术常用于学习已有数据的内在规律,自动建立数据模型,并科学预测未知情况,为了使系统具有更准确的预知能力,亟须突破当下面临的"黑天鹅"认知瓶颈。此外,融合了大数据的人工智能的应用发展引发了很大争议,需要相关法律法规来进行约束。例如,2016年人工智能产品 AlphaGo 战胜韩国顶尖棋手李世石的事件轰动了全球,随之而来的是对未来人工智能是否会控制人类的激烈讨论;同年,一辆自动驾驶汽车引发致命车祸,这使人们对自动驾驶产生了强烈的畏惧和排斥情绪。在人工智能的不断研究与应用推广的过程中,此类事件还会持续出现,各大研究机构与相关学者需要不断努力使人工智能产品更加安全可控。

本 章 小 结

大数据技术是对数据进行有效采集、挖掘与应用,大数据与云计算、区块链、物联网等新兴技术的融合发展是必然趋势,将推动新业态、新模式不断涌现,为各行各业的数字化转型和经济增长注入源源不断的动力。

复习思考题

1. 如何理解云计算？ 云计算的特点有哪些？

2. 请简要阐述云计算与大数据的关系。

3. 区块链技术的三个显著特征是什么？

4. 大数据与区块链技术的结合有什么重要意义？

5. 物联网相比互联网具有哪些特有优势？

6. 物联网的参考模型主要包含几个层次？ 请分别做简要阐述。

7. 试列举大数据与物联网在三个不同领域下的融合应用实例。

8. 大数据对人工智能演进的助推作用表现在哪些方面？

9. 什么是"数据智能"？

10. 试列举大数据与人工智能在三个不同领域下的融合应用实例。

即测即评

主要参考文献

［1］陈晓红,李杨扬,宋丽洁等.数字经济理论体系与研究展望［J］.管理世界, 2022,38（02）.

［2］陈晓红.利用大数据等信息技术完善公共安全应急体系［J］.科技导报,2020, 38（04）.

［3］陈国青,张维,任之光,等.面向大数据管理决策研究的全景式 PAGE 框架［J］. 管理科学学报,2023,26（05）.

［4］吴信东,董丙冰,堵新政,等.数据治理技术［J/OL］.软件学报,2019,30（9）.

［5］李学龙,龚海刚.大数据系统综述［J/OL］.中国科学:信息科学,2015,45（1）.

［6］陈凯,杨强.隐私计算［M］.北京:机械工业出版社,2022.

［7］杨强,刘洋,程勇,等.联邦学习［M］.北京:电子工业出版社,2020.

［8］危前进,魏继鹏,古天龙,等.粗糙集多目标并行属性约简算法［J］.软件学报, 2022,33（07）.

［9］高云君,葛丛丛,郭宇翔,等.面向关系型数据与知识图谱的数据集成技术综述 ［J］.软件学报,2023,34（05）.

［10］李慧芳,黄姜杭,徐光浩,等.基于多维度特征融合的云工作流任务执行时间 预测方法［J］.自动化学报,2023,49（01）.

［11］于洪,何德牛,王国胤,等.大数据智能决策［J］.自动化学报,2020,46（05）.

［12］尹刚,王涛,刘冰珣,等.面向开源生态的软件数据挖掘技术研究综述［J］.软 件学报,2018,29（08）.

［13］吴成英,张清华,赵凡,等.基于密度峰值聚类的超区间粒化方法及其分类模 型［J］.计算机学报,2023,46（8）.

［14］钱宇华,张明星,成红红.关联学习:关联关系挖掘新视角［J］.计算机研究与 发展,2020,57（02）.

［15］陶钧,张宇,陈晴,等.智能可视化与可视分析［J］.中国图象图形学报,2023, 28（06）.

［16］韩贝贝,魏迎梅,方玉杰,等.时序数据跨域关联可视分析［J］.系统仿真学报,

2022,34(01).

[17] 殷昱煜,叶炳跃,梁婷婷,等.边缘计算场景下的多层区块链网络模型研究[J].计算机学报,2022,45(1).

[18] 沈蒙,车征,祝烈煌,等.区块链数字货币交易的匿名性:保护与对抗[J].计算机学报,2023,46(1).

[19] 朱小能,李雄一.数据要素资产价格、交易收益与效用研究[J].经济学动态,2023,09.

[20] 潘银蓉,刘晓娟,张容旭.数据交易生态系统:理论逻辑、制约因素与治理路径[J].图书情报工作,2023,67(09).

[21] 曾凯,高亮,王新颖.大数据治理及数据仓库模型设计[M].成都:电子科技大学出版社,2017.

[22] 张凯,张旭.大数据安全治理与防范反欺诈体系建设[M].北京:人民邮电出版社,2023.

[23] 王宏志,李默涵.大数据治理理论与方法[M].北京:电子工业出版社,2021.

[24] 姚洁,郑长岭,刘立军.基于云计算与大数据技术的算网调度管理系统建设研究.信息系统工程,2023,10.

[25] 叶强,高超越,姜广鑫.大数据环境下我国未来区块链碳市场体系设计[J].管理世界,2022,38(01).

[26] Hallaji E., Farajzadeh-Zanjani M., Razavi-Far, R., et al. Constrained Generative Adversarial Learning for Dimensionality Reduction. IEEE Transactions on Knowledge and Data Engineering[J],2023,35(3).

[27] Faheem U,M.B A,Aldeida A.Design and evaluation of adaptive system for big data cyber security analytics[J].Expert Systems With Applications,2022.

[28] Ullah F,Babar M A.On the scalability of big data cyber security analytics systems[J].Journal of Network and Computer Applications,2022.

[29] Zhang Y,Zhang C,Xu Y.Effect of data privacy and security investment on the value of big data firms[J].Decision Support Systems,2021.

[30] Chen X.Security-preserving social data sharing methods in modern social big knowledge systems[J].Information Sciences,2020.

[31] Rahul K,Banyal R K,Arora N.A systematic review on big data applications and scope for industrial processing and healthcare sectors [J/OL].Journal of Big Data,2023,10(1).

郑重声明

高等教育出版社依法对本书享有专有出版权。任何未经许可的复制、销售行为均违反《中华人民共和国著作权法》，其行为人将承担相应的民事责任和行政责任；构成犯罪的，将被依法追究刑事责任。为了维护市场秩序，保护读者的合法权益，避免读者误用盗版书造成不良后果，我社将配合行政执法部门和司法机关对违法犯罪的单位和个人进行严厉打击。社会各界人士如发现上述侵权行为，希望及时举报，我社将奖励举报有功人员。

反盗版举报电话　（010）58581999　58582371

反盗版举报邮箱　dd@ hep. com. cn

通信地址　北京市西城区德外大街4号　高等教育出版社法律事务部

邮政编码　100120

读者意见反馈

为收集对教材的意见建议，进一步完善教材编写并做好服务工作，读者可将对本教材的意见建议通过如下渠道反馈至我社。

咨询电话　400-810-0598

反馈邮箱　gjdzfwb@ pub.hep.cn

通信地址　北京市朝阳区惠新东街4号富盛大厦1座　高等教育出版社总
　　　　　编辑办公室

邮政编码　100029